AF356525

COURS

DE PHYSIQUE

DE

L'ÉCOLE POLYTECHNIQUE.

Se trouve aussi

A BORDEAUX, chez Gassiot, Libraire,
Fossés-de-l'Intendance, n° 61.

IMPRIMERIE DE BACHELIER,
rue du Jardinet, n° 12.

COURS
DE PHYSIQUE

DE

L'ÉCOLE POLYTECHNIQUE,

PAR G. LAMÉ,

Ingénieur des Mines, Professeur à l'École Polytechnique.

—◦—

TOME DEUXIÈME.

PREMIÈRE PARTIE.

ACOUSTIQUE. — THÉORIE PHYSIQUE DE LA LUMIÈRE.

PARIS,

BACHELIER, IMPRIMEUR-LIBRAIRE

DE L'ÉCOLE POLYTECHNIQUE, ETC.,

QUAI DES AUGUSTINS, N° 55.

1836.

Tout Exemplaire du présent Ouvrage qui ne porterait pas, comme ci-dessous, la signature de l'Auteur et celle du Libraire, sera contrefait. Les mesures nécessaires seront prises pour atteindre, conformément à la Loi, les fabricateurs et débitans de ces Exemplaires.

Bachelier

TABLE DES MATIÈRES

DE LA PREMIÈRE PARTIE

DU SECOND VOLUME.

Nota. Les paragraphes marqués d'un astérisque contiennent des théories ou des développemens qui ne sont pas exigibles dans les examens que l'on fait subir aux Élèves de l'École Polytechnique.

VINGT-CINQUIÈME LEÇON.

VIBRATIONS DES CORPS SONORES.

II.   *a*

VINGT-SIXIÈME LEÇON.

PROPAGATION DU SON.

VINGT-SEPTIÈME LEÇON.

SENSATION DU SON.

VINGT-HUITIÈME LEÇON.

INSTRUMENS DE MUSIQUE.

VINGT-NEUVIÈME LEÇON.

OPTIQUE. PHOTOMÉTRIE.

TRENTIÈME LEÇON.

RÉFLEXION DE LA LUMIÈRE. MIROIRS.

TRENTE-UNIÈME LEÇON.

RÉFRACTION SIMPLE. LENTILLES.

TRENTE-DEUXIÈME LEÇON.

DISPERSION. ACHROMATISME.

TRENTE-TROISIÈME LEÇON.

VISION. IMAGES ACCIDENTELLES.

TRENTE-QUATRIÈME LEÇON.

INSTRUMENS D'OPTIQUE.

TRENTE-CINQUIÈME LEÇON.

CRISTAUX A UN AXE. POLARISATION.

TRENTE-SIXIÈME LEÇON.

ONDULATIONS. INTERFÉRENCES.

TRENTE-SEPTIÈME LEÇON.

ANNEAUX COLORÉS. DIFFRACTION.

TRENTE-HUITIÈME LEÇON.

CRISTAUX A DEUX AXES.

TRENTE-NEUVIÈME LEÇON.

MOUVEMENS DES PLANS DE POLARISATION.

QUARANTIÈME LEÇON.

INTERFÉRENCES DE LA LUMIÈRE POLARISÉE.

FIN DE LA TABLE DES MATIÈRES.

COURS
DE PHYSIQUE.

VINGT-CINQUIÈME LEÇON.

De l'Acoustique. — Définition et qualités du Son. — Divisions de l'acoustique. — Vibrations des corps sonores. — Cordes vibrantes. — Lames élastiques. — Plaques vibrantes. — Timbres et cloches. — Lignes et surfaces nodales. — Vibrations communiquées. — Vibrations des liquides; Sirène.

585. Les effets de la chaleur, les propriétés générales des solides, des liquides et des gaz, concourent à prouver que tout corps pondérable est composé de molécules matérielles, maintenues à distance les unes des autres, par des forces attractives et répulsives. Lorsque cet état statique est troublé momentanément par un choc extérieur, plusieurs phénomènes dynamiques se succèdent, avant que le corps rentre en repos intérieurement. Sous l'influence du choc les molécules se rapprochent ou s'éloignent, et tendent vers un nouvel état d'équilibre. Mais quand la cause extérieure cesse d'agir, les molécules ne tardent pas à revenir vers leurs positions primitives; elles font, autour de ces positions, des oscillations isochrones, dont l'amplitude

Objet
de
l'acoustique.

va en diminuant, par la perte de force vive qui résulte de la communication du mouvement vibratoire aux corps ou aux milieux voisins. Lorsque ces mouvemens oscillatoires peuvent se transmettre à l'organe de l'ouïe, par l'intermédiaire d'un fluide élastique, il en résulte la sensation particulière appelée *son*. La partie de la physique qui s'occupe de ce genre de phénomènes, et des sensations qu'ils produisent, porte le nom d'*acoustique*.

Différence entre le bruit et le son.

386. Il ne suffit pas que les molécules d'un corps solide, et par suite celles de l'air, soient ébranlées, pour produire un son distinct; car en frappant sur le bois ou la pierre, on entend un bruit qu'il est impossible de comparer avec exactitude à d'autres sons. La différence qui existe entre le bruit et le son tient au nombre et à l'irrégularité des oscillations : si leur nombre est très petit, l'oreille n'a pas le temps de distinguer le son produit; si elles se succèdent d'une manière irrégulière, la comparaison du son est encore impossible. Dans ces deux cas il n'y a que bruit.

Qualités du son.

387. L'oreille distingue dans un son musical, c'est-à-dire dans un son que l'on puisse comparer à d'autres sons, trois qualités particulières : 1°. la hauteur, c'est-à-dire l'acuité ou la gravité; 2°. la force ou l'intensité; 3°. enfin une qualité dont l'origine est encore peu connue, et qu'on appelle le *timbre*.

Hauteur du son

On peut compter très exactement le nombre des vibrations exécutées par un corps sonore dans un temps donné, au moyen de plusieurs appareils que nous décrirons par la suite. On a ainsi reconnu que le son est d'autant plus aigu, que le nombre des vibrations qui le produisent est plus grand dans le même temps. Le nombre des vibrations qui se succèdent pendant une seconde peut donc être pris pour la mesure du son. Il paraît exister deux limites entre lesquelles un son doit être compris pour que l'oreille puisse le distinguer. En général, lorsque le nombre des vibrations est au-dessous de 30 à 32 par seconde, le son est trop grave pour être perceptible ; et quand ce nombre dépasse 10000 à 12000 par seconde, le son devient ordinairement trop aigu pour que l'oreille en éprouve la sensation distincte. Nous indiquerons par la suite plusieurs causes accidentelles qui peuvent faire varier ces limites.

L'intensité du son dépend de l'amplitude des oscillations, et non pas de leur nombre. Le même son peut conserver le même degré de gravité ou d'acuité, et prendre une intensité plus ou moins grande par la variation de l'amplitude des vibrations qui le produisent. C'est ainsi qu'une même corde tendue donne successivement des sons d'intensités différentes, quand elle a été plus ou moins écartée de sa forme d'équilibre ; mais la durée des oscillations restant toujours la même, ces sons ont tous la même hauteur.

Intensité du son.

Enfin des sons, de même hauteur et de même intensité, peuvent avoir des timbres très différens ; on ne confondra jamais le son d'une trompette et celui d'un violon, quoiqu'ils aient la même hauteur musicale, et que leurs oscillations aient la même amplitude. On a fait des conjectures assez vagues sur l'origine de cette qualité, qui tient probablement à plusieurs causes réunies qu'on ne peut encore que soupçonner.

Timbre du son.

388. Les considérations qui précèdent étaient nécessaires pour définir le son ; mais afin de donner complétement la théorie physique de ce phénomène composé, il importe d'étudier en détail les circonstances qui l'accom-

Divisions de l'acoustique.

pagnent, ou les phénomènes simples et successifs qui le produisent. L'origine du son étant toujours l'état de vibration d'un milieu pondérable, il conviendra de constater d'abord l'existence de ce mouvement vibratoire, et de rechercher comment les lois, qui régissent ce mouvement, dépendent de la nature et de la forme du corps sonore, de la fixité forcée de quelques-unes de ses parties, et du procédé qu'on emploie pour l'ébranler. Il faudra ensuite examiner de quelle manière les vibrations du corps sonore se communiquent aux milieux voisins, et se propagent dans l'air, pour atteindre l'organe qui perçoit la sensation. Les causes extérieures du son étant ainsi connues, on devra exposer le système usité pour comparer les sons, et les lois simples qui lient ce mode de comparaison avec les résultats fournis par la seule mesure du son que la physique puisse admettre, savoir : l'évaluation du nombre des vibrations exécutées par le corps sonore dans l'unité de temps. Puis, autant pour offrir une application de la théorie dont il s'agit, que pour vérifier, par des faits nombreux, les principes et les lois qui la composent, on passera en revue les diverses classes d'instrumens de musique, dont les théories partielles se présenteront alors comme de simples corollaires; enfin quelques exemples sur l'utilité de la mesure des sons, comme moyen de recherche dans l'étude de phénomènes d'un ordre différent, termineront convenablement l'acoustique, en indiquant sa liaison nécessaire avec d'autres branches de la physique.

Vibrations transversales des cordes.

389. Un fil métallique, fortement tiré dans le sens de sa longueur, fournit un des appareils les plus simples que l'on puisse employer pour étudier les lois de l'acoustique. Lorsque cette corde est pincée ou frottée tranversalement

avec un archet, puis abandonnée à elle-même, elle résonne, et l'on peut constater à la vue l'état de vibration qui accompagne le son : ou conçoit que la corde, écartée un instant de sa position d'équilibre, tende à y revenir par une suite d'oscillations, en se courbant successivement de part et d'autre de cette position rectiligne; ces oscillations sont trop rapides pour que l'œil puisse les saisir, mais il résulte de cette rapidité même, et de la durée des impressions produites sur l'organe de la vue, que la corde doit paraître exister à la fois dans toutes les positions qu'elle n'occupe en réalité que successivement; si donc le mouvement vibratoire existe, la corde doit sembler gonflée, surtout dans son milieu, et cela d'autant plus que l'écart primitif, ou l'amplitude des oscillations, est plus considérable. C'est en effet ce qui arrive : tant que la corde résonne, elle paraît occuper un volume plus grand que le sien, et les dimensions transversales de ce volume apparent diminuent à mesure que le son s'affaiblit.

Les lois du mouvement d'une corde vibrante ont été trouvées depuis long-temps par les géomètres. En s'appuyant sur les principes de la mécanique rationnelle, et sur les propriétés des corps élastiques, on trouve par le calcul une équation très simple, qui donne le nombre n de vibrations transversales que doit exécuter, dans une seconde de temps, une corde métallique homogène, de longueur l, de rayon r, pesant p, et tendue par une force équivalente à un poids P, lorsque ses différentes parties se meuvent toutes dans le même sens à une époque quelconque du mouvement vibratoire. Cette équation est : ....

$$n = \sqrt{\frac{gP}{lp}}$$; g étant la vitesse acquise par un corps pesant

dans la première seconde de sa chute. Si ∂ représente la densité de la corde, on a $p = \pi r^2 l \partial g$, et par suite : $n = \frac{1}{rl} \sqrt{\frac{P}{\pi \partial}}$. Ainsi, toutes choses égales d'ailleurs, le nombre des vibrations produites par la corde est en raison inverse de sa longueur, de son rayon, et directement proportionnel à la racine carrée du poids qui la tend.

On reconnaît facilement par l'expérience que de deux cordes du même métal également tendues et de même grosseur, la plus longue produit un son plus grave ; qu'avec la même longueur et sous la même tension, des cordes de différentes grosseurs, produisent des sons d'autant plus aigus que leur diamètre est moindre ; qu'enfin en augmentant ou diminuant la tension d'une corde, on lui fait rendre des sons plus aigus ou plus graves. Les conséquences générales de la formule précédente se trouvent ainsi confirmées ; d'ailleurs au moyen d'un appareil que nous décrirons plus tard, et qui permet d'évaluer le nombre des vibrations correspondant à un son donné, on a vérifié l'exactitude des valeurs numériques données par cette formule.

L'analyse mathématique indique qu'une même corde peut se partager spontanément en un nombre quelconque de parties égales qui vibrent séparément ; chacune de ces parties se comportant comme une seule corde fixée à ses deux extrémités, et toutes exécutant un même nombre de vibrations, autant de fois plus grand que celui de la corde entière, qu'il y a de parties aliquotes. C'est-à-dire qu'une corde peut se subdiviser en 2, 3, 4... parties, vibrant toutes 2, 3, 4... fois plus rapidement que la corde entière. Dans ces états de vibration particuliers, chaque point de division doit rester fixe, et les deux parties qui l'avoisinent exécutent nécessairement leurs vibrations en sens contraires, à toute époque du mouvement général.

Le calcul conduit en outre à cette singulière conséquence, que tous ces états de vibration peuvent, doivent même coexister en général, et se superposer à celui de la corde entière. C'est-à-dire que le son fondamental, dont le nombre de vibrations est donné par la formule qui précède, doit être accompagné des sons, de plus en plus aigus, qui seraient produits par des cordes n'ayant que la moitié, le tiers, le quart... de la longueur totale. Nous aurons l'occasion de citer plusieurs faits qui s'expliquent facilement. quand on admet cette conclusion analytique comme une propriété existant réellement dans les cordes vibrantes.

390. Dans le mouvement général qui vient d'être considéré, chaque point matériel de la corde oscille transversalement, ou sur une ligne perpendiculaire à la droite qui joint les deux extrémités fixes; mais le calcul signale un autre genre de mouvement intérieur, ayant des lois très différentes, et dans lequel les molécules de la corde se meuvent parallèlement à son axe, et exécutent ainsi des vibrations longitudinales. C'est à ce mode de vibration qu'on doit attribuer les sons, ordinairement très aigus, que l'on produit en frottant une corde tendue, dans le sens de sa longueur, avec un morceau de drap saupoudré de colophane.

Pour concevoir la nature de ce nouveau mouvement, supposons que la corde, tendue entre deux points fixes A et B, soit divisée en couches ou tranches par des plans transversaux. Plusieurs couches sont directement entraînées dans le sens du frottement latéral, et ce mouvement, communiqué de proche en proche. augmente nécessairement l'intervalle moléculaire vers une extrémité de la corde, et le diminue vers l'autre bout. Lorsque ensuite les tranches deviennent libres, l'élasticité ramène toutes les molécules vers leurs positions d'équilibre; elles y tendent alors par une suite d'oscillations parallèles à la longueur de la corde. Dans ces circonstances, s'il y a son produit, c'est que les vibrations de toutes les tranches deviennent isochrones et concordantes; car si elles se contrariaient le son serait impossible.

L'analyse indique encore ici une infinité d'états de vibration, mais nous ne considérerons d'abord que le plus simple, celui pour lequel le nombre des vibrations est le plus petit, ou qui produit le son le moins aigu. Pour que cet état de vibration subsiste, il faut que toutes les tranches soient animées à chaque instant de vitesses dans le même sens; mais les amplitudes de leurs vibrations, et par suite les grandeurs de leurs vitesses propres aux mêmes époques, doivent aller en diminuant, de la tranche C qui occupe le milieu, aux tranches fixes en A et B.

Soient C′ et C″ les deux positions extrêmes de la tranche C à chaque oscillation. Lorsque cette tranche marche de C en C′, toutes les autres parties de la corde se meuvent dans le même sens; mais il résulte de l'inégalité de leurs vitesses propres qu'il y a condensation de C en A, dilatation de C en B. Lorsque la tranche milieu est en C′, les dilatations et les condensations ont atteint leurs grandeurs maxima, et les vitesses propres des particules sont nulles. Ces vitesses changent de signe et augmentent en valeur absolue, lorsque la tranche milieu se meut de C′ en C; la condensation de AC et la dilatation de BC vont au contraire en diminuant.

Au moment où la tranche C passe par sa position d'équilibre primitive, il n'y a plus ni dilatation, ni condensation ; mais toutes les tranches sont alors animées de leurs plus grandes vitesses de A vers B. Enfin lorsque la tranche C marche vers C'', la partie AC est dilatée, et la partie BC condensée. Ces dilatations et condensations augmentent tandis que les vitesses diminuent ; elles atteignent leurs plus grandes valeurs lorsque la tranche C est en C'', et les vitesses sont nulles au contraire.

Il faut remarquer en outre que, pendant toute la durée du mouvement vibratoire, la tranche C, qui sépare constamment les deux portions dilatée et condensée, n'éprouve aucun changement de densité, tandis que l'amplitude de son mouvement est la plus forte, ou que ses vitesses propres sont toujours les plus grandes. On donne le nom de *nœuds* de vibration aux parties fixes A et B, et celui de *ventre* de vibration à la partie milieu C, qui exécute les mouvemens les plus étendus.

Les autres états de vibration, que l'analyse signale, correspondent chacun à la formation spontanée de plusieurs nœuds de vibration intermédiaires, qui partagent la corde en un certain nombre de parties égales, dont les vibrations longitudinales, toutes concordantes, suivent les lois du mouvement général qui vient d'être défini, mais sont autant de fois plus rapides qu'il y a de parties aliquotes. La coexistence de tous ces états de vibration se présente encore comme une conséquence nécessaire de la théorie. Admettons que cette superposition existe réellement ; si l'on exerce une légère pression au milieu de la corde, soit à l'aide d'un chevalet, soit simplement en y appliquant le doigt, la corde étant ensuite frottée longitudinalement, il est évident que tous les états vibratoires particuliers, pour lesquels le milieu fixé ne serait pas un nœud de vibration, ne pourront subsister, ou qu'ils seront rapidement détruits par le frottement du chevalet ou du doigt. Le plus simple de tous les mouvemens encore possibles sera celui dans lequel les deux moitiés de la corde exécuteront des mouvemens vibratoires séparés et isochrones ; le son résultant, s'il en existe un, sera plus aigu, et correspondra à deux fois plus de vibrations, que celui produit par la corde libre dans toute son étendue. Le chevalet ou le doigt détermine ainsi la formation d'un nœud au milieu, et il y a deux ventres de vibration. Pour que les deux mouvemens partiels ne se contrarient pas, ils devront être à chaque instant de signes contraires, et concourront de cette manière à rendre la tranche C immobile ; s'ils avaient entre eux une relation différente, la tranche C tendant à se déplacer, les frottemens qu'elle éprouverait latéralement détruiraient rapidement tout le mouvement vibratoire, et rendraient le son impossible. Enfin on conçoit que la corde vibrant longitudinalement peut se diviser en 3, 4 parties égales, séparées par des nœuds de vibration, et qui exécutent des mouvemens alternativement de signes contraires, mais tous isochrones ; le contact d'un obstacle au tiers, au quart de la corde doit produire cet effet.

Les vibrations longitudinales se distinguent par l'influence particulière qu'exerce sur elles l'élasticité de la corde. Cette influence résulte de ce que le déplacement d'une seule tranche de sa position d'équilibre doit employer un certain temps à se transmettre de couche en couche sur toute l'étendue de la corde ; la vitesse de cette transmission, qui est intimement liée avec l'élasticité, doit donc entrer pour beaucoup dans la nature du son produit. Lors des vibrations transversales, au contraire, toutes les particules sont en quelque sorte déplacées en même temps, car elles partent toutes à la fois de leurs positions extrêmes. et le rapport de la vitesse propre de chacune, à l'amplitude de son oscillation totale, est de suite le même dans toute l'étendue du corps, pour un même instant. On conçoit qu'alors le nombre des vibrations, ou la hauteur du son, ne peut dépendre que de la force qui tend la corde, de ses dimensions, et de son poids, ou du nombre de ses particules. Quant à l'élasticité, la loi qu'elle suit, en passant par les mêmes variations de traction, étant la même pour tous les corps, elle ne peut influer que sur l'amplitude plus ou moins grande des oscillations.

M. Poisson a déduit de l'analyse une relation très simple entre les sons produits par les vibrations longitudinales et transversales d'une même corde : soient n et n', les nombres de vibrations correspondans aux sons les plus graves de ces deux modes différens, l la longueur de la corde, et α l'allongement qu'elle éprouve sous le poids qui la tend, on a toujours $n'\sqrt{l} = n\sqrt{\alpha}$; cette formule a été vérifiée par M. Savart. L'allongement α étant toujours une très petite fraction de la longueur l, n est beaucoup plus grand que n'; ce qui explique l'acuité du son produit dans le cas des vibrations longitudinales ; cette quantité α dépendant de l'élasticité, la formule précédente indique comment le son dont il s'agit doit varier d'une corde à une autre.

391. Tout corps solide élastique peut exécuter des vibrations comme une corde tendue. En général, les molécules étant momentanément écartées de leurs positions, c'est-à-dire éloignées ou rapprochées les unes des autres.

Vibrations transversales des lames élastiques.

par un choc ou un frottement exercé à la surface du corps sonore, lorsque cette cause étrangère cesse d'agir, l'élasticité tend à rétablir l'ancien état d'équilibre, et le milieu pondérable entre en vibration. L'analyse démontre qu'alors les oscillations successives et très petites d'une même molécule autour de sa position de repos, relativement à toutes les molécules qui l'avoisinent, se font dans des temps égaux, ou qu'elles sont isochrones, comme les mouvemens du pendule, quelle que soit la variation de leur amplitude. De plus, pour que le mouvement vibratoire puisse persister, et qu'il en résulte un son comparable, il faut que toutes les particules exécutent des mouvemens synchrones, ou des oscillations de même durée; ce qui ne peut avoir lieu que si le milieu est homogène, ou si l'élasticité varie de la même manière autour de chaque point, dans toute l'étendue du corps.

Il importe de remarquer que l'ensemble des oscillations simultanées de toutes les molécules d'un corps sonore, peut produire des changemens dans la forme de ce corps, dont la durée et la périodicité sont les mêmes que celles des mouvemens moléculaires. Par exemple, une lame d'acier trempé étant pincée fortement dans un étau par une de ses extrémités, si on la courbe en l'écartant de sa position d'équilibre, puis qu'on l'abandonne à elle-même, elle tend à reprendre sa position primitive, en oscillant de part et d'autre, et toutes ses parties décrivent alors des arcs dont la grandeur est très sensible par l'augmentation du volume apparent de la lame, comme lors des vibrations transversales d'une corde. Or ces oscillations de totalité ne sont que le résultat des vibrations des particules, elles ont la même durée, et sont pareillement isochrones, mais elles ont sur les vi..

brations moléculaires l'avantage de produire dans l'air des ébranlemens d'une plus grande amplitude, et conséquemment un son plus intense, quoique de même hauteur.

Il est facile de se représenter le mouvement oscillatoire de cette lame d'acier. Lorsqu'elle a été écartée de sa forme d'équilibre, et abandonnée ensuite à son élasticité, chacune de ses parties prend une vitesse propre, qui va en s'accélérant jusqu'à ce que la lame arrive à sa position primitive; elle la dépasse, mais la vitesse commence à décroître, et lorsque cette vitesse est nulle l'élasticité commence à ramener la lame en sens contraire. Elle décrit ainsi une suite de vibrations, dont l'amplitude va successivement en diminuant par la perte de force vive due à la transmission du mouvement au milieu et aux corps environnans; enfin le corps rentre dans l'état de repos. On appelle oscillation complète ou double l'ensemble des mouvemens, tant directs que rétrogrades, par lesquels la lame s'écarte et se rapproche d'une même position extrême, pour conserver le nom d'oscillation simple à l'ensemble des mouvemens qui s'opèrent d'une position extrême à l'autre.

Le calcul indique que le nombre des vibrations d'une lame métallique, encastrée vers une de ses extrémités, est en raison inverse du carré de la longueur de la partie vibrante. Cette loi peut être vérifiée sur de grandes longueurs de la lame élastique; les oscillations qu'elle fait alors sont assez lentes pour pouvoir être comptées, mais il n'y a pas de son produit. Cette vérification de la loi théorique dans une certaine étendue permet de la considérer comme étant exacte, dans le cas même où les vibrations ont la rapidité nécessaire pour produire un son.

L'instrument connu sous le nom de *violon de fer* peut

servir à donner un exemple des vibrations transversales des tiges métalliques; il se compose de fils d'acier, implantés par une de leurs extrémités dans une caisse de bois, et libres par l'autre; la caisse est destinée à renforcer les sons produits par les tiges, lorsque le frottement d'un archet les fait vibrer. En donnant à ces tiges des longueurs différentes et dans des rapports convenables, on peut accorder les sons qu'elles donnent de manière à pouvoir exécuter avec cet instrument un air de musique.

Une lame métallique pincée à ses deux extrémités, et frappée latéralement, exécute des vibrations transversales analogues à celles d'une corde tendue. Dans ces circonstances, un obstacle disposé au contact d'un des points de division en parties aliquotes partage la lame en un certain nombre de parties égales, qui vibrent séparément et à l'unisson. Une tige métallique, encastrée par une de ses extrémités, peut se diviser, soit spontanément, soit par le contact d'un obstacle, en deux parties qui vibrent à l'unisson, et qui sont séparées par un nœud de vibration. L'une de ces parties vibre à la manière d'une lame encastrée par ses deux extrémités, l'autre comme une tige pincée à un seul bout; leurs longueurs ne peuvent donc être égales pour qu'elles produisent le même son, car elles sont dans des circonstances très différentes; le nœud de vibration est à peu près au tiers de la tige totale, à partir du bout libre. Le nombre des nœuds de vibration intermédiaires peut augmenter, alors les sons produits deviennent de plus en plus aigus.

Si la lame est fixée en deux points qui ne soient pas ses extrémités, leur position pourra être telle qu'il y ait un son produit par des vibrations transversales, exécutées par toutes les parties de la lame ; mais il y aura cette différence, que la partie située entre les deux points fixes se mouvra comme une lame encastrée par ses deux extrémités, et les deux parties extrêmes, chacune comme une lame pincée par un bout seulement. On a trouvé chez plusieurs hordes sauvages un instrument fondé sur ces principes, et composé d'une suite de lames d'un bois assez dur pour rendre des sons clairs.

392. Les tiges ou verges de métal, ou des lames de verre, peuvent exécuter comme les cordes des vibrations longitudinales ; elles se divisent spontanément en plusieurs parties qui vibrent à l'unisson, et qui sont séparées par des nœuds de vibration ; les parties extrêmes sont en général plus courtes que les autres, lesquelles sont toutes égales entre elles ; mais toutes exécutent des mouvemens synchrones. On peut faire produire à une lame de verre ce mode de vibration, en la tenant pincée entre les doigts vers son milieu, et la frottant dans le sens de sa longueur avec un morceau de drap mouillé ; elle rend alors un son très aigu.

Vibrations
longitudi-
nales
des lames.

On peut rendre sensible la formation des nœuds et déterminer leur position, en se servant d'un moyen employé pour la première fois par Chladni : il consiste à distribuer un peu de sable ou de poussière sur la lame, lorsqu'elle est en vibration ; le sable, projeté par les parties lés plus agitées, tend à se réunir aux endroits où le mouvement est nul, et trace ainsi les lignes nodales. Il faut alors se servir, pour produire le son, d'un procédé différent de celui qui vient d'être indiqué : en frappant la lame à son extrémité et sur la tranche, on lui imprime des vibrations longitudinales, et il en résulte le même effet que par le frottement du drap mouillé. On voit alors le sable se réunir sur certaines lignes placées à des distances égales. Quelquefois ces lignes se contournent, ce qui tient à ce que les parties intérieures, qui vibrent séparément, sont terminées par des surfaces nodales courbes, et que les lignes indiquées par le sable sont les intersections de ces surfaces courbes par les plans qui limitent la lame. Les surfaces nodales courbes intérieures sont très inclinées par rapport à ces plans, car si l'on retourne la lame, on trouve, en répétant la même opération, que les lignes nodales sur cette nouvelle face se projettent au milieu des intervalles qui séparent celles observées sur l'autre face.

M. Savart a imaginé de rendre sensible la formation des nœuds, et la différence de leurs positions, en se servant d'un long tube de verre creux qu'il faisait vibrer longitudinalement par un frottement convenable, et qui contenait du sable sur sa paroi interne. En répétant cette expérience, on voit le sable se réunir en différens points de l'arête horizontale inférieure du cylindre creux; mais, si l'on fait tourner le tube pour rassembler le sable sur une autre arète, ces points nodaux changent de position; ce qui prouve que dans l'épaisseur de l'enveloppe, les surfaces nodales courbes ne sont pas nécessairement symétriques par rapport à l'axe du tube.

M. Poisson a déduit de la théorie le rapport des nombres de vibrations transversales et longitudinales (n et n') d'une même tige rigide cylindrique; il a trouvé pour ce rapport : $\dfrac{n'}{n} = 3,5608\,r$, l étant la longueur et r le rayon de la tige. M. Savart a vérifié cette formule par des expériences directes.

393. Chladni a découvert un autre mode de vibration des lames rigides, auquel il a donné le nom de *vibrations tournantes*; il l'a d'abord observé sur des tiges cylindriques, mais on peut le faire naître sur des lames de toute autre forme; il faut pour cela fixer la tige par un bout, la tenir à la main en un autre point, et la frotter ensuite légèrement avec un archet dans un plan perpendiculaire à son axe. Le contact de la main s'opposant aux vibrations transversales, le frottement de l'archet détermine une véritable torsion qui donne lieu à des mouvemens synchrones dirigés dans un plan perpendiculaire à la longueur de la tige. Le son produit dans cette circonstance est plus grave que celui qui correspond aux vibrations longitudinales. Si la lame dont on se sert a une face plane horizontale sur laquelle on projette du sable, on y remarque, lors des vibrations tournantes, une seule ligne nodale qui occupe toute sa longueur; ce qui prouve bien que ce mode diffère essentiellement des vibrations longitudinales et transversales. M. Poisson a trouvé un rapport constant, et indépendant de la nature du corps, entre les nombres n' et n des vibrations transversales et tournantes que peut exécuter une même lame. Ce rapport, vérifié par M. Savart, est

$$\frac{n}{n'} = \frac{1}{2}\sqrt{10} = 1,56\ldots$$

394. Les verges courbes peuvent aussi exécuter des mouvemens vibratoires et produire des sons. Le diapason en donne un exemple; cet appareil, destiné à produire un son fixe pour accorder les instrumens, est formé de deux branches de métal qui se réunissent vers le bas; leur coude est supporté par une colonne cylindrique terminée par un petit timbre qui sert de pied, et que l'on peut poser sur

Vibrations tournantes.

Lames courbes vibrantes. Diapason.

une table pour renforcer le son produit. Les deux branches se rapprochant vers leurs bouts libres. un cylindre de bois d'un diamètre un peu plus large que l'intervalle qui sépare ces extrémités. et que l'on force de sortir par cet intervalle, écarte les deux branches, qui vibrent ensuite transversalement en exécutant des mouvemens oscillatoires contraires l'un de l'autre. Pour élever le son donné par le diapason, il suffit de diminuer la longueur des branches en les limant sur leurs bases libres; en donnant un coup de lime dans la partie courbe qui les réunit, on produit le même effet que si l'on augmentait leur longueur, et le son s'abaisse. Le diapason, comme les verges pincées par une extrémité, donne le son le plus grave quand ses branches vibrent sur toute leur longueur; mais chacune de ces branches peut aussi se diviser en deux parties et présenter un nœud de vibration au tiers à peu près de sa longueur, à partir de l'extrémité libre.

Plaques
vibrantes.

395. Tous les corps solides élastiques, réduits en plaques plus ou moins minces, peuvent être mis en vibration en frottant leur tranche au moyen d'un archet; si l'on saupoudre de sable une de leurs surfaces maintenue horizontale, on observe des lignes nodales qui varient avec la nature du son produit. La position des obstacles qui soutiennent la plaque, ceux qu'on ajoute pour déterminer la fixité de certains points, la direction et la rapidité plus ou moins grande du mouvement imprimé à l'archet, toutes ces circonstances influent sur la rapidité des vibrations ou sur la nature du son produit, et par suite sur la forme et la position relative des lignes nodales. Dans tous les cas, les mouvemens simultanés de deux concamérations voi-

sines doivent être de signes contraires, sans quoi les lignes nodales ne seraient pas fixes.

Les plaques circulaires peuvent donner un grand nombre de systèmes de lignes nodales différens. Lorsque la plaque est pincée en son centre, on obtient le plus ordinairement deux lignes nodales diamétrales; en plaçant les doigts en des points convenables, on obtient trois de ces lignes. Avec des disques de métal qui ont trois à quatre décimètres de diamètre, on peut obtenir la division du cercle en un très grand nombre de secteurs; le nombre de ces secteurs est toujours pair; ce qui doit être pour que deux concamérations consécutives puissent partout exécuter des mouvemens contraires. Les lignes nodales rectilignes peuvent aussi être coupées par des lignes circulaires plus ou moins nombreuses, suivant la position relative des points dont les doigts auront déterminé l'immobilité. Dans d'autres circonstances on obtient quelquefois des lignes nodales semblables à des branches d'hyperbole.

M. Savart a fait voir que les lignes nodales diamétrales pouvaient être animées d'un mouvement de rotation continu, lorsqu'on interrompait brusquement et qu'on faisait succéder très rapidement les coups d'archet. On rend ce phénomène très sensible en se servant d'un disque de métal de trois décimètres, pincé en son centre, et en le saupoudrant d'une poussière très fine, qui paraît entraînée circulairement comme un nuage très agile. Lorsque l'archet touche constamment le disque, le phénomène dont il s'agit peut encore avoir lieu; ce qui tient sans doute à l'inégalité du frottement exercé, qui équivaut à une série d'interruptions. Quand on change la direction du mouvement de l'archet, il arrive souvent que le mouvement de rotation du nuage de poussière change de direction, à moins qu'on ne change un peu le point de contact de l'archet et de la plaque.

Pour obtenir des lignes nodales circulaires seules, M. Savart se sert d'un disque pincé en deux points d'un même diamètre, situés sur une des lignes à former; il fait glisser sur la paroi d'un trou pratiqué au centre du disque une mèche de crin imprégnée de colophane. En variant la position des points fixes, on obtient un plus ou moins grand nombre de lignes nodales circulaires; le son produit est d'autant plus aigu que ce nombre est plus grand.

Des plaques de métal ou de verre, de forme carrée, rectangulaire ou polygonale, donnent lieu à une infinité de systèmes de lignes nodales différens. Rien n'est plus varié que la distribution et la configuration des figures formées. Elles offrent toujours une symétrie parfaite lorsque les points fixes et les obstacles sont placés convenablement, et que les plaques sont formées de substances ayant la même élasticité dans toutes les directions; mais cette symétrie n'existe plus lorsque cette élasticité est variable avec la direction autour d'un même point du corps vibrant; elle n'a plus lieu généralement lorsqu'on éprouve des plaques de bois.

Chladni pensait qu'à chaque lame ou plaque solide ne pouvait correspondre qu'un certain nombre d'états de vibration distincts, ou qu'une certaine série de sons; d'où il suivait que le corps était incapable de produire des sons autres que ceux de cette série. Mais les expériences de M. Savart semblent indiquer qu'on peut obtenir avec une même plaque tous les sons possibles; ce physicien a fait voir qu'une membrane tendue, par exemple, peut toujours vibrer à l'unisson de tel son donné que l'on veut.

C'est ce qui arrive lorsqu'on approche de cette membrane, saupoudrée de sable léger, un timbre que l'on met en vibration au moyen d'un archet, ou quand on la place très près d'un tuyau d'orgue rendant un son pur et soutenu; on voit le sable s'agiter et dessiner des lignes nodales qui varient de forme et de position d'un son à un autre. Dans ces circonstances, les mouvemens du corps sonore se communiquent par l'air à la membrane, qui vibre toujours à l'unisson du timbre ou du tuyau d'orgue.

396. Les corps en forme de cloche, de timbre, de vase conique, qui donnent des sons très purs et très intenses, se divisent, comme les plaques, en compartimens séparés par des lignes nodales. Il suffit pour s'en convaincre de mettre de l'eau dans l'intérieur et d'ébranler le corps; les mouvemens vibratoires qu'il exécute se communiquant à la masse liquide, des ondes apparaissent à sa surface et y dessinent des lignes nodales qui sont sans mouvement ondulatoire apparent, et qui correspondent évidemment à des lignes de repos dans le timbre lui-même. Lorsqu'on examine avec attention les lignes nodales dessinées à la surface du liquide, on remarque qu'elles sont douées d'un mouvement d'oscillation à droite et à gauche de leur position moyenne, que l'on peut suivre à l'œil, et qui correspond au tremblottement que l'oreille distingue dans le son produit. Ce fait de l'oscillation des lignes nodales, que M. Savart a pareillement remarqué dans les vibrations d'une plaque métallique circulaire, explique ces intermittences d'intensité que l'on distingue dans le son des cloches ou des pendules à sonnerie; le timbre qui résonne se

Timbres et Cloches.

partageant en compartimens, dont les lignes de séparation changent ou oscillent à sa surface, le son doit paraître alternativement plus ou moins intense pour un observateur qui conserve une position fixe.

L'harmonica est un instrument composé de vases de verre dont les rapports de grandeur sont tels, qu'ils puissent produire, lorsqu'on les frotte avec du drap mouillé, des sons formant les intervalles musicaux. Ces sons ont beaucoup de pureté; ils ont le caractère particulier d'être plus en rapport que tous autres avec l'expression des sentimens mélancoliques; mais ils ne peuvent servir à exécuter un chant musical, à cause de leur lenteur ou du temps qu'ils exigent pour être reproduits.

Vibrations communiquées.

397. M. Savart, qui a fait d'importantes recherches sur toutes les parties de l'acoustique, a démontré que le mouvement imprimé à un corps sonore se transmet à tous les corps susceptibles de vibrer qui sont en communication immédiate avec le premier, et que, dans cette transmission, la direction même du mouvement primitif est conservée. C'est ainsi qu'une lame de verre horizontale, mise en contact avec le bord d'un vase de verre, exécute des vibrations longitudinales et dispose le sable qui la recouvre en lignes nodales transversales, lorsqu'on frotte le bord du vase du côté opposé à celui du contact. De même, lorsqu'une corde sonore est tendue entre un point fixe et une plaque de bois horizontale sur laquelle on puisse projeter du sable, on voit ce sable se mouvoir dans tous les cas parallèlement à la direction de l'archet, ou au plan dans lequel la corde exécute les vibrations transversales.

Les plaques solides, qui sont ainsi en communication avec le corps sonore, peuvent donc exécuter des modes de vibration très différens de ceux qu'on y produirait en les frottant seuls directement avec un archet, puisque, dans tous les cas, ils vibrent à l'unisson du corps sonore. Mais le plus ou moins de rapport qu'il y a entre les sons propres à une plaque, et ceux qu'elle est forcée de produire à l'unisson du corps qui lui transmet ses mouvemens, ont une grande influence sur la nature du timbre de ces derniers sons.

M. Savart, qui a constaté et étudié ce genre d'influence, a démontré que, dans un violon par exemple, toutes les parties de l'instrument vibraient à l'unisson des cordes; mais que leur forme, le rapport de leurs sons propres, la place et la courbure données aux échancrures, le lieu de l'ame, qui sert principalement à communiquer le mouvement à la plaque inférieure, avaient la plus grande influence sur la nature du timbre, sur la bonne ou la mauvaise qualité de l'instrument. M. Savart est même parvenu à assigner les dispositions les plus avantageuses et à donner des règles pour construire de toutes pièces de bons violons; ces nouveaux instrumens, qui diffèrent pour la forme des violons ordinaires, donnent des sons, non plus éclatans, mais plus doux ou plus moelleux; on les regarde comme de beaucoup supérieurs à tous autres pour certains morceaux de musique, tels que les adagios.

398. La recherche des lois que doivent suivre les vibrations d'un corps solide homogène de forme donnée, lorsque les forces étrangères qui l'ont ébranlé et les circonstances qui l'entourent sont parfaitement définies, est un problème de pure analyse formant une branche importante de la physique mathématique. Les équations différentielles générales de ce genre de mouvement sont bien connues

maintenant; on est parvenu à les intégrer complétement dans un grand nombre de cas particuliers. Les résultats théoriques que nous avons énoncés, et que l'expérience a vérifiés, font assez comprendre tout le parti qu'on pourra tirer de l'application des sciences exactes pour étudier la constitution intérieure des solides; malheureusement des difficultés de calcul que les efforts des géomètres n'ont pas encore pu vaincre suspendent les progrès de cette science. Toutefois les recherches expérimentales de M. Savart et les résultats qu'il a obtenus, aussi remarquables par leur généralité que par la simplicité de leurs lois, ont remédié en partie à l'insuffisance actuelle de l'analyse dans cet ordre de questions.

Vibrations des liquides. Sirène.

399. Les solides ne sont pas les seuls milieux pondérables dont les vibrations puissent être l'origine du son. Les liquides et même les gaz remplissent la même fonction dans certaines circonstances. Nous verrons par la suite que, dans les instrumens à vent, l'air est réellement le corps sonore, c'est-à-dire que les vibrations propres de ce fluide élastique y produisent seules le son. Quant aux liquides, M. Cagnard-Latour a imaginé un instrument qui permet de constater que le son peut naître dans l'eau. Cet instrument, connu sous le nom de *sirène*, se compose d'une caisse ou tambour dont la partie inférieure peut communiquer avec un tuyau de conduite vertical, par le-

Fig. 196.

quel de l'eau tombe d'une certaine hauteur; cette eau, remplissant le tambour, s'échappe par des trous circulaires pratiqués sur une circonférence de cercle dans le fond supérieur horizontal de la caisse. Un disque métallique aussi horizontal et mobile autour d'un axe vertical est disposé immédiatement au-dessus de ce fond; il présente des trous en même nombre et en regard de ceux du fond fixe, mais dont les parois sont obliques, de manière que les jets d'eau auxquels ils livrent passage exercent sur ces parois une pression oblique, dont la composante horizontale tend à faire tourner le disque.

Il résulte de ce mouvement de rotation une intermittence dans l'écoulement, et une suite de chocs produits par l'eau qui s'échappe par intervalle des ouvertures du disque, lorsqu'elles correspondent à celles du fond fixe du tambour, sur l'eau située au-dessus de l'appareil. La hauteur de chute peut être assez grande, ainsi que la vitesse de l'écoulement de l'eau, pour que ces chocs soient en nombre tel qu'un son s'ensuive, si le liquide peut le produire et le transmettre. Or on entend effectivement un son, dont la hauteur va en croissant, devient stationnaire, mais diminue ensuite lorsque la hauteur de chute n'est pas constante.

Cette variation dans la hauteur du son tient à ce que la vitesse de rotation du disque va en augmentant, à partir du moment où l'on ouvre le robinet qui établit le courant; car les impulsions obliques, que reçoivent successivement les parois inclinées des trous du disque, agissent alors comme une force accélératrice, jusqu'à ce que les frottemens de l'appareil, qui augmentent avec les vitesses des parties mobiles, détruisant l'accélération, la vitesse de rotation devienne uniforme. Il est évident d'ailleurs que l'intensité des impulsions diminue avec la hauteur du liquide, et que conséquemment la vitesse de rotation du disque, le nombre des chocs et par suite l'acuité du son produit, doivent aussi diminuer avec la même hauteur.

Les détails dans lesquels nous sommes entrés, afin de

constater et de définir les mouvemens intérieurs de plusieurs corps, suffisent pour mettre hors de doute ce principe fondamental : que le son est toujours occasioné par le mouvement vibratoire d'un milieu pondérable. Les bornes de ce Cours ne nous permettent pas de développer ici tous les résultats qui ont été obtenus, sur cette partie de l'acoustique, par d'ingénieux physiciens et surtout par M. Savart. Les divers exemples que nous avons cités, et ceux que nous citerons par la suite, indiquent d'ailleurs de quelle importance doit être l'étude spéciale des mouvemens vibratoires, pour découvrir les lois qui président à la constitution intérieure des corps.

VINGT-SIXIÈME LEÇON.

Du milieu qui transmet le son. — Théorie des ondes sonores. — Ondes planes et sphériques. — Longueurs d'ondulation. — Vitesse du son dans l'air. — Ondes sonores réfléchies; Échos; Porte-voix. — Propagation du son dans les solides et les liquides. — Vitesse du son dans l'eau.

400. Il faut qu'il existe une suite non interrompue de milieux pondérables élastiques entre le corps sonore et l'oreille, pour que les vibrations soient communiquées à l'organe, et que la sensation du son ait lieu. Si le corps vibre dans le vide, de telle manière que ses mouvemens ne puissent être transmis à l'air extérieur, on ne doit entendre aucun son. C'est ce qui arrive en effet, quand on place sous la machine pneumatique un timbre d'horlogerie, frappé constamment par un marteau qu'un ressort tendu fait mouvoir, si cet appareil est supporté par un coussin, un tampon de laine ou tout autre corps hétérogène et discontinu, incapable d'exécuter et de transmettre des vibrations isochrones; le son s'affaiblit à mesure que l'air est raréfié sous le récipient, et l'on finit par ne plus rien entendre, quoique le marteau continue à choquer le timbre.

La soustraction de l'air sous la cloche, ou de l'un des milieux pondérables élastiques qui formaient une suite non interrompue du corps sonore à l'oreille, suffit donc pour annuller la sensation. Cette soustraction limite l'espace où le mouvement vibratoire existe, et rend impossible la transmission de ce mouvement aux corps extérieurs. Si l'on introduit, dans le vide formé, de l'air ou tout autre gaz, un liquide même, le son se fait entendre de nouveau, avec d'autant plus d'intensité que le milieu introduit est plus dense, ou que plus de molécules pondérables viennent à partager et transmettre le mouvement vibratoire.

Si, après avoir fait l'expérience précédente, on ouvre la clé de la machine, on commence bientôt à ressaisir le son produit par le marteau frappant sur le timbre; faible d'abord, il reprend progressivement son intensité primitive, à mesure que la masse d'air augmente sous le récipient. Lorsque le même timbre est disposé sous la cloche d'une machine de compression, on entend un son d'autant plus fort que l'air est plus comprimé. Le même accroissement d'intensité a lieu si la cloche renferme un fluide élastisque plus dense que l'air. Dans les gaz dont la densité est moindre, le son est au contraire plus faible. Quand on remplit les poumons d'hydrogène, et qu'on essaie de parler en l'expirant, on produit une voix sourde qui a beaucoup d'analogie avec celle du ventriloque, dont l'art consiste à affaiblir les sons de la voix par un jeu convenable des muscles de la poitrine, afin de tromper l'oreille sur le lieu d'où partent ces sons.

Tous ces faits prouvent que l'atmosphère gazeuse qui nous entoure remplit une fonction importante dans le phénomène du son. Toutes choses égales d'ailleurs, l'intensité des sons transmis par l'air croît et décroît avec la densité de ce fluide. A mesure que l'on s'élève dans l'atmosphère, le son provenant d'une même cause est de plus en plus faible. Sur le mont Blanc, par exemple, un coup de fusil ne produit pas un bruit plus fort qu'un coup de pistolet tiré dans la plaine.

101. Newton a le premier trouvé, par le calcul, la loi suivant laquelle doit se propager dans l'air un ébranlement produit dans l'un de ses points. La vitesse de cette propagation est donnée par l'analyse mathématique sous la forme : $V = \sqrt{\dfrac{e}{d}}$, e étant l'élasticité du gaz dans lequel l'ébranlement se transmet, et d sa densité. Cette vitesse est constante, c'est-à-dire que le lieu de l'ébranlement communiqué se trouve toujours à une distance du point de départ proportionnelle au temps qui s'est écoulé depuis l'origine de cet ébranlement. D'après la formule précédente, si la température restant la même le gaz se dilate ou se contracte par une diminution ou une augmentation de pression, la vitesse de propagation de l'ébranlement n'est pas altérée ; car l'élasticité varie alors proportionnellement à la densité, d'après la loi de Mariotte.

Loi théorique de la vitesse du son dans les gaz

Le calcul démontre en outre qu'une suite d'ébranlemens produits sur une masse d'air, et dont l'effet total soit de la dilater ou de la condenser, doivent se propager dans le gaz environnant à la suite les uns des autres, avec la même vitesse, quels que soient leur cause, leur étendue et l'ordre de leur succession.

Nous indiquerons bientôt une modification à apporter à la formule précédente, que l'expérience a indiquée ; mais comme cette modification ne fait qu'introduire un facteur constant dans la vitesse de propagation du son, les lois énoncées précédemment en sont indépendantes. Ainsi une impulsion, produite au centre d'une sphère gazeuse, se propage avec la même vitesse suivant tous les rayons, quelle que soit la direction de cette impulsion, symétrique ou non par rapport à tous ces rayons.

Théorie
des ondes
sonores.

402. En partant de ces lois, on peut concevoir comment se propage dans l'air un son musical, c'est-à-dire provenant d'un nombre de vibrations suffisant pour que l'oreille puisse en saisir la hauteur. Prenons pour corps sonore une lame élastique, pincée par une de ses extrémités, et exécutant des vibrations transversales; soient AB, $A'B'$, $A''B''$, la position d'équilibre, et les positions extrêmes d'une portion très petite de la surface de cette lame, située par exemple à son extrémité libre; supposons que l'amplitude du mouvement soit assez petite, relativement à la longueur du corps sonore, pour qu'on puisse regarder comme parallèles et planes ces trois positions, et

Fig. 197.

par conséquent comme égales entre elles les vitesses dont sont animés tous les points de la portion de surface AB, à une même époque du mouvement vibratoire. Ces vitesses pourront être représentées par les ordonnées d'une courbe OIO', rapportée à la droite OO' qui passe par les milieux de toutes les positions de la surface vibrante comme axe des x; chaque ordonnée indiquant la vitesse dont cette surface est animée lorsqu'elle passe au lieu même de cette ordonnée, dans son mouvement positif, ou de $\overline{A'B'}$ à $\overline{A''B''}$. Les vitesses négatives de la surface vibrante, ou de $A''B''$ à $A'B'$, seront proportionnelles aux ordonnées négatives de la courbe $O'IO$, semblable à OIO', et placée symétriquement au-dessous de l'axe OO'.

Faisons abstraction du décroissement de l'amplitude des vibrations, et admettons que l'élément plan fasse un grand nombre d'oscillations complètes, égales et isochrones. Soient 2τ la durée de chacune d'elle, t le temps compté à partir du commencement de la première, et V la vitesse d'un point de la surface vibrante à l'époque t. Cette vitesse pourra être donnée par une équation de la forme (1) :

$$V = \Sigma A_n \sin(2n+1)\pi\frac{t}{\tau},$$

n étant un nombre entier, π la demi-circonférence du cercle dont le rayon est 1, A_n un coefficient numérique variable avec n, et le signe Σ indiquant une somme de termes semblables à celui qui précède, dans lesquels n aurait des valeurs différentes. En effet V, donné par l'équation (1), devient nul pour t égal à un multiple quelconque de τ, c'est-à-dire au commencement et à la fin de toute oscillation simple ; V change de signe en conservant la même valeur absolue, lorsque t augmente de τ ; il acquiert sa valeur maxima positive pour $t = \frac{\tau}{2}$, $t = \frac{5}{2}\tau$, $t = \frac{9}{2}\tau$..... c'est-à-dire au milieu de chaque oscillation simple d'ordre impair ; sa valeur maxima négative a lieu quand $t = \frac{3}{2}\tau$, $t = \frac{7}{2}\tau$..... c'est-à-dire au milieu de chaque oscillation simple d'ordre pair. La valeur de V donnée par l'équation (1) varie donc de la même manière que la vitesse de la surface mobile ; elle peut ainsi la représenter, et cela quelle que soit la loi physique que cette vitesse suive entre $A'B'$ et AB, car on démontre en analyse que cette loi, continue ou discontinue, peut toujours être représentée par la série (1), en déterminant convenablement le coefficient général A_n.

Supposons maintenant que la surface AB vibre à l'orifice d'un tuyau cylindrique rempli d'air, et dont l'axe soit

Fig. 198.

dans le prolongement de OO'; chacun des ébranlemens élémentaires qui composent la première oscillation simple est communiqué à la couche d'air qui touche la plaque; cette couche le transmet à la couche suivante, cette seconde à une troisième, et ainsi de suite. Cette propagation se fait dans l'air avec une vitesse constante a. Mais lorsque la 1re couche d'air a transmis un premier ébranlement, elle en reçoit un second qui se propage avec la même vitesse a, puis un troisième qu'elle transmet encore, ainsi de suite. A chaque ébranlement communiqué la première couche resterait en repos, si un nouvel ébranlement ne succédait au premier; c'est une loi générale du choc entre corps parfaitement élastiques et de masses égales que l'on peut vérifier sur des billes d'ivoire.

Il suit évidemment de là qu'une couche d'air X perpendiculaire à l'axe du tuyau, située à une distance x de l'orifice ou de la plaque vibrante, recevra successivement, des couches qui la précèdent, la communication des ébranlemens élémentaires qui composent le mouvement vibratoire de la surface métallique, avec la même intensité, dans le même ordre, et après des temps égaux. Cette couche se mouvra donc du même mouvement oscillatoire que la lame, et la loi de ses vitesses pourra pareillement être représentée par la formule (1).

Mais son mouvement vibratoire sera en retard sur celui de la plaque, de tout le temps qu'un ébranlement quelconque doit employer pour se propager de O en X, ou de $\frac{x}{a}$. Si par exemple ce temps est égal à la durée d'une oscillation complète, ou si $x = OX' = 2\,a\tau$, la couche en X' commencera seulement à se mouvoir quand la surface métallique aura achevé une oscillation complète ; à la même époque, la couche X'', pour laquelle $x = \frac{1}{2} OX' = a\tau$, commencera son mouvement rétrograde ; la couche en J, correspondant à $x = \frac{3}{4} OX' = \frac{3}{2} a\tau$, sera alors animée de la plus grande vitesse en avant ; celle en J', où $x = \frac{1}{4} OX' = \frac{1}{2} a\tau$, possédera la plus grande vitesse en arrière.

En un mot, si l'on imagine toutes les ordonnées de la courbe $OI'\,O'\,IO$ distribuées sur la distance OX', savoir : celles négatives de O en X'', et celles positives de X'' en X', chaque ordonnée représentera la vitesse dont est animée la couche d'air au même lieu, lorsque la plaque finit sa première oscillation complète. Si la lame vibrante s'arrêtait là, le mouvement imprimé continuerait à se propager dans le tuyau, et chaque couche d'air, après avoir fait une oscillation double, rentrerait en repos. On se représentera facilement le mouvement général qui s'ensuivrait dans la masse d'air du tuyau, en imaginant que la courbe, $OJ'X''JX'$ soit emportée parallèlement à elle-même, dans le sens de l'axe du cylindre, avec la vitesse uniforme de propagation a : une couche d'air quelconque commencera à se mouvoir lorsque l'extrémité X' de la courbe mobile l'atteindra ; elle prendra successivement des vitesses proportionnelles aux ordonnées qui la traverseront ; enfin, quand l'extrémité O de la courbe mobile l'aura dépassée, cette couche sera en repos.

On est convenu d'appeler *longueur d'ondulation*, largeur de l'onde, ou simplement *ondulation*, l'étendue OX' $= 2 a\tau = 2\lambda$ de l'axe du tuyau, où les couches d'air sont en mouvement lorsqu'une double oscillation de la lame est terminée; c'est-à-dire la distance qui sépare, de l'origine de l'ébranlement, la couche d'air qui commence à se mouvoir au moment où la lame vient de terminer sa première oscillation complète. La distance OX'', est ainsi égale à une demi-longueur d'ondulation, ou à $\lambda = a\tau$. Enfin, considérant particulièrement l'ensemble des mouvemens de l'air intérieur, lorsque la lame rentre en repos après une oscillation double, état que nous avons représenté par le mouvement de la portion de courbe $OJ'X''JX'$, on dit qu'une *onde sonore* se propage dans le tuyau.

Si la lame ne s'arrêtait qu'après avoir exécuté deux, trois..., vibrations complètes isochrones, il y aurait deux, trois...., *ondes sonores* se propageant dans la masse d'air, et l'ensemble du mouvement général pourrait être représenté par la translation d'une courbe égale à 2,3...,. fois la portion de courbe $OJ'X''JX'$, glissant d'un mouvement uniforme, avec la vitesse a, sur l'axe du cylindre. Si l'on suppose que la lame soit constamment en vibration, le système des ondes qui se propageront sera infini, et pourra être représenté par le mouvement uniforme d'une courbe composée d'une infinité de portions égales à $OJ'X''JX'$ se succédant sans interruption.

La vitesse dont une couche d'air X, située à une distance x de l'orifice du tuyau, sera animée à l'époque t pourra être représentée, d'après ce qui a été dit plus haut, par la formule

$$(2) \qquad V = \Sigma\, A_n \sin\,(2\,n + 1)\,\pi\, \frac{t}{\tau} - \frac{x}{\lambda}.$$

En effet, si dans le second membre de cette équation

on augmente x d'un nombre entier d'ondulations ou d'un multiple de 2λ, sans changer t, V a la même valeur ; si l'on augmente x d'un nombre impair de demi-ondulations ou de $(2K+1)\lambda$, K étant entier, V change de signe sans changer de valeur absolue ; ces propriétés appartiennent évidemment au mouvement des ondes sonores, en nombre indéfini, dans la masse d'air proposée.

403. Dans ce mouvement général, les différentes couches étant dans un même instant différemment écartées des positions qu'elles occupaient lors du repos, les diverses parties de la masse d'air du tuyau doivent être dans un état de condensation ou de dilatation, et l'ordre de succession de ces états doit varier comme la vitesse. Considérons par exemple l'instant où la lame a fini une oscillation complète ; les vitesses sont représentées par le système des ordonnées de la courbe OJ′ JX′. La couche en X″ étant alors à son maximum d'écartement, tandis que les couches en O et X′ occupent leurs positions de départ, il est évident que l'air sera dilaté entre O et X″, condensé entre X″ et X′ ; mais il faut recourir au calcul pour découvrir la variation exacte de la densité, lorsqu'on passe d'une couche à la suivante.

Loi des variations de densité de l'air, lors de la propagation du son.

Soit e l'écart ou la distance qui sépare actuellement une couche, ayant pour abscisse x, de sa position de repos ; cet écart sera $e+de$ pour la couche suivante dont l'abscisse est $x+dx$. Si les deux écarts étaient égaux, la masse d'air comprise entre ces deux couches aurait évidemment la même densité qu'avant le mouvement ; mais si le second surpasse le premier, cette masse d'air sera dilatée, et sa dilatation θ aura pour expression $\dfrac{de}{dx}$. Or l'écart e est lié à la

fonction des vitesses par l'équation $c = \int^{\mathrm{T}} \mathrm{V} dt$, V étant
donné par la formule (2), et T représentant le temps écoulé
depuis le moment où la couche X a commencé à se mou-
voir ; on déduit de cette équation : $\theta = \dfrac{de}{dx} = \int \dfrac{d\mathrm{V}}{dx}\, dt$;
mais la fonction V (2) vérifie l'équation aux différences
partielles : $\lambda \dfrac{d\mathrm{V}}{dx} + \tau \dfrac{d\mathrm{V}}{dt} = 0$, et puisque $\lambda = a\tau$, on en conclut $\dfrac{d\mathrm{V}}{dx} = -\dfrac{1}{a} \dfrac{d\mathrm{V}}{dt}$, et enfin : $\theta = -\dfrac{\mathrm{V}}{a}$.

D'après cette relation, les couches d'air comprises entre
O et $\mathrm{X''}$, qui ont toutes des vitesses négatives, sont actuellement dilatées, et la valeur absolue de la dilatation pour
chaque couche est proportionnelle à la vitesse dont elle
maintenant animée. Au contraire, la masse d'air entre $\mathrm{X''}$ et
$\mathrm{X'}$ est actuellement condensée, et chacune de ses couches
a une densité d'autant plus grande qu'elle se meut plus vite.
Et par exemple, les couches d'air en $\mathrm{O, X'', X'}$, ont la même
densité que lors du repos, la couche en J est à son maximum
de condensation, celle en J' à son maximum de dilatation.

On voit ainsi que la courbe $\mathrm{OJ'\, X''\, JX'}$ peut représenter indifféremment, par ses ordonnées, ou la loi de succession des vitesses, ou celle des changemens de densité, et
qu'une onde entière étant partagée en deux parties, la première peut être appelée *demi-onde condensante*, la seconde *demi-onde dilatante*. L'une correspond précisément aux vitesses positives, l'autre aux vitesses négatives.

404. On passe facilement de la théorie du mouvement
des ondes sonores dans un cylindre, à celle de leur mouvement dans toutes les directions autour d'un point, centre d'ébranlement où l'on peut supposer qu'une petite

Ondes
sphériques.

sphère gazeuse soit alternativement condensée et dilatée. Il suffit de remarquer qu'alors, en vertu de la loi énoncée de la vitesse de propagation, l'amplitude seule des oscillations va en diminuant, à mesure que l'on considère sur un même rayon des couches d'air de plus en plus éloignées du centre; mais que l'ordre, la succession et les rapports d'étendue des ébranlemens successivement communiqués à une même couche, ne doivent pas changer. D'où il suit que la longueur d'ondulation, ou la largeur de l'onde sera encore la même; seulement pour se représenter géométriquement le mouvement général de l'air sur un même rayon sonore, il faudra imaginer, qu'en même temps que la portion de courbe OJ′ X″ JX′ glisse sur ce rayon avec la vitesse uniforme a, et que sa base OX″X′ conserve toujours la même grandeur, ses ordonnées, qui représentent les vitesses des couches d'air qu'elles traversent, vont en diminuant à mesure qu'elles s'éloignent, proportionnellement à la distance qu'elles parcourent.

La loi des vitesses pourra être représentée analytiquement par la formule (2), en divisant le second membre par x. En effet, lorsqu'un son produit en un point d'une masse d'air se propage dans toutes les directions, la vitesse propre de chaque partie de cette masse, à une même époque de son mouvement vibratoire, est d'autant plus petite que sa distance x au centre d'ébranlement est plus grande; car la force vive $\left(\dfrac{mv^2}{2}\right)$, correspondante à chaque ébranlement, doit rester constante, lorsque cet ébranlement, se propageant de couche en couche, laisse en repos celle qui le transmet; or la masse d'air totale de la couche située à une distance x, actuellemen animée de la vitesse V, tandis que tout le reste du fluide est en repos, est proportionnelle au carré x^2; le produit $x^2\,V^2$ doit donc être constant. V doit donc être en raison inverse de x.

Loi de l'intensité du son.

405. Le rapport des intensités d'un même son, à deux distances différentes du corps sonore, doit être celui des forces vives qui seraient communiquées à une même masse d'air, considérée successivement à ces deux distances, par la propagation d'un même ébranlement élémentaire; il est donc égal au rapport des quarrés des vitesses propres correspondantes à cet ébranlement; ou enfin, au rapport inverse des quarrés des distances. Ainsi l'intensité du son doit décroître en raison inverse du quarré de la distance au corps sonore. Cette loi de la diminution d'intensité se démontre de la même manière pour la propagation des ondes en général, quelle que soit la nature du milieu élastique qui les transmet, et quelle que soit la direction du mouvement vibratoire communiqué, relativement à celle que suit la propagation; elle a donc lieu pareillement pour la lumière qui, comme nous le verrons, doit être attribuée à des ondes analogues aux ondes sonores. On peut vérifier par l'expérience que l'intensité de la lumière suit effectivement cette loi de décroissement, mais la même vérification serait difficile à faire pour le son.

Direction du mouvement oscillatoire dans les ondes sonores.

406. M. Poisson a démontré que tout ébranlement produit en un point d'une masse gazeuse, quelle que soit sa direction, se propage en onde sphérique suivant les lois qui viennent d'être développées; c'est-à-dire qu'à partir d'une distance finie et très petite de l'origine du mouvement, les molécules du gaz se meuvent suivant les rayons mêmes des ondes. D'où il suit que, lors de la propagation du son, les masses d'air atteintes par le mou-

vement vibratoire sont toujours alternativement conden-
sées et dilatées.

407. La longueur d'une demi-ondulation (λ) est intimement liée avec la durée τ d'une demi-vibration du corps
sonore, puisque leur rapport est constamment a, ou la vitesse de propagation du son dans l'air. Cette rela-
tion $\lambda = a\tau$ peut servir à déterminer l'une des trois quantités λ, τ, a, lorsque les deux autres sont connues. Les
sons étant d'autant plus graves ou plus aigus que τ est plus
grand ou plus petit, λ est plus grand pour les sons graves,
plus court pour les sons aigus.

Longueurs
d'ondulation.

408. Telle est la théorie des ondes sonores. Un tuyau
d'un quart de lieue de longueur, composé de cylindres
creux en fonte réunis par des rondelles de plomb, qui devait servir à conduire les eaux dans l'intérieur de Paris,
donna à M. Biot l'occasion de vérifier plusieurs conséquences de cette théorie. Un son produit à l'orifice du tuyau,
et se propageant suivant son axe, ne devait pas diminuer
sensiblement d'intensité, puisque les dimensions transversales des couches successivement ébranlées étaient partout
les mêmes. En effet, lorsqu'une personne parlait à l'orifice, même assez bas, elle était entendue à l'autre extrémité,
quoique le tuyau ne fût pas rectiligne, et que son développement fût de près d'un quart de lieue. La théorie indique
que les sons graves ou aigus doivent employer le même
temps à se propager dans l'air, puisque la vitesse de propagation du son est indépendante de sa hauteur. L'expérience a confirmé cette loi générale ; car en faisant jouer un
air de musique par un instrument à l'une des extrémités du
tuyau de conduite, il était entendu à l'autre extrémité
sans aucune altération, ce qui exigeait que les différens sons

Expériences
de vérifica-
tion.

eussent conservé en se propageant les mêmes intervalles de temps qui les séparaient à l'origine, sans quoi la mesure eût été altérée, et le chant dénaturé.

Mesure di-
recte de la vi-
tesse du son. 409. On a entrepris plusieurs fois de déterminer par l'expérience la vitesse réelle du son. L'opération la plus exacte est celle qui fut faite dans les environs de Paris, entre Montlhéry et Montmartre. Un canon était tiré à l'une des stations, et l'on comptait à l'autre le temps qui s'écoulait entre l'apparition de la lumière et l'instant où le bruit se faisait entendre. Le temps que met la lumière pour se transmettre à quelques lieues étant tout-à-fait inappréciable, il suffisait de diviser la distance connue des deux stations, par le nombre de secondes écoulées entre la lumière reçue et le son transmis, pour avoir la vitesse de propagation cherchée. Ces expériences furent faites la nuit afin d'apercevoir plus facilement le signal, et pour que le bruit ne fût pas affaibli par des sons étrangers.

Le vent qui entraîne la masse d'air dans laquelle l'onde se propage doit ralentir ou augmenter la vitesse du son, suivant qu'il se dirige en sens contraire ou dans le même sens. Cette cause d'erreur peut être écartée en croisant les feux dans des temps très rapprochés, et en prenant la moyenne des deux observations consécutives; car le son se propageant dans deux directions opposées, sa vitesse apparente devra être autant diminuée dans un sens par le vent existant, qu'elle sera augmentée dans l'autre sens.

Le nombre auquel on est généralement parvenu, dans toutes les expériences de cette nature, est celui de 333 *mètres* par seconde sexagésimale, à la température de o°. A une température différente cette vitesse varie; la théorie indiquait cette variation, puisqu'à densité égale l'élasticité de l'air est d'autant plus grande que la température est plus élevée; cette élasticité supposée 1 à 0° devenant $1 + \alpha t$ à $t°$, $\left(\alpha = \dfrac{1}{266,67} \right)$, on devait trouver pour la vitesse de propagation du son à la température t, ... $a = 333^m \sqrt{1 + \alpha t}$, si la théorie était exacte. Cette dernière formule a été vérifiée par plusieurs observations s'étendant entre $- 25°$, et 27 ou 30° au-dessus de zéro.

410. Mais pour que le résultat de la théorie fût complétement vérifié, il fallait comparer la valeur numérique de la vitesse de propagation du son, donnée par ce résultat, à celle déduite de l'observation. La formule $a = \sqrt{\dfrac{e}{d}}$ peut être mise sous une forme plus commode. Soient ϖ le poids de l'unité de volume du gaz dans lequel le son se propage; g l'intensité de la pesanteur ou le poids de l'unité de masse; et h la hauteur d'une colonne du gaz proposé ayant pour base l'unité de surface, dont la densité serait partout la même, et qui exercerait par son poids sur sa base une pression égale à e. On aura évidemment : $d = \dfrac{\varpi}{g}$, $e = h\varpi$, et la vitesse de propagation déduite de l'analyse devient $a = \sqrt{gh}$; c'est-à-dire qu'elle doit être la même que celle acquise par un corps pesant tombé dans le vide de la hauteur $\dfrac{h}{2}$.

Correction de la vitesse du son calculée.

La hauteur barométrique qui fait équilibre à la pression de l'atmosphère étant moyennement $0^m,76$, on aura la valeur numérique de h, d'après sa définition, en multipliant $0^m,76$ par le rapport connu 10466 de la densité du mercure à celle de l'air; on a en outre $g = 9^m,8088$; on trouvera ainsi $a = \sqrt{gh} = 279^m,3$; et en ayant égard à la variation de la température $a = 279^m,3 \sqrt{1 + \alpha t}$. Ce résultat diffère beaucoup de celui donné par l'observation directe qui est $a = 333^m \sqrt{1 + \alpha t}$.

Cette différence, entre la vitesse de propagation du son calculée et celle obtenue par des expériences directes, était connue depuis long-temps ; on avait répété les expériences dans différens pays, en multipliant les précautions qu'on jugeait nécessaires, on avait toujours obtenu à peu près le même nombre 333^m ; La différence dont il s'agit devait donc tenir à quelque circonstance importante du phénomène, négligée dans le calcul. C'est Laplace qui assigna la véritable cause de ce désaccord entre l'analyse et l'observation.

Lorsqu'un fluide élastique est comprimé ou dilaté, il y a variation de température, Laplace pensa d'après cela que, lors de la propagation du son, les variations brusques de densité des couches d'air ébranlées devaient être accompagnées de variations de température, qui pouvaient augmenter le rapport de l'élasticité à la densité de l'air ; il trouva que pour tenir compte de cette cause il fallait multiplier e, dans la formule $a = \sqrt{\dfrac{e}{d}}$, par le rapport $\dfrac{c}{c'}$ du calorique spécifique à pression constante c, à celui sous volume constant c', du gaz dans lequel le son se propageait ; en sorte que la formule corrigée devait être

$$a = \sqrt{\frac{e}{d}(1 + \alpha t)\frac{c}{c'}}.$$

Une expérience de M. Clément, que nous avons décrite, donne pour le rapport $\dfrac{c}{c'}$ le nombre 1.375 ; mais ce résultat doit être considéré comme trop faible, parce que, dans l'expérience citée, il y a des pertes de chaleur par les enveloppes, qu'il n'est pas possible d'évaluer. Si l'on adopte ce nombre, dont la racine quarrée est à peu près $1,172$, on trouve pour la vitesse de propagation du son, déduite du calcul et corrigée : $a = 311.81 \sqrt{1 + \alpha t}$. Ce résultat est encore plus faible que celui donné par l'observation ; il faut prendre $\sqrt{\dfrac{c}{c'}} = 1,193$, ou $\dfrac{c}{c'} = 1,41$, pour obtenir une formule vérifiable. Or la différence des deux nombres $1,41$ et $1,375$ pouvant être attribuée à l'imperfection de toute expérience de même nature que celle faite par M. Clément, on doit regarder la formule de Newton, corrigée par Laplace, comme s'accordant avec l'observation.

M. Biot a imaginé une expérience pour prouver qu'il y a développement de chaleur lors de la propagation du son dans un fluide élastique. Quand un espace est saturé de vapeur, la moindre diminution du volume sans augmentation de température, doit produire une liquéfaction ; d'après cela, lorsque le son tend à se propager dans un espace saturé de vapeur, cette propagation ne pouvant avoir lieu sans qu'il y ait d'abord condensation dans la première couche ébranlée, cette condensation donnerait lieu à une liquéfaction si un dégagement de chaleur ne l'accompagnait pas, et elle ne serait pas suivie d'une dilatation, en sorte que l'ébranlement ne serait pas communiqué à la couche suivante ; il s'ensuivrait que le son ne pourrait pas se propager dans la vapeur à saturation. Si cependant lors de ces circonstances il y a son transmis, on devra en conclure que la condensation brusque d'une couche de vapeur, dans la propagation du son, est accompagnée d'un dégagement de chaleur qui s'oppose à la liquéfaction. Or c'est ce qui a lieu en effet; car si l'on prend un ballon vide d'air, au milieu duquel une petite clochette suspendue par un cordon peu élastique ne fait entendre aucun son lorsqu'on l'agite, le son est transmis aussitôt qu'on met l'intérieur du ballon en communication avec de l'éther qui le remplit de vapeur.

Ondes sonores réfléchies.

411. Lorsque les ondes sonores qui se propagent dans un fluide élastique rencontrent un obstacle fixe, ou une surface de séparation entre ce fluide et un autre milieu de densité différente, il y a réflexion comme pour la lumière; c'est-à-dire que des ondes réfléchies se propagent dans le gaz en s'éloignant de l'obstacle. Si l'on convient d'appeler rayon sonore une droite quelconque partant du centre d'ébranlement et suivant laquelle le son se propage, la loi de la réflexion du son, déduite du calcul, peut s'énoncer en disant qu'un rayon sonore se brise à la surface réfléchissante, de telle manière que le rayon réfléchi et le rayon incident sont situés dans un même plan perpendiculaire à l'obstacle, et font avec la normale deux angles égaux. Cette loi de la réflexion du son est ainsi la même que celle de la réflexion de la chaleur et de la lumière.

Le fait de la réflexion du son est manifesté par *les échos*. Il y a des échos multiples qui dépendent de plusieurs obstacles tellement disposés que, par les réflexions successives qui s'opèrent à leur surface, ils renvoient à l'oreille le même son, à des époques différentes et avec des intensités décroissantes. L'expérience prouve que l'oreille ne peut distinguer que dix sons par seconde, ou qu'elle ne peut percevoir distinctement la succession de deux sons séparés par un intervalle de temps moindre que $\frac{1}{10}$ de seconde, or le son parcourt 333 mètres par 1″, deux sons successifs ne peuvent donc être distingués que s'ils se propagent à $33^m,3$ au moins de distance l'un de l'autre ; d'après cela, un observateur qui produit un son en face d'un obstacle plan pouvant donner lieu à un écho, doit être au moins placé à $16^m,5$ de cet obstacle. On conçoit facilement que plusieurs obstacles, tels par exemple que deux plans solides ou deux murs parallèles, distans de plus de $33^m,3$, puissent donner lieu à un écho multiple, pour un observateur placé au milieu de l'espace qui les sépare.

Il y a des surfaces courbes qui, par les réflexions qu'elles occasionent, font concourir en un même point les rayons sonores partis d'un autre point. Dans une des salles du Conservatoire des Arts et Métiers, un observateur placé à l'un des angles entend des paroles prononcées à voix basse à l'angle opposé, tandis qu'une personne placée au milieu ne peut les distinguer ; la forme de la voûte est la cause de ce phénomène. On conçoit que si la surface est celle d'un ellipsoïde de révolution, le son produit à l'un des foyers doit être entendu plus distinctement à l'autre foyer qu'en tout autre point.

412. Le porte-voix consiste en un cône métallique vers le sommet duquel est une embouchure, et qui présente à son autre extrémité une partie plus évasée que le reste du cône, à laquelle on donne le nom de *pavillon*. L'avantage de cette dernière disposition a été indiqué par l'expérience, mais la théorie n'en connaît pas la cause. Quant à l'utilité du cône pour favoriser la propagation du son dans une certaine direction, en augmentant son intensité, il est facile de la concevoir ; car les réflexions du son produit à l'embouchure, opérées par les parois intérieures, forcent les rayons sonores à faire des angles de plus en plus

Porte-voix.

petits avec l'axe de l'instrument. On peut s'en convaincre en partant de la loi connue de la réflexion. Soient AB l'axe du cône, CD une des arêtes de la paroi conique, Ba un rayon sonore incident, aR le rayon réfléchi correspondant, $b'ab$ une parallèle à AB, on aura l'angle aBR $=$ B$ab=$ BaD $+$ Dab et aRB $=$ R$ab'=$ BaD $-$ Dab, d'où aBR $= a$RB $+$ aDab ; ainsi, à chaque réflexion sur la paroi intérieure du porte-voix, le rayon réfléchi fait avec l'axe un angle plus petit que le rayon incident, et la différence est égale à l'angle au sommet du cône.

413. Jusqu'ici nous avons supposé que le fluide intermédiaire qui communiquait les vibrations du corps sonore à l'organe de l'ouïe était gazeux ; mais les corps solides et liquides, dont l'élasticité est démontrée par toutes les expériences que l'on a faites pour constater leur compressibilité, doivent pouvoir aussi transmettre les sons. L'expérience confirme cette prévision : les personnes qui plongent sous l'eau entendent les sons produits dans l'air au-dessus de la surface du liquide. Si l'on place l'oreille à l'extrémité d'une poutre qui est légèrement frappée à l'autre bout, on distingue facilement le son transmis par le bois. M. Biot s'est proposé de déterminer la vitesse de propagation du son dans l'enveloppe solide du tuyau de conduite dont nous avons parlé plus haut : un appareil produisant un son fut disposé à l'orifice, et l'on entendit à l'autre bout du tuyau deux sons distincts ; l'un était transmis par la masse d'air intérieur, et l'autre, qui arrivait beaucoup plus vite, était communiqué par l'enveloppe en fonte. M. Biot a conclu de cette expérience que le son se propage dix fois et demi plus vite dans la fonte que dans l'air ; mais ce résultat présente quelque incertitude, à cause

des solutions de continuité dans l'enveloppe , provenant des rondelles de plomb qui réunissaient ses différentes parties.

M. Poisson a trouvé par l'analyse, une relation très simple entre la vitesse de propagation du son (a) dans une lame , et le nombre (n) de vibrations longitudinales qu'elle exécute dans l'unité de temps ; cette relation est : $a = \dfrac{2l}{n}$ l étant la longueur de la lame; le nombre n pouvant être déterminé par l'expérience , cette formule donne le moyen de connaître a.

On doit à **Laplace** une formule plus générale, qui donne la vitesse de propagation du son dans les liquides et les solides. Cette formule est $a = \sqrt{\dfrac{g}{\varepsilon}}$; g est l'intensité de la pesanteur, ε la quantité dont s'allonge ou se raccourcit une colonne du corps, ayant pour hauteur l'unité de longueur, sous l'influence d'une traction ou pression égale au poids de cette colonne. En substituant dans cette formule des nombres connus pour g, ε, on aura ainsi la vitesse de propagation du son dans tous les corps dont on connait le coefficient de compressibilité. Pour l'eau, on trouve $a = 1428^m$, ce qui indiquerait que le son se propage quatre fois et demi plus vite dans l'eau que dans l'air.

114. Ce dernier résultat a été confirmé par une expérience directe que MM. Colladon et Sturm, ont faite pendant une nuit sur le lac de Genève, en produisant un son à une des extrémités du lac, et comptant le temps qu'il mettait à parvenir, par sa propagation dans l'eau , à une distance de près de quatre lieues. Le son était produit au moyen d'une cloche assez forte suspendue à un bateau , et

Mesure directe de la vitesse du son dans l'eau.

qui plongeait dans l'eau. Un levier coudé venait mettre le feu à un amas de poudre, au moment même où un marteau, mobile avec ce levier, tombait sur la cloche ; on avait ainsi un signal lumineux qui indiquait l'instant de départ du son.

La difficulté de l'expérience consistait principalement à rendre le son transmis par l'eau appréciable à la distance considérable où on voulait le percevoir ; on s'est servi à cet effet d'un tuyau de tôle, cylindrique et creux, qui était fermé, à l'exception d'une petite ouverture ménagée vers le haut et contre laquelle on appliquait l'oreille ; la paroi du tuyau était disposée, sur un des côtés et vers le bas, en plaque circulaire que l'on dirigeait perpendiculairement à la direction des rayons sonores, et à laquelle on avait donné une grande surface. Cet appareil étant immergé, les ébranlemens communiqués à la plaque par les vibrations de l'eau se transmettaient à l'air du tuyau, et l'on entendait distinctement le son produit à près de quatre lieues de distance. C'est ainsi que MM. Sturm et Colladon ont trouvé, pour la vitesse du son dans l'eau, le nombre 1435^m, résultat que l'on peut regarder comme identique avec celui déduit de la formule de Laplace.

VINGT-SEPTIÈME LEÇON.

De la sensation du son. — Organe de l'ouïe. — Sensation des accords. — Mesure des sons. — Sons harmoniques. — Échelle
musicale. — Tons et demi-tons. — Tempérament. — Logarithmes acoustiques.

415. Après avoir constaté que le son est dû aux vibrations d'un corps élastique, qu'il se propage par la communication du mouvement vibratoire à l'air ou à d'autres milieux pondérables, il importe, pour compléter l'étude de
ce phénomène, de décrire l'organe qui le perçoit, et d'a-
nalyser les sensations qu'il produit. Cette partie de l'acoustique, ainsi définie, paraît appartenir plutôt à la physiologie qu'à la physique; il en de même de la vision, qui
comprend la description de l'œil et l'analyse des sensations
perçues par cet organe. Il ne sera peut-être pas inutile de
justifier ici, par quelques réflexions, ces empiétemens apparens de la physique sur le domaine d'une autre science.

Toutes nos sensations paraissent dues à certaines actions
qus les nerfs reçoivent des agens inorganiques; mais presque toujours ces actions ne sont transmises au système
nerveux, que par des appareils d'une contexture très différente, et qui, étant en rapport direct avec les agens extérieurs, ont nécessairement des propriétés physiques appro-
priées à la seule influence que ces agens doivent exercer.
Ces appareils, tout organiques qu'ils soient, doivent donc

Sur la sensa-
tion
du son.

II. 4

se conduire, se mouvoir de la même manière que les substances inorganiques capables d'éprouver l'effet des causes naturelles qu'il s'agit de rendre sensibles. Sous ce point de vue l'étude des propriétés de ces organes intermédiaires appartient à la physique; et cette science ne doit arrêter ses investigations que là où le système nerveux commence à paraître.

D'ailleurs si l'on enlevait au physicien la faculté de faire des excursions sur les limites de l'organisme, on le priverait d'un moyen puissant de découvrir ou de vérifier les lois et les propriétés des agens naturels; car les organes intermédiaires, destinés à mettre les corps vivans en rapport avec le monde extérieur, remplissent ce but avec une perfection qu'il serait difficile de réaliser; et souvent ce qu'il y a de mieux à faire, pour construire un appareil dont l'objet est de régulariser ou de concentrer les effets d'un agent physique, c'est d'imiter le plus possible l'appareil analogue qui se présente dans la nature.

Sans doute l'analyse des sensations, et celle des jugemens qu'elles nous font porter, sont étrangères à la physique proprement dite; mais si l'on considère que nos sens entrent toujours pour quelque chose dans le travail de la plupart des expériences, qu'ils y jouent souvent un rôle indispensable, comme moyen de mesure et de comparaison, on reconnaît la nécessité d'entrer dans quelques détails sur leurs propriétés, tant pour régulariser leur emploi, que pour estimer l'exactitude des résultats qu'ils fournissent. D'ailleurs si l'expérience constate des relations très simples, entre la nature des sensations et les effets immédiats des causes extérieures qui les font naître, il suffira de rétablir les sensations pour être certain de l'existence des effets correspondans ; on aura ainsi un moyen simple de reproduire, d'analyser ces effets, et par suite d'étudier les lois qui les régissent.

416. L'organe de l'ouïe, chez l'homme, présente d'abord un canal ouvert à l'extérieur, appelé *conduit auditif*. Les parois de ce canal, formées par une membrane épaisse, se replient, se contournent en s'épanouissant vers l'orifice, et forment ainsi le *pavillon*, qui paraît destiné à concentrer les ondes, ou à diriger les rayons sonores, par une suite de réflexions, parallèlement à l'axe de la partie plus profonde, qui est à peu près cylindrique. Il est à croire aussi que les parois du pavillon partagent elles-mêmes les vibrations transmises par l'air, et que la variété d'inclinaison des différens élémens de sa surface, a pour but d'en offrir toujours plusieurs dans une direction normale à celle des rayons sonores, telle qu'elle soit. Les vibrations de ces élémens particuliers, excitées ainsi dans les circonstances les plus favorables, peuvent être ensuite communiquées, par les cartilages qui les avoisinent, aux autres parties de l'oreille externe ; leur direction subissant dans ce trajet des modifications convenables.

Le conduit auditif se termine obliquement par une membrane mince et très élastique, connue sous le nom de *membrane du tympan*. Derrière cette membrane se trouve une cavité osseuse, remplie d'air, appelée la *caisse du tympan*, et qui communique avec l'arrière-bouche par un petit canal nommé la *trompe d'Eustache*. La position et la nature de la membrane du tympan, l'équilibre de pression de l'air sur ses deux faces, sans cesse rétabli par la trompe d'Eustache, font penser que cette membrane vibre à l'unisson de tous les sons, qui, se propageant à l'ex-

Description de l'oreille.

4..

térieur, atteignent le conduit auditif. Le fait, reconnu par M. Savart, qu'une membrane tendue peut vibrer à l'unisson de tous les sons produits par des corps voisins, ou qui se propagent avec intensité dans la masse d'air qui l'entoure, rend cette opinion très probable. Mais les vibrations ont un autre trajet à faire pour parvenir au nerf acoustique.

Sur les parois de la caisse du tympan sont deux membranes nouvelles qui la séparent de deux autres cavités. L'une de ces membranes, située vers le haut de la caisse, est dite la *fenêtre ovale ;* la seconde, placée au fond, est la *fenêtre ronde.* Au milieu de la caisse sont suspendus quatre petits os, composant la *chaîne des osselets,* et que leurs formes différentes ont fait nommer : *le marteau, l'enclume, le lenticulaire et l'étrier.* Le marteau, fixé parallèlement à la membrane du tympan, se lie par une de ses extrémités à l'enclume ; l'enclume est jointe au lenticulaire, et ce troisième os à l'étrier, qui aboutit à la fenêtre ovale. Cette chaîne osseuse paraît destinée à communiquer les vibrations de la membrane du tympan à celle de la fenêtre ovale ; elle joue en quelque sorte le même rôle que l'âme du violon, qui sert à transmettre le mouvement vibratoire de l'une à l'autre des deux tables de cet instrument. Des muscles qui agissent sur la chaîne des osselets peuvent la courber plus ou moins, et modifier ainsi la tension des deux membranes qui la terminent, soit pour diminuer l'amplitude de leurs vibrations, soit pour reculer la limite des sons aigus perceptibles.

Derrière la fenêtre ovale se trouve une cavité osseuse, appelée le *vestibule.* Quant à la fenêtre ronde, elle sépare la caisse du tympan d'un conduit osseux, courbé en spirale, nommé le *limaçon*, et qui débouche dans le vestibule. Les vibrations sont sans doute transmises directement, à la membrane de la fenêtre ronde, par l'air contenu dans la caisse. Le vestibule, le limaçon et trois canaux osseux semi-circulaires qui communiquent avec le vestibule par leurs deux extrémités, constituent l'oreille interne ou le *labyrinthe*. Enfin, toutes les parties de ce labyrinthe contiennent un liquide transparent, au milieu duquel viennent flotter les premiers filets du nerf acoustique; c'est donc par l'intermédiaire de ce fluide que les vibrations, convenablement transformées, agissent sur le système nerveux.

On a reconnu par l'observation que toutes les parties de l'oreille externe peuvent être hors d'état de remplir leurs fonctions, sans qu'il en résulte une surdité complète. Ainsi, le pavillon peut être rasé, la membrane du tympan déchirée, la chaîne des osselets rompue, et, pourvu que les deux fenêtres du labyrinthe soient intactes, que le liquide qu'il contient subsiste sans altération, l'oreille perçoit encore la sensation du son. Si l'on étudie l'organe de l'ouïe chez les animaux, on remarque qu'à mesure que leur organisation se simplifie, cet appareil devient de moins en moins compliqué. Chez les crustacés, il se compose d'une simple cavité osseuse, fermée par une membrane qui reçoit directement les vibrations extérieures, et qui renferme un liquide où flotte l'extrémité du nerf acoustique.

Mais si l'oreille externe n'est pas indispensable pour que la perception d'un bruit puisse avoir lieu, tout porte à croire que toutes ses parties sont nécessaires pour rendre sensibles toutes les nuances du son. C'est-à-dire qu'il serait impossible, sans cet organe intermédiaire, d'estimer avec

précision la direction et l'intensité d'un son, sa hauteur.
son timbre. Si l'on réfléchit à la variété infinie de ces diverses qualités, et avec quelle justesse l'oreille humaine
saisit leurs plus petites modifications, on ne sera plus
étonné de la complication apparente de cet organe. Par
exemple, on conçoit qu'une organisation plus simple pourrait priver l'ouïe de la faculté surprenante d'apprécier les
moindres différences de timbre; nous reconnaissons une
personne à sa voix qui n'a de particulier que son timbre;
nous ne nous trompons pas sur les variations de la voix
articulée, dont la cause peut être très différente de celle
qui fait varier les sons produits par les instrumens.

Variations des limites des sons perceptibles. 417. Parmi les diverses facultés que possède l'ouïe, la
seule qu'il importe de considérer ici est celle qui nous per-
met de comparer les sons, ou de distinguer leur gravité
et leur acuité. Nous avons cité des limites au-delà desquelles les sons cessent en général d'être perceptibles par
l'oreille humaine ($\S$ 387); mais Wollaston a fait des expériences curieuses, qui indiquent que ces limites, ou l'intervalle qui les sépare, sont variables d'un individu à un
autre. De nouvelles recherches, faites par M. Savart, ont
prouvé que la variation des limites du son, ou de la faculté
de percevoir plus ou moins facilement des sons très graves
ou très aigus, dépend plutôt de l'intensité que de la hauteur; en sorte que la surdité relative pour des sons extrêmes, tient seulement à ce que ces sons n'ont pas été
produits avec une intensité assez forte, pour ébranler l'organe de l'ouïe. Chez un même individu, la faculté de percevoir plus ou moins facilement des sons bas ou élevés,
est variable avec le temps.

Wollaston a signalé plusieurs circonstances dans lesquelles l'oreille se trouve momentanément affectée d'une surdité relative pour certains sons. On peut, par la trompe d'Eustache, introduire une plus grande quantité d'air dans la caisse du tympan, ou en faire sortir une partie, de manière que l'élasticité de l'air qu'elle renferme soit plus grande ou plus petite que celle de l'air extérieur. Quand, la bouche et le nez étant fermés, on exécute le mouvement d'aspiration, les poumons se dilatent, et l'air qu'ils contiennent se raréfie, ainsi que celui de la caisse du tympan; lorsqu'ensuite on ouvre le nez ou la bouche, l'air extérieur, par l'excès de son élasticité, refoule l'ouverture très étroite de la trompe d'Eustache, et ses parois repliées ferment le canal intérieur, en sorte que l'air de la caisse reste raréfié. Dans cet état, la membrane du tympan, plus fortement pressée du dehors par le conduit auditif, prend une forme concave; alors elle n'est plus propre à transmettre la sensation des sons graves; les sons aigus sont au contraire plus facilement perceptibles.

On reproduit quelquefois involontairement des circonstances analogues, comme par exemple dans l'éternuement, qui refoule l'air dans la caisse du tympan. Si la trompe d'Eustache se ferme avant que l'équilibre des pressions du fluide soit rétabli, la membrane prend une forme convexe au dehors, et l'oreille devient encore sourde pour les sons très graves. Dans les deux cas, pour rétablir l'organe dans son état normal, il suffit d'avaler quelque chose; le mouvement de l'œsophage r'ouvre la trompe d'Eustache, et la surdité cesse.

418. L'oreille saisit particulièrement les intervalles qui existent entre deux ou plusieurs sons simultanés ou successifs; c'est-à-dire qu'elle éprouve alors des sensations,

Sensations des accords.

en quelque sorte composées, connues sous les noms *d'accords* et de *dissonances*. Le plus simple des accords est *l'unisson;* une oreille un peu exercée distingue parfaitement quand deux sons, produits par des instruments différens, etyant conséquemment des timbres fort dissemblables, ont précisément la même hauteur. Après l'unisson l'accord le plus simple est l'*octave;* viennent ensuite la *quinte,* les *tierces majeure et mineure, la quarte.* L'expérience a démontré que la sensation d'un accord dépend uniquement du rapport des nombres de vibrations correspondantes aux sons qui la font naître ; c'est cette relation importante qu'il s'agit de définir et de constater. Il est nécessaire, pour cela, d'indiquer par quels procédés on parvient à trouver le nombre de vibrations qui produit un son donné.

Mesure des sons.

4 19. On peut se servir à cet effet d'une lame vibrante, libre à l'un de ses bouts, et pincée dans un étau vers l'autre extrémité. La théorie indiquant que dans ces circonstances le nombre des vibrations de la lame varie en raison inverse du carré de la longueur de la partie vibrante, et l'expérience ayant vérifié cette loi sur de grandes longueurs, on peut admettre son exactitude dans tous les cas. Ayant donc mesuré la longueur L de la lame, lorsqu'elle faisait un nombre N d'oscillations que l'on a pu compter, on la raccourcit en la faisant glisser entre les mâchoires de l'étau, jusqu'à ce qu'elle puisse produire un son que l'oreille reconnaisse avoir la même hauteur que le son à évaluer ; on mesure alors la longueur l de la lame, et l'on a, pour déterminer le nombre x de vibrations qui correspond au son proposé, l'équation : $xl^2 = NL^2$.

Une méthode plus commode est fondée sur cette autre

loi fournie par la mécanique rationnelle, que le nombre n de vibrations transversales, exécutées dans une seconde de temps par une corde métallique de longueur l, de rayon r, de densité δ, et tendue par un poids P, est donné par l'équation $n = \dfrac{1}{rl} \sqrt{\dfrac{\mathrm{P}}{\pi\delta}}$ (§ 389). Toutes les quantités qui se trouvent dans cette formule étant évaluables, on pourra calculer le nombre n de vibrations exécutées par la corde, lorsqu'elle produira un son de même hauteur que celui qu'il s'agit de mesurer. Pour changer le son de la corde et lui faire atteindre par tâtonnement l'accord que l'on veut établir, on peut modifier ou sa tension ou sa longueur. Dans le premier cas, la corde étant tendue verticalement pour que l'action des poids soit plus directe, à chaque poids nouveau que l'on suspend il faut attendre un temps assez considérable avant d'essayer le son produit, afin que les molécules de la corde atteignent les positions qui conviennent au nouvel état d'équilibre. S'il ne s'agit que de changer la longueur, on se sert d'un chevalet ou d'une pince fixe que l'on place à différentes hauteurs.

Les cordes vibrantes offrent un moyen facile de comparer les nombres de vibrations correspondans à plusieurs sons, dont l'oreille peut assigner les intervalles musicaux. Deux cordes tendues à côté l'une de l'autre étant mises à l'unisson, ou produisant un même son que nous appellerons son primitif, si l'on place un chevalet au milieu de l'une d'elles et que l'on fasse vibrer sa moitié, le nouveau son produit, que la théorie indique devoir correspondre à deux fois plus de vibrations que le son primitif, se trouvera être, pour une oreille exercée, à l'octave aiguë de ce premier son.

Si, la première corde conservant toujours la même longueur, on fait varier au-dessous de la seconde la position du chevalet ou de la pince, de manière à mettre en vibration telle fraction voulue F, de sa longueur totale L, l'oreille reconnaît la quinte aiguë du son primitif; lorsque cette fraction F est $\frac{2}{3}$ L, la quarte quand $F = \frac{3}{4}$ L, la tierce majeure lorsque $F = \frac{4}{5}$ L, la tierce mineure quand $F = \frac{5}{6}$ L.

Or, si la formule $n = \frac{1}{rl} \sqrt{\frac{P}{\pi \delta}}$ est vraie, les nombres des vibrations exécutées par différentes longueurs d'une même corde, également tendue, sont en raison inverse de ces longueurs; de plus, les sons peuvent être représentés par des nombres proportionnels aux nombres de vibrations qui leur correspondent dans le même temps; il suit donc des expériences précédentes que, si le son primitif est représenté par 1, sa quinte sera $\frac{3}{2}$, sa quarte $\frac{4}{3}$, sa tierce majeure $\frac{5}{4}$, sa tierce mineure $\frac{6}{5}$. Si, par des mesures plus directes, on trouve qu'effectivement les nombres de vibrations correspondans aux différens intervalles musicaux, qu'une oreille exercée peut facilement distinguer, sont entre eux dans les rapports simples exprimés par les fractions qui précèdent, on aura vérifié cette loi déduite de la théorie : que toutes choses égales d'ailleurs le nombre des vibrations faites par une corde est en raison inverse de sa longueur.

La sirène de M. Cagnard-Latour offre le moyen le plus commode et le plus exact que l'on puisse employer pour connaître les rapports des nombres de vibrations correspondans à différens sons. Au lieu d'une chute d'eau, il est préférable de se servir d'un courant d'air, qui produit le même effet, et dont on peut aussi faire varier facilement la vitesse pour élever le son donné par la sirène à la hauteur voulue, et faire produire successivement par cet instrument les sons correspondans à différens intervalles musicaux.

Afin de concevoir la possibilité de compter le nombre des chocs qui produisent un son déterminé dans la sirène, il faut remarquer d'abord qu'à chaque tour du plateau mobile il y aura autant de chocs que ce plateau offre de trous ; nous supposerons qu'il y en ait huit. Il suffit d'après cela que l'instrument puisse indiquer le nombre de tours que fait le plateau mobile dans un temps donné ; à cet effet une vis sans fin est adaptée à l'axe de ce plateau ; elle engrène avec une roue dentée qu'elle fait marcher de deux dents ou d'un centième de sa circonférence à chaque tour ; l'axe de cette première roue porte un rateau rendu mobile au moyen d'un excentrique, et qui s'appuie sur la tranche d'une seconde roue à dents aiguës et obliques, qu'il fait avancer d'une dent à chaque révolution complète de la première roue, ou à chaque centaine de tours du plateau. Des cadrans et des aiguilles correspondent aux deux roues ; un mécanisme à ressort et à bouton permet d'approcher ou d'éloigner la première de la vis sans fin, afin de pouvoir établir ou arrêter subitement le jeu du compteur.

Lorsque le courant d'air de la soufflerie a été réglé de telle manière que la sirène rende le son voulu, on pousse le bouton d'engrenage ; on compte sur un chronomètre un certain nombre de secondes, 20 par exemple, et lorsqu'elles se sont écoulées on désengrène subitement. Les cadrans indiquent alors le nombre N de centaines de tours qui ont eu lieu, et celui n des tours simples de la centaine non achevée ; enfin le nombre de chocs ou de vibrations correspondant au son proposé est : $\dfrac{8(100N + n)}{20}$. Quand on a un peu l'habitude de ce genre d'observation, on ne se trompe pas d'une vibration sur cinq cents. L'expérience peut d'ailleurs être prolongée pendant plusieurs minutes, et rendre ainsi sensiblement nulle l'erreur possible lorsqu'on touche le mécanisme au moment du départ et à la fin. On a vérifié par ce moyen les rapports simples énoncés plus haut entre les nombres de vibrations correspondans aux différens intervalles musicaux, et par suite la loi des cordes vibrantes.

Caractère gé-
néral
des accords.

420. Ce qu'il importe surtout de remarquer dans la sensation des accords, c'est que l'oreille est affectée de la même manière par deux sons simultanés conservant le même rapport ou le même intervalle musical, quels que soient les nombres absolus de vibrations qui leur correspondent. Ainsi, par exemple, les deux sons *ut, mi,* simultanés, produisant la sensation de la tierce majeure, l'oreille sera encore affectée de la même manière par les deux sons ut_2, mi_2, ou par ut_3, mi_3, quoique dans ces derniers cas les nombres de vibrations soient doubles et quadruples de ce qu'ils étaient dans le premier. Ainsi, ce ne sont ni les nombres absolus des vibrations, ni la différence de ces nombres, qui produisent sur l'oreille la sensation des accords, c'est uniquement leur rapport.

Échelle mu-
sicale.

421. On distingue en musique un certain nombre de sons, formant la *gamme naturelle*, et séparés les uns des autres par des intervalles d'une grandeur déterminée. Le procédé qui vient d'être indiqué a fourni le moyen de compter les nombres de vibrations correspondans à ces sons, et c'est par ces nombres qu'on les exprime en phy-

sique. Les noms usuels des notes de la gamme sont *ut, ré, mi, fa, sol, la, si*. Dans la série connue sous le nom d'échelle musicale, les sons se reproduisent dans le même ordre par périodes de sept notes; chaque période ne différant de celle qui la précède que par une octave. Pour distinguer un des sons de la gamme primitive, de tout autre appartenant à l'une des périodes antécédentes ou suivantes, on affecte ce dernier d'un indice positif ou négatif, suivant qu'il appartient à une octave aiguë ou grave. Si l'on représente par 1 le son le plus grave de la période primitive, l'expérience indique que les sept sons de cette gamme doivent être exprimés par les nombres suivans :

$$ut, \quad ré, \quad mi, \quad fa, \quad sol, \quad la, \quad si, \quad ut_2, \ldots$$
$$1, \quad \frac{8}{9}, \quad \frac{5}{4}, \quad \frac{4}{3}, \quad \frac{3}{2}, \quad \frac{5}{3}, \quad \frac{15}{8}, \quad 2, \ldots$$

Les noms d'octave, quinte, quarte et tierce, donnés aux différens intervalles que nous avons considérés plus haut, indiquent uniquement le rang que les sons occupent dans la série naturelle, relativement à la note primitive. Pour produire les sons de l'échelle musicale avec une même corde, il suffit, d'après la loi énoncée plus haut, de faire vibrer successivement les différentes parties de sa longueur, indiquées par les fractions précédentes renversées.

422. La série des sons de l'échelle musicale, ou celle des sept notes qui forment une période, paraît avoir son orgine dans la nature de notre organisation. Les intervalles de ces sons ne sont pas les mêmes, ce qui semble donner à la formation de cette série naturelle quelque chose d'arbitraire et d'inexplicable; mais une remarque peut donner la

Génération de la gamme. Accord parfait.

clé de sa génération. c'est que la gamme s'obtient en renversant trois *accords parfaits*. On donne le nom d'accord parfait à trois sons simultanés, tels que le premier et le second forment une tierce majeure, le second et le troisième une tierce mineure, enfin le premier et le troisième une quinte, ou, pour nous servir d'une définition plus physique, à trois sons tels que les nombres de vibrations qui leur correspondent sont entre eux comme 4, 5, 6; l'observation indique que la coexistence de ces trois sons produit sur l'oreille la sensation musicale la plus agréable. Or si l'on prend dans l'échelle musicale les huit sons suivans, qui s'y succèdent en sautant à chaque intervalle une note intermédiaire,

$$fa_{-1}, \quad la_{-1}, \quad ut, \quad mi, \quad sol, \quad si, \quad ré,,$$
$$\frac{2}{3}, \quad \frac{5}{6}, \quad 1, \quad \frac{5}{4}, \quad \frac{3}{2}, \quad \frac{15}{8}, \quad \frac{9}{4};$$

ces sons, qui comprennent tous ceux de la gamme, forment trois accords parfaits : *fa, la, ut; ut, mi, sol; sol, si, ré;* il est facile de voir en effet que les nombres de vibrations correspondant aux trois sons de chaque groupe, sont entre eux comme les nombres 4, 5, 6.

423. Quand on écoute attentivement un son quelconque, produit par les vibrations d'une lame élastique, d'une corde tendue, ou d'un tuyau d'orgue, on distingue 2, 3, 4, 5 sons différens, quelquefois même un plus grand nombre. Ces sons ont entre eux des intervalles qu'une oreille exercée distingue facilement. Pour rendre ce phénomène très sensible on peut se servir d'une corde très forte, comme celle d'une contre-basse ou d'un violoncelle. Si l'on prend pour unité le son le plus grave de la série qui est aussi le

plus fort, celui qu'on entend ensuite le plus facilement est l'octave aiguë de la quinte, ou le son 3 ; on distingue après la double octave de la tierce, ou le son 5 ; viennent enfin l'octave et la double octave du son principal, ou les sons 2 et 4, qui sont plus difficiles à saisir que les premiers. Il paraît que certaines personnes entendent encore les sons plus aigus représentés par 6 et 7. Ces effets varient d'ailleurs avec la nature de l'instrument ; on peut les obtenir avec une corde vibrant transversalement ; le nombre des sons est moins grand avec un tuyau d'orgue, mais ils sont alors plus faciles à saisir. Dans tous les cas, les sons qui accompagnent ainsi la note primitive portent le nom de *sons harmoniques ;* on dit d'après cela que l'octave de la quinte, la double octave de la tierce majeure, l'octave et la double octave, forment les sons harmoniques du son principal.

Il est facile de se rendre raison de ce phénomène, en admettant la superposition de différens modes de division du corps sonore, mais il serait possible cependant qu'il dépendît de notre organisation. Néanmoins on conçoit qu'une corde puisse se subdiviser en plusieurs parties qui vibrent séparément, en même temps que le mouvement de totalité a lieu. Ainsi, une corde peut exécuter des oscillations autour de sa position d'équilibre qui produisent le son le plus grave, ou le son principal, et en même temps ses deux moitiés peuvent vibrer en sens contraire l'une de l'autre, de telle manière que le milieu de la corde soit toujours dans la position qu'il occuperait sans ce dernier mouvement partiel, et forme ainsi un nœud de vibration ; il peut encore arriver que la corde se divise spontanément en trois parties qui vibrent séparément, tandis que les deux pre-

miers genres de mouvement ont lieu ; enfin ces différens
modes de subdivision peuvent se prolonger plus loin, en
se superposant les uns aux autres. Nous avons déjà dit que
la coexistence de ces différens mouvemens est même indiquée par la théorie comme un résultat nécessaire, ou
comme une conséquence rationnelle de l'expression analytique la plus générale des mouvemens vibratoires (§ § —
389, 390).

On a cru pouvoir prouver la coexistence des mouvemens partiels dont nous venons de parler, au moyen de
l'expérience suivante : si on dispose un chevalet qui ne
presse que très légèrement une corde sonore, au milieu,
au tiers, ou au quart de sa longueur, et si l'on fait vibrer
la portion la plus courte au moyen d'un archet, on peut
démontrer par l'expérience que le mouvement vibratoire
se transmet à la portion la plus longue, qui se subdivise
en parties égales à la plus courte, lesquelles vibrent séparément ; il suffit pour cela de placer de petits morceaux de
papier, pliés en deux, à cheval sur la corde aux points où
le mode de vibration supposé indique des nœuds et des
ventres de vibration ; aussitôt que l'archet a fait vibrer la
portion la plus courte de la corde, les morceaux de papier placés aux lieux où l'on présumait que le mouvement
oscillatoire, communiqué de l'autre côté du chevalet, devait avoir le plus d'amplitude, sont effectivement projetés
au dehors, tandis que les autres restent en place. Mais
cette expérience, qui indique bien que le mode de subdivision présumé a lieu lorsque le chevalet occupe la place
indiquée, ne prouve pas qu'il coexiste avec le mouvement
de totalité quand le chevalet est éloigné. Toutefois, lorsqu'une corde de violoncelle est mise en vibration, on dis-

tingue facilement à l'œil, par la forme du volume apparent, le mode de subdivision en deux parties, qui doit
produire l'octave aigu du son principal.

424. Dans l'état actuel de la science, il est sans doute
difficile de donner une explication complétement satisfaisante, tant de l'espèce de déchirement produit sur l'oreille
par la succession rapide de deux sons discordans, que de
la sensation agréable occasionée par les accords. On peut
néanmoins former quelques conjectures, assez probables,
sur la cause de ces phénomènes physiologiques.

Toutes les équations aux différences partielles, par lesquelles les géomètres parviennent à représenter les mouvemens vibratoires d'un corps élastique, homogène et de
forme donnée, jouissent de cette propriété, que si une
fonction périodique simple les vérifie, une infinité d'autres
fonctions de la même nature, dont les périodes ont des
rapports assignables avec la première, peuvent pareillement les vérifier. Or chacune de ces fonctions périodiques
peut être considérée comme représentant un état de vibration particulier, auquel correspond un son d'une certaine
hauteur. L'analyse indique donc qu'un corps capable
d'exécuter un certain système de vibrations isochrones,
doit pouvoir par cela même exécuter une infinité d'autres
systèmes de vibration. ou vibrer à l'unisson d'une grande
variété de sons différens, ayant toutefois entre eux des rapports déterminés, qui dépendent de la forme et de la nature du corps, du nombre et de la position des points dont
le mouvement n'est pas totalement libre, enfin du mode
d'ébranlement. En outre, on peut conclure de ce que tous
ces mouvemens vibratoires peuvent exister séparément
dans le même corps, que leur coexistence y est également

II

possible, en partant du principe établi par Daniel Bernouilli sur les petites oscillations.

Il faut remarquer maintenant que toutes les parties de l'oreille externe sont de nature à pouvoir vibrer à la manière des corps inertes; que les muscles qui paraissent destinés à modifier leurs tensions, et même leur forme, peuvent changer les conditions de leur ensemble, et les disposer dans les circonstances les plus favorables, pour vibrer à l'unisson de tel son principal, produit à l'extérieur. Et l'on admettra facilement, d'après les principes posés ci-dessus, que de nouveaux mouvemens des muscles de l'oreille ne doivent pas être nécessaires lors de la perception, simultanée ou successive, d'une série de sons ayant de certains rapports avec celui qui a déterminé le premier mouvement; tandis que, pour faciliter la perception d'un son non compris dans cette série, les muscles doivent changer cet état particulier de l'organe.

Or on peut penser, en se fondant sur de nombreuses analogies, qu'un mouvement brusque dans les muscles, et par suite l'interruption rapide de toutes les vibrations préexistantes dans l'organe, doivent occasioner une sensation pénible; on expliquerait ainsi l'effet désagréable des dissonnances. Quant à l'effet des accords, il résulterait naturellement de l'immobilité possible des muscles de l'oreille, lors de la perception simultanée des sons qui les produisent; ou, si les sons d'un accord sont successifs, de ce que le nouveau son étant compris dans la série correspondante au premier état, les vibrations qui le font percevoir n'ont qu'à persister, en ne subissant d'autre modification qu'un accroissement d'amplitude.

425. La dépendance qui existe entre les sensations des accords, et les rapports ou les intervalles des sons, fait comprendre facilement la nécessité de faire subir certaines altérations, soit à l'échelle musicale, soit à la série des sons donnés par un même instrument, pour pouvoir exécuter un chant qui embrasse plusieurs octaves. Les rapprochemens numériques qui démontrent cette nécessité sont trop simples pour ne pas faire partie de l'acoustique ; ils offrent d'ailleurs une application curieuse des lois que suivent les sensations de l'organe de l'ouïe, et sous ce point de vue il importe de les exposer ici.

Pour exécuter un chant, ou une succession de sons formant entre eux de certains accords, et pouvoir ensuite transposer ce chant en commençant par une note quelconque de l'échelle musicale, il faudrait qu'il y eût partout le même intervalle entre deux sons successifs de la série ; or c'est ce qui n'a pas lieu. L'intervalle de deux sons, ou la différence des sensations produites sur l'oreille par ces deux sons, ne dépendant que du rapport des nombres de vibrations qui leur correspondent, a pour mesure ce rapport même, qui peut servir à le représenter. Les intervalles des sons successifs de la gamme peuvent aisément se calculer d'après cette définition ; on trouve ainsi :

$$ut, \quad ré, \quad mi, \quad fa, \quad sol, \quad la, \quad si, \quad ut_2.$$

$$1, \quad \frac{9}{8}, \quad \frac{5}{4}, \quad \frac{4}{3}, \quad \frac{3}{2}, \quad \frac{5}{3}, \quad \frac{15}{8}, \quad 2.$$

$$\frac{9}{8}, \quad \frac{10}{9}, \quad \frac{16}{15}, \quad \frac{9}{8}, \quad \frac{10}{9}, \quad \frac{9}{8}, \quad \frac{16}{15};$$

les fractions que présente la troisième ligne se reproduisent dans le même ordre en prolongeant l'échelle musicale de part et d'autre. On voit que tous ces intervalles ne sont

5..

pas égaux, et qu'ils ont trois valeurs différentes : $\frac{9}{8}$, $\frac{10}{9}$, $\frac{16}{15}$; le premier, ou le plus grand, s'appelle *ton majeur*, le second *ton mineur*, et le troisième, ou le plus petit, *semi-ton majeur*. Si donc on voulait exécuter un même chant en partant d'une note différente de l'échelle musicale, il est évident qu'on ne passerait pas par les mêmes intervalles en prenant des notes également distantes ; le chant serait altéré et n'aurait plus le même caractère. C'est pour que ce caractère puisse être conservé, en commençant indifféremment par une note quelconque, qu'on a cherché à rendre, sinon égaux, du moins peu différens, les intervalles successifs.

L'intervalle entre le ton majeur et le ton mineur est $\frac{81}{80}$; c'est le plus petit intervalle musical que l'on considère ; on l'appelle un *comma* ; sa petitesse le rend négligeable ; il est généralement insensible, excepté pour des oreilles très délicates et fort exercées. Mais l'intervalle compris entre $\frac{9}{8}$, et $\frac{16}{15}$, ou entre le ton majeur et le semi-ton majeur, est très appréciable, et ne saurait être négligé. Ainsi le problème proposé consiste à modifier l'échelle musicale, de telle manière que si au lieu de l'intervalle $\frac{9}{8}$, qui se présenterait dans la série naturelle, on voulait avoir l'intervalle $\frac{16}{15}$, on puisse le trouver dans la série modifiée. Et pour cela, il faudra intercaler entre les notes séparées d'un ton majeur, une ou deux notes, élever la note inférieure, ou abaisser la note supérieure, ou même faire l'un et l'autre. Or, en multipliant $\frac{9}{8}$ par $\frac{24}{25}$, intervalle qu'on appelle *semi-ton mineur*, on obtient $\frac{27}{25}$ pour un intervalle réduit, que l'on appelle encore demi-ton, quoiqu'il diffère de $\frac{16}{15}$, mais leur rapport est $\frac{81}{80}$, ou un comma, que l'on regarde comme négligeable. D'après cela, pour obtenir un demi-ton, là où

la série naturelle ne présente qu'un ton majeur, on peut
intercaler un son que l'on obtient en élevant la note inférieure dans le rapport de 24 à 25, ou un autre en abaiss-
sant la note supérieure dans le rapport de 25 à 24. C'est
là ce qu'on appelle *diéser* et *bémoliser;* par exemple, en
élevant l'*ut*, et en abaissant le *ré,* on obtient l'*ut* dièse et
le *ré* bémol, que l'on désigne ainsi : *ut*, ré♭.*

Si l'on veut obtenir un semi-ton majeur, là où la série
n'offre qu'un ton mineur, on augmente la note inférieure,
ou l'on diminue la note supérieure, toujours dans le rap-
port $\frac{25}{24}$; dans les deux cas l'intervalle $\frac{10}{9}$, qui se présentait,
devient $\frac{10}{9} \times \frac{24}{25}$, ou $\frac{16}{15}$, c'est-à-dire exactement un semi-
ton majeur, sans même la différence d'un comma. Si la
série présente un intervalle $\frac{16}{15}$, lorsqu'on voudrait avoir un
ton majeur ou mineur, on dièse la note supérieure en l'élevant dans le rapport de 24 à 25 ; par exemple, en diésant
le *fa,* l'intervalle entre *mi* et *fa** devient $\frac{16}{15} \cdot \frac{25}{24} = \frac{10}{9}$, c'est-
à-dire un ton mineur, ou un ton majeur à un comma
près.

Il y a des instrumens qui peuvent donner les sons naturels avec leurs dièses et leurs bémols. Cela a lieu, par
exemple, dans les harpes d'Érard, où ce résultat est obtenu
au moyen de fourchettes à trois dents; un mécanisme particulier permet au musicien de mettre à volonté, en contact
avec chaque corde, l'une des trois dents de la fourchette
qui lui correspond ; lorsque c'est la dent du milieu, la corde
rend le son naturel ; des deux autres dents successivement
amenées au contact, l'une allonge la corde, l'autre la raccourcit, dans le rapport de 25 à 24.

426. Si l'on avait un instrument construit d'après ces
principes, dans lequel les sons naturels, leurs dièses et

Tempéra-
ment.

leurs bémols, permettraient d'obtenir partout à volonté des tons entiers ou des demi-tons, soit en montant, soit en descendant, et s'ils comprenaient un assez grand nombre de gammes ou d'octaves, on ne pourrait cependant pas exécuter avec cet instrument un chant juste, surtout lorsqu'il embrasserait des sons assez éloignés les uns des autres. Cela tient à ce que la différence d'un comma, que nous avons regardée comme négligeable, peut, en se répétant, produire des intervalles qui diffèrent très sensiblement de ceux que l'on voudrait obtenir.

Imaginons, par exemple, qu'en se servant d'une note intercalée entre chaque ton majeur ou mineur, ce qui fait douze intervalles par périodes, on monte de quinte en quinte, ou que l'on passe de chaque note à la septième qui la suit, dans cette série de douze intervalles par gamme. Pour que la douzième quinte fût juste, il faudrait que le dernier son qui lui correspondrait fût représenté par $\left(\dfrac{3}{2}\right)^{12}$, la note de départ étant représentée par l'unité; or, on retomberait évidemment alors sur la septième octave du son primitif, qui serait réellement 2^7; il faudrait donc que $\left(\dfrac{3}{2}\right)^{12} = 2^7$, ce qui n'a pas lieu. Ainsi il est impossible d'obtenir sur un instrument, construit d'après les principes précédens, douze quintes successives justes, puisque la douzième quinte ne s'accorde pas avec la septième octave; cet instrument donnerait donc des chants discordans. D'après cela, il est indispensable de modifier ou d'altérer un peu les notes de l'échelle musicale à demi-tons intercalés, afin de rendre cette discordance insensible.

Or, on y parvient par ce qu'on appelle le *tempérament*.

On part de ce principe, résultat de l'expérience, qu'on ne peut pas altérer la valeur d'une octave sans que l'oreille n'en soit choquée, tandis que les autres intervalles, la quinte, la tierce, peuvent l'être jusqu'à un certain point sans que la discordance soit sensible. On fait donc subir une légère altération aux quintes successives, en diminuant un peu le rapport $\frac{3}{2}$, de telle manière que sa douzième puissance soit égale à 2^7.

Dans les instrumens à sons fixes, tels que le piano, où il serait embarrassant d'avoir un très grand nombre de touches, on a reconnu que l'on pouvait, sans trop nuire à la justesse des chants musicaux, réduire à une seule note le dièse et le bémol intercalés dans l'intervalle d'un ton entier, en remplaçant par exemple, ut^{*} et $ré^{\flat}$ par une note qui tient lieu de l'une et de l'autre, ou par un son neutre qui ne soit pas un son fondamental; ce qui revient à multiplier la note diésée par un rapport un peu différent de $\frac{25}{24}$, mais qui ne l'est pas assez pour que l'oreille s'en aperçoive. Cependant, lorsqu'un instrument à son fixe est accompagné par un instrument qui n'est pas assujetti à ces modifications, les altérations précédentes deviennent sensibles.

Si le tempérament est nécessaire dans les instrumens dont les sons intercalaires sont justes, à plus forte raison est-il indispensable pour ceux dans lesquels ces sons ont subi l'altération qui vient d'être indiquée. Alors on divise en 12 intervalles égaux celui d'une octave, ce qui revient à prendre pour cet intervalle uniforme.......

$\sqrt{2} = 1,059$; la septième puissance de cette quantité n'est

plus $\dfrac{3}{2}$, elle devient $1,49975 < \dfrac{3}{2}$: mais l'oreille ne s'a-
perçoit pas de cette différence. Voilà en quoi consiste le
tempérament dans les instrumens à sons fixes. Dans la
pratique, lorsqu'on accorde un de ces instrumens, on se
sert d'un diapason multiple qui donne une des octaves; on
élève ou l'on abaisse ensuite les autres sons, en-dessus et en-
dessous, jusqu'à ce qu'ils correspondent aux octaves de ces
premières notes.

Logarithmes
acoustiques.

427. L'oreille ne distinguant dans les sons simultanés
et successifs que leurs intervalles ou leurs rapports, il s'ensuit que lorsqu'on n'a d'autre but que de représenter les
intervalles des sons, sans considérer leurs hauteurs absolues, il est plus simple et plus naturel de substituer aux
rapports numériques par lesquels nous les avons désignés
jusqu'ici, les logarithmes de ces mêmes rapports. La base
de ces logarithmes pourrait être quelconque, mais en la
prenant égale à $\sqrt[12]{12}$, l'octave sera représentée par 12,
les douze notes qui composent la gamme tempérée auront
pour valeurs des nombres entiers, et par exemple la quinte
sera sept; les logarithmes acoustiques des notes naturelles
différeront un peu de ces nombres, et pourront d'ailleurs
être calculés rigoureusement. Si l'on préfère prendre pour
unité d'intervalle l'octave, il faudra choisir 2 pour la base
des logarithmes acoustiques, les notes tempérées seront
alors exprimées par des douzièmes de l'unité. L'utilité de
ce genre de notation musicale a été développée, d'une manière précise et élémentaire, dans un ouvrage publié par
M. de Prony.

VINGT-HUITIÈME LEÇON.

Instrumens à cordes. — Instrumens à vent. — Théorie des tuyaux sonores. — Mesure de la vitesse de propagation du son dans les gaz; loi de la chaleur dégagée par la compression des gaz. — Instrumens à anches. — Organe vocal; explication de la voix.

428. La théorie physique des instrumens à cordes n'exige pas d'autres développemens que ceux compris dans les trois leçons précédentes. Les vibrations longitudinales occasionant des sons trop aigus pour être utilisés, ce sont toujours des vibrations transversales que l'on cherche à faire naître, que ce soit par le frottement d'un archet comme dans les violons, ou en pinçant les cordes comme dans les harpes et les guitares, ou enfin par les chocs qu'imprime un mécanisme particulier comme dans les pianos, ces différens modes d'ébranlement ne font varier que l'intensité et le timbre des sons, sans influer sur leur hauteur. Les paragraphes 389 et 419 fournissent alors tout ce qu'il est nécessaire de connaître pour se rendre compte du jeu de ces divers instrumens; soit qu'il s'agisse d'expliquer l'altération que subit le son donné par une corde tendue, lorsqu'on augmente ou diminue ses dimensions ou sa tension; soit qu'il faille indiquer la position exacte du point où l'on doit presser une corde, afin d'obtenir un son qui ait un rapport voulu avec celui cor-

respondant à la longueur totale. L'influence des tables, dans les instrumens dont il s'agit, est aussi suffisamment définie au paragraphe 397.

Instrumens
à vent.

429. L'explication des sons produits dans les instrumens à vent repose au contraire sur des principes qui n'étaient pas nécessaires pour faire concevoir, d'une manière générale, comment le phénomène du son se forme, se propage et se perçoit. Cette explication forme une théorie particulière que nous devons exposer maintenant. Les fluides élastiques que nous avons considérés comme recevant, et transmettant par communication, les mouvemens oscillatoires, peuvent par divers moyens être mis dans un état constant de vibration, et devenir alors l'origine même du son, ou former de véritables corps sonores. Les instrumens à vent mettent ce fait en évidence. On emploie pour faire jouer la plupart d'entre eux, et notamment les orgues, un moyen difficile à analyser : un courant d'air qui peut être fourni par un réservoir, où ce fluide a une force élastique supérieure de quelques centimètres d'eau à celle de l'atmosphère, suffit pour faire vibrer la masse d'air contenue dans un tuyau, si son orifice est disposé en *embouchure de flûte.*

On sait que dans la flûte traversière, ou dans la flûte à bec, l'air insufflé par la bouche se dirige sur une ouverture dont les bords sont taillés en biseau. Il paraît qu'en se brisant contre l'arète de ce biseau la lame gazeuse entre en vibration, et communique ensuite son mouvement oscillatoire à l'air contenu dans l'instrument. Quoi qu'il en soit, c'est cet appareil qui porte le nom d'embouchure de flûte. On a imité cette disposition dans les tuyaux d'orgue en dirigeant le courant d'air, venant du réservoir, par un conduit oblique dont l'orifice est appelé la *lumière*, sur une ouverture ronde qui porte le nom de *bouche*, et dont le bord le plus élevé, aminci en biseau, est appelé *lèvre supérieure*. Il résulte du choc de l'air contre cette lèvre le même effet que dans les embouchures des flûtes; la masse fluide intérieure entre en vibration, et rend un son dont l'intensité dépend des dimensions du tuyau; pour que le son soit plein et sans variation, il faut que ces dimensions aient entre elles certains rapports que l'expérience indique.

Il est très facile de constater que dans ces circonstances l'air intérieur est effectivement le corps sonore : car en faisant résonner des tuyaux de même longueur, mais de matières différentes, les sons que l'on obtient ont absolument la même hauteur; le timbre et l'intensité éprouvent seuls une certaine altération. Or si la matière solide d'un tuyau contribuait à la hauteur du son, cette hauteur varierait avec la nature de cette enveloppe.

430. Daniel Bernouilli a donné le premier une théorie physique et mathématique des vibrations de l'air dans les tuyaux sonores. En comparant les sons donnés par des tuyaux de longueurs différentes, on reconnaît qu'il y a de certains rapports entre ces longueurs et les hauteurs des sons produits. Si l'on fait varier, pour un même tuyau, la grandeur de la bouche ou la vitesse du courant d'air, on obtient une série de sons de plus en plus aigus, qui ont entre eux de certains intervalles dont la théorie de Bernouilli donne la valeur. Ces lois sont différentes pour des tuyaux fermés par un bout, et pour ceux ouverts des deux côtés.

Considérons d'abord le cas d'un tuyau ouvert seulement du côté de la bouche, et fermé à l'autre extrémité, genre de tuyau connu sous le nom de *bourdon*. Si l'air intérieur est mis en vibration par le procédé ordinaire, les mouvemens de la colonne doivent satisfaire à certaines conditions : à aucune époque du mouvement vibratoire, la couche d'air immédiatement en contact avec le fond fixe ne peut éprouver de changement de densité; à l'orifice au contraire, près de la bouche, l'air ne peut qu'exécuter des mouvemens de translation, et sa densité doit rester constante.

Tels sont les principes qui servent de base à la théorie de Bernouilli; nous les adopterons pour le moment, quoique l'expérience prouve qu'ils ne peuvent être admis d'une manière absolue. Ces principes peuvent se résumer ainsi : il doit exister dans la colonne d'air un nœud de vibration au fond du tuyau, et un ventre de vibration à l'orifice. Un des sons que peut donner le tuyau correspond au cas où il n'existe pas d'autres nœuds et ventres de vibration que ceux exigés par les principes précédens. Mais la colonne fluide pouvant se diviser spontanément en plusieurs parties qui vibrent à l'unisson, par des nœuds de vibration intermédiaires, comme cela arrive pour les cordes tendues et les verges rigides vibrant longitudinalement, on conçoit qu'un même tuyau puisse donner des sons différens.

Chaque nœud intermédiaire doit séparer deux masses de gaz vibrant en sens contraire l'une de l'autre, puisque ce nœud est immobile pendant toute la durée des vibrations. Il suffira donc d'analyser les mouvemens que doit éprouver l'air compris entre deux nœuds, dont l'ensemble constitue une *concamération*. La couche d'air qui en occupe le milieu est un ventre de vibration; c'est celle dont les oscillations ont le plus d'amplitude, et la seule qui n'éprouve ni dilatation ni condensation pendant toute la durée d'une vibration; les autres couches exécutent des oscillations dont l'amplitude va en diminuant du ventre vers les nœuds extrêmes. Il en résulte, absolument comme dans le cas des vibrations longitudinales d'une corde, que les deux moitiés de la masse d'air formant la concamération sont alternativement dans un état de condensation et de dilatation; les variations des vitesses propres, et les changemens de densité des différentes couches, suivent ainsi l'ordre de succession qui a été analysé, dans l'explication donnée plus haut du mouvement vibratoire longitudinal d'une corde (§ 390).

En considérant plusieurs concamérations successives, la colonne d'air, qui sépare deux ventres de vibration, est alternativement dans un état de condensation et de dilatation. On trouve par l'expérience que la longueur de cette partie de la colonne d'air totale, ou celle d'une concamération, est égale à la largeur de la demi-onde condensante ou dilatante, résultant de la propagation du son produit dans l'air extérieur, ou à la moitié de la longueur totale de l'ondulation correspondante à ce son. D'après cela, le son le plus grave que puisse donner un tuyau fermé par un bout, doit avoir pour longueur d'ondulation quatre fois celle du tuyau; le son le plus aigu qui suit immédiatement le premier, et qui correspond à un seul nœud de vibration intermédiaire, doit avoir une longueur d'ondulation trois fois plus petite, ou une hauteur trois fois plus grande; enfin les sons que peut produire un même tuyau fermé, doivent être entre eux comme les nombres impairs 1, 3, 5, 7, etc.

Lorsqu'un tuyau ouvert par les deux bouts produit un son, il faut qu'à ses deux extrémités correspondent deux

Fig. 202

ventres de vibration, et qu'il y ait conséquemment au moins un nœud de vibration entre eux. Les sons que l'on peut obtenir avec un même tuyau ouvert doivent correspondre à différens nombres de nœuds de vibration intermédiaires. Ainsi le son le plus grave que puisse donner un tuyau ouvert doit avoir une largeur d'onde double de la longueur de ce tuyau ; le son le plus aigu qui le suit immédiatement doit correspondre à une longueur d'ondulation moitié moindre, ou avoir une hauteur double ; et enfin la série des sons, qu'un même tuyau ouvert peut donner, doivent être entre eux comme les nombres entiers 1, 2, 3, 4, etc. On conclut encore de cette explication que le son le plus grave, rendu par un tuyau ouvert, doit être double, ou à l'octave aiguë du son le plus grave donné par un tuyau fermé de même longueur.

La théorie que nous venons d'exposer indique la position des surfaces nodales correspondantes aux différens sons que l'on peut tirer d'un même tuyau. Bernouilli eut l'idée de vérifier ces conséquences, en se servant d'un piston qu'il enfonçait à différentes profondeurs dans un tuyau, soit ouvert, soit fermé par un bout ; il remarqua que les sons produits par le tuyau libre étaient entendus de nouveau sans altération sensible, lorsque le piston occupait le lieu d'une des surfaces nodales indiquées par la théorie. Par exemple, après avoir fait résonner un tuyau ouvert, le piston étant ensuite enfoncé jusqu'à la moitié de sa longueur, transformait la partie vibrante en un tuyau fermé, d'une longueur moitié moindre, et Bernouilli trouvait que, conformément à sa théorie, le son produit alors était sensiblement de même hauteur que le premier son. Nous indiquerons plus bas les différences qui existent réellement entre les résultats déduits de la théorie et ceux fournis par l'observation.

On peut bien se rendre compte du mouvement de l'air dans un tuyau fermé, par la condition que le fond soit un nœud de vibration, mais on ne voit pas pourquoi la longueur d'une concamération est précisément égale à la moitié de la longueur d'ondulation du son produit, lors de sa propagation dans l'air. L'explication de ce fait se déduit de la considération de deux systèmes d'ondes se propageant en sens contraires, l'un direct, et l'autre réfléchi par la paroi qui forme le fond du tuyau.

Il résulte en effet de l'analyse et de la représentation géométrique, que nous avons données de la propagation des ondes dans un cylindre (§ 402), que si dans un endroit quelconque du tuyau on imagine une paroi qui réfléchisse un système d'ondes, en sorte que chaque couche d'air en avant doive prendre à la fois les deux vitesses propres apportées par l'onde directe et par l'onde réfléchie, la couche située à une distance de la paroi réfléchissante égale à une demi-longueur d'ondulation sera toujours atteinte en même temps par deux ordonnées égales et de signes contraires, et conservera conséquemment un repos constant. Cette nécessité se déduit de ce que, dans un système d'ondes indéfinies qui se propagent sur une même direction, deux couches d'air quelconques séparées d'une longueur d'ondulation sont animées au même instant de deux vitesses propres égales et de même signe, et de ce que le fait de la réflexion est de faire propager les ondes, dans une direction contraire à celle des ondes incidentes, suivant la même loi qu'elles auraient suivie derrière l'obstacle réfléchissant.

Fig. 205

La formule qui donne la vitesse propre des couches d'air, dans un tuyau cylindrique où se propage un système d'ondes planes indéfinies, peut conduire facilement à l'expression de la vitesse totale, dans le cas où deux systèmes d'ondes semblables se propagent dans deux directions opposées. Soit représentée, comme précédemment, par la formule $V = \Sigma A_n \sin (2n + 1) \pi \frac{t}{\tau}$, la loi des vitesses de la couche d'air qui occuperait le fond F d'un tuyau fermé, si cet obstacle à la propagation des ondes dans la même direction n'existait pas ; les vitesses de deux autres couches d'air X′ et X″ situées à une même distance x de F, l'une en-deçà, l'autre au-delà, rapportées à la même origine du temps, seraient représentées par les formules :

$$V' = \Sigma A_n \sin (2n + 1) \pi \left(\frac{t}{\tau} + \frac{x}{\lambda} \right),$$

$$V'' = \Sigma A_n \sin (2n + 1) \pi \left(\frac{t}{\tau} - \frac{x}{\lambda} \right).$$

Or l'effet de l'interposition du fond réfléchissant sera de faire rétrograder le système des ondes à partir de cet obstacle, en sorte que la vitesse résultante U, de la couche X′, sera égale à $(V' - V'')$; ce qui donne pour la loi des vitesses dans le tuyau sonore. . . . . $U = 2\Sigma A_n \cos (2n+1) \pi \frac{\tau}{t} \sin (2n + 1) \pi \frac{x}{\tau}$. Cette formule indique que les couches d'air situées aux distances. . . . $x = 0$, λ, 2λ, 3λ, etc., sont en repos quel que soit t ; et que celles qui se trouvent aux distances $x = \frac{1}{2}\lambda$, $\frac{3}{2}\lambda$, $\frac{5}{2}\lambda$, etc. sont au contraire constamment animées des plus grandes vitesses propres ; les premières couches forment donc des nœuds, et les secondes des ventres de vibration.

431. On admet ici que deux systèmes d'ondes, qui tendent à imprimer au même instant des vitesses différentes à une même couche d'air, déterminent cette couche à se mouvoir avec une vitesse égale à la somme algébrique des deux vitesses partielles. Le fait de la superposition des ondes circulaires, provenant de causes différentes, et qui se propagent distinctement à la surface de l'eau, offre une analogie à l'appui de ce principe. D'ailleurs, sans recourir à des phénomènes étrangers à l'acoustique, l'expérience indique que l'oreille perçoit sans altération les sons produits par tous les instrumens d'un orchestre, ou qu'elle peut distinguer le son particulier à chaque instrument, lequel conserve pour elle sa hauteur et son timbre, malgré la multitude des sons étrangers qui l'accompagnent. Il résulte évidemment de ce fait qu'un grand nombre de systèmes d'ondes sonores peuvent se superposer et coexister dans un fluide, sans se confondre ni s'altérer. C'est-à-dire que chaque molécule gazeuse obéit à la fois à toutes les impulsions qui lui sont communiquées par les différens systèmes de vibration se propageant dans le milieu dont elle fait partie.

Coexistence des ondes sonores.

432. Il résulte de la théorie de Bernouilli que a représentant la vitesse de propagation du son dans l'air, λ la longueur d'une concamération, τ la durée d'une oscillation simple, et n le nombre de vibrations exécutées dans l'unité de temps, on doit avoir : $\lambda = a\tau$ ou $a = n\lambda$. Bernouilli entreprit de vérifier ce résultat par l'expérience, en prenant λ égal au double de la distance qui séparait un piston enfoncé dans un tuyau ouvert de l'orifice libre, quand le tuyau

Causes des erreurs de la théorie de Bernouilli

Fig. 204

ainsi fermé rendait le même son que lorsqu'il était libre de tout obstacle intérieur, et en déterminant le nombre n par la formule du § 389 qui donnait le nombre des vibrations transversales d'une corde rendant un son de même hauteur que celui du tuyau. Bernouilli trouva alors que la vitesse déduite de l'équation : $a = n\lambda$ s'accordait sensiblement avec celle trouvée par Newton ; or comme cette dernière n'est pas exacte, on doit conclure que l'expérience et la théorie sont ici en désaccord.

M. Poisson a assigné la cause de cette différence ; il a démontré qu'on devait modifier les principes admis par Bernouilli, en faisant voir qu'on ne peut admettre que la vitesse de l'air soit tout-à-fait nulle au fond d'un tuyau fermé, ni que la couche d'air à l'orifice n'éprouve aucun changement de densité. On ne pourrait concevoir en effet comment le son produit par un tuyau fermé s'anéantit si rapidement aussitôt que l'insufflation cesse, si le fond ne cédait pas sous le choc de l'air, et n'absorbait pas une partie de la force vive apportée par l'onde directe. En admettant au contraire que ce fond soit ébranlé, on conçoit facilement que le grand nombre de réflexions qui s'opèrent dans un temps très court doive, en multipliant les pertes de force vive, détruire rapidement l'intensité de l'onde réfléchie et annuler le son, qui ne peut provenir que du concours de deux systèmes d'ondes, l'un direct et l'autre réfléchi, d'intensités presque égales. Quand on remarque que le nombre des réflexions est au moins de plusieurs centaines par seconde, pour des sons même très graves, on conçoit la rapidité avec laquelle le son doit s'anéantir après la cessation du courant. Le frottement de l'air contre les parois latérales du tuyau serait une cause insuffisante pour expliquer cette rapidité : des expériences déjà citées (§ 408) ont prouvé que ce genre de frottement avait une très faible influence sur l'intensité des sons. A l'orifice du tuyau il doit y avoir en réalité contraction et dilatation ; il serait impossible de concevoir sans cela la persistance du système d'ondes directes avec celui des ondes réfléchies dans un tuyau fermé, ni la coexistence de ces deux systèmes dans un tuyau ouvert par les deux bouts.

Il résulte de ces modifications que la mesure de la demi-concamération finale, telle que la prenait Bernouilli, ne pouvait conduire à un résultat exact, et qu'elle devait donner une valeur trop petite de la vitesse a. Cependant en corrigeant l'observation d'après ces modifications on obtient encore une valeur plus petite que 333 mètres. La théorie de M. Poisson fait voir qu'il y aurait plus d'exactitude à prendre l'intervalle entre deux nœuds déterminé par l'enfoncement du piston ; on obtient en effet alors une valeur de a plus voisine de 333 mètres ; mais l'expérience indique que dans les tuyaux très étroits cette nouvelle mesure conduit à une valeur de a encore plus inexacte.

Fig. 206.

On n'obtient donc dans aucun cas la vitesse réelle du son ; ce désaccord entre la théorie et l'observation tient en grande partie à ce que les géomètres supposent que les vibrations des molécules d'air s'exécutent parallèlement à l'axe du tuyau ; or le mode d'embouchure latérale que l'on emploie s'oppose à ce qu'il en soit ainsi. M. Savart a en effet vérifié par l'expérience que la direction des vibrations est inclinée à l'axe ; d'après cela, la théorie est basée sur une hypothèse inexacte, et ne peut conduire à des résultats conformes à l'observation. D'ailleurs le moyen de déterminer λ, en cherchant la position des nœuds au moyen

6..

d'uu piston, offre beaucoup d'incertitude ; les surfaces nodales qui existent dans le tuyau doivent être réellement courbes, et inclinées à l'axe, en sorte que leur forme n'est pas celle de la surface plane et transversale du piston ; le procédé indiqué ne saurait donc donner la véritable distance des surfaces nodales.

Fig. 207.

Il était curieux de rechercher si en employant un autre mode d'embouchure, plus en rapport avec la théorie, on obtiendrait une valeur plus rapprochée de a. On peut se servir à cet effet d'un diapason aux branches duquel sont fixées deux disques métalliques égaux ; en faisant vibrer ce diapason, et présentant l'un des disques à l'orifice libre d'une éprouvette verticale, contenant du mercure jusqu'à une certaine hauteur, le disque exécute des vibrations parallèles à l'axe du tube, qui se communiquent à la colonne d'air intérieure. Dans ces circonstances, quelle que soit la longueur de cette colonne, elle vibre toujours à l'unisson du diapason ; mais pour une certaine longueur, que l'on obtient par tâtonnement en ôtant ou ajoutant du mercure, le son produit a une intensité beaucoup plus forte que pour tout autre. La longueur de la colonne d'air, lorsqu'elle occasione ce renforcement du son, étant prise pour la demi-concamération, ou pour $\frac{1}{2}\lambda$, et le nombre n de vibrations correspondant au son produit étant déterminé au moyen de la sirène, on trouve pour $a = n\lambda$ une valeur encore trop petite ; ce qui tient sans doute ici au rétrécissement de l'ouverture, dû à la présence de la lame élastique. Ainsi il n'existe aucun moyen de déduire la valeur exacte de la vitesse de propagation du son dans les fluides élastiques, en mesurant les longueurs des concamérations qui se forment dans les tuyaux sonores.

433. Il était cependant important de mesurer, d'une manière indirecte, la vitesse du son a dans un fluide élastique quelconque, afin de déterminer le rapport K des caloriques spécifiques à pression constante et à volume constant, au moyen de la formule de Laplace, qui peut se mettre sous la forme $a = \sqrt{gh\dfrac{\Delta}{D}(1 + \alpha t)K}$; g étant le double de l'espace parcouru par un corps dans la première seconde de sa chute, h la hauteur de la colonne de mercure qui fait équilibre à la pression du gaz, Δ la densité du mercure, D celle du fluide élastique, t sa température, et α le coefficient de dilatation des gaz ou $\frac{1}{267}$. Le nombre K étant obtenu pour l'air par la mesure directe de la vitesse du son, il suffisait de trouver un procédé d'expérience qui donnât le rapport du nombre K′ pour un autre gaz, au nombre K relatif à l'air.

On pensa que si l'on faisait résonner un même tuyau ouvert avec différens gaz, et qu'on cherchât à reproduire le son donné par chacun d'eux, en enfonçant convenablement un piston dans l'intérieur du tuyau, la position du piston ou de la surface nodale ne devait pas varier d'un gaz à l'autre ; en sorte que la demi-concamération finale, et la correction qu'elle pouvait exiger, restant les mêmes, les vitesses de propagation du son dans les différens gaz, ou $a = \lambda N$, $a' = \lambda N'$....., seraient proportionnelles aux sons produits, ou aux nombres de vibrations (N, N′,...) qui leur correspondraient.

M. Biot avait annoncé qu'en faisant ainsi résonner successivement un même tuyau avec différens fluides élastiques, la position de la surface nodale variait de l'une à l'autre, et se trouvait à des distances différentes de l'embouchure. M. Dulong a repris depuis ce genre d'expérience, et a démontré au contraire l'invariabilité de cette position. Voici l'appareil dont il s'est servi ; cette description est extraite du Mémoire de M. Dulong. Un tuyau de flûte, placé dans une grande caisse de bois doublée de plomb en dehors et en dedans, et convenablement étayée dans l'intérieur pour supporter extérieurement la pression de l'atmosphère, recevait d'un gazomètre à pression constante le fluide élastique, préalablement desséché par un sel déliquescent ou par la chaux caustique. Sur la surface de la caisse opposée à celle qui était traversée par le porte-vent, on avait pratiqué trois ouvertures : l'une était bouchée par un disque de verre à glace, derrière lequel était un thermomètre ; l'ouverture du milieu communiquait avec un large tube de verre qui pouvait être fermé par un bouchon à vis ; enfin la troisième ouverture laissait passer, à travers une boîte à cuir, une longue tige rodée qui servait à introduire un piston dans le tuyau, afin de connaître la position de la surface nodale.

Après avoir fait le vide dans la caisse à l'aide d'un tube de plomb que l'on vissait sur la machine pneumatique, on la remplissait avec un fluide élastique ; puis en ouvrant le bouchon à vis, l'écoulement du gaz qui faisait parler le tuyau continuait sous la pression constante de l'atmosphère, sans que l'air extérieur pût se mêler avec le gaz intérieur. Après avoir pris l'unisson du ton fondamental donné par chaque fluide élastique, lorsque le tuyau était ouvert, on introduisait le piston, pendant que l'écoulement du gaz et le son se prolongeaient, jusqu'à ce que l'on eût obtenu le ton primitif ; alors l'enfoncement de la tige permettait, dans chaque cas, de connaître la position de la surface nodale. C'est par ce mode d'expérience que M. Dulong a reconnu que la nature du fluide élastique n'apporte aucun changement dans le mode de division d'une colonne de même longueur.

En calculant au moyen de la sirène les nombres de vibrations N et N' correspondans aux tons fondamentaux, donnés par l'air et un autre fluide élastique, on avait donc la proportion : $N : N' :: \sqrt{(1+\alpha t)K} : \sqrt{\dfrac{(1+\alpha t')K'}{d}}$

pour déterminer K'; d représente la densité du gaz prise par rapport à l'air ; on suppose que les deux expériences aient été assez rapprochées pour que la pression barométrique n'ait pas changé de l'une à l'autre ; t et t' sont les températures de l'intérieur de la caisse dans les deux cas. On avait en outre la proportion : $a \sqrt{1+\alpha t} : a' \sqrt{1+\alpha t'} :: N : N'$ pour déterminer la vitesse de propagation du son a' dans le gaz proposé, ramené à o°. En substituant dans ces deux formules les valeurs connues de K et a, qui sont. . . . . $K = 1, 421, a = 333^m$, M. Dulong a obtenu les valeurs suivantes de a' et K', pour les gaz qu'il a éprouvés :

GAZ ÉPROUVÉS.	VITESSE a'.	RAPPORT $K' = \dfrac{c'}{c}$,
Air..............	333^m	1,421
Oxigène..........	317,17	1,417
Hydrogène.......	1269, 5	1,409
Acide carbonique..	216, 6	1,337
Oxide de carbone..	337, 4	1,423
Oxide d'azote.....	261, 9	1,343
Gaz oléfiant.......	314,	1,240

Loi
de la chaleur
due à la
compression
des gaz.

434. Les rapports K$'$ sont tous plus grands que l'unité, comme cela devait être, puisqu'il faut plus de chaleur pour élever d'un degré une masse de gaz, lorsqu'elle peut se dilater en conservant la même pression, que lorsque son volume doit rester constant; c'est-à-dire puisque c' est plus grand que c. En prenant pour chaque gaz en particulier son calorique spécifique à volume constant c pour l'unité, son calorique spécifique à pression constante c' sera représenté par le nombre K$'$ de la table précédente. La partie décimale $0,421$ pour l'air, $0,337$ pour l'acide carbonique, etc., représentera alors la quantité de chaleur nécessaire pour dilater le gaz, lorsque d'abord échauffé d'un degré sous volume constant, ce qui aura augmenté sa pression, on le laissera se dilater en conservant sa nouvelle température jusqu'à ce qu'il prenne son ancienne force élastique.

Si lorsqu'il est parvenu à ce nouvel état on comprime le gaz, jusqu'à ce qu'il reprenne son premier volume, il est évident, d'après les lois connues des dilatations des gaz, que la compression sera la $\frac{1}{267}$ partie du nouveau volume, et d'après ce qui précède, que le gaz ainsi comprimé dégagera à l'état de calorique sensible, la quantité de chaleur représentée par la fraction décimale dont on vient de parler, qu'il contenait à l'état de calorique latent. La température du gaz ainsi comprimé devra donc s'élever, et comme son calorique spécifique à volume constant est ici pris pour unité, la fraction décimale dont il s'agit donnera, en fraction de degrés, la valeur de l'accroissement thermométrique.

Ainsi, par une compression de $\frac{1}{267}$ de son volume, l'air doit s'échauffer de $0°,421$, l'acide carbonique de $0°,337$, le gaz oléfiant de 0°,240, etc. Les parties décimales 0,421, 0,417, 0,409, correspondantes aux trois premiers gaz de la table précédente, peuvent être regardées comme égales; car on peut attribuer leurs légères différences aux erreurs d'observation, dont l'influence est rendue très sensible par la nécessité d'élever au carré les nombres N et N' donnés par l'expérience. Il résulte de là que l'air, l'oxigène, l'hydrogène, et par suite l'azote, subissant une même compression s'échauffent de la même fraction de degré. Or on sait que les gaz simples ont le même calorique spécifique sous une même pression constante; on doit donc conclure de là que *des volumes égaux de ces gaz simples, à la même température et sous la même pression, dégagent la même quantité de chaleur absolue, lorsqu'on les comprime de la même quantité.*

Pour les gaz composés, tel que l'acide carbonique, l'effet thermométrique résultant d'une compression de $\frac{1}{267}$, est sensiblement différent de ce qu'il est pour l'oxigène, l'azote et l'hydrogène. Mais il est très probable que la quantité de chaleur absolue dégagée par cette compression est encore la même, et que la différence des effets thermométriques produits tient à ce que les caloriques spécifiques des gaz composés ne sont pas égaux à ceux des gaz simples. En effet, supposons qu'il en soit ainsi, et soit pris pour unité le calorique spécifique de l'air à volume constant, la même quantité de chaleur 0,421, produisant des effets thermométriques différens 0",421 et 0°,337 sur l'air et l'acide carbonique, les caloriques spécifiques à volumes constans de ces deux gaz seraient en raison inverse de ces effets, et l'on aurait : 0.377 : 0,421 :: 1 : x, d'où $x = 1.249$ pour le calorique spécifique à volume invariable du gaz acide carbonique; par suite, les capacités à pression constante de l'air et du même gaz composé seraient proportionnelles aux quantités de chaleur 1,421 et 1,249 + 0,421; ce qui donnerait 1,175 pour la capacité à pression constante de l'acide carbonique, celle de l'air étant 1. Ce nombre ne diffère pas assez de celui de 1,23, que donne l'expérience directe, pour qu'on ne puisse admettre le principe précédent; cette différence serait d'ailleurs moins grande pour les autres gaz. Ainsi l'on peut regarder la loi énoncée ci-dessus pour les gaz simples comme ayant aussi lieu pour les gaz composés.

Il y a lieu de s'étonner qu'une question de la théorie de la chaleur n'ait pu être résolue avec précision qu'à l'aide de l'acoustique. On doit voir dans cette circonstance un exemple frappant du secours que peuvent se prêter mutuellement l'analyse mathématique et les différentes parties de la physique, pour concourir à l'avancement des sciences naturelles : la découverte, faite par Laplace, de la véritable cause qui rendait inexacte la vitesse du son, calculée par Newton, établissait une dépendance nécessaire entre le phénomène de la propagation des mouvemens vibratoires dans les fluides élastiques et les propriétés calorifiques de ces corps; M. Dulong eut ensuite l'ingénieuse idée d'utiliser cette dépendance, et de mettre à profit les appareils précis que fournit l'acoustique, et la perfection admirable de l'organe de l'ouïe, pour découvrir une loi importante relative à la constitution des gaz. Cette application était trop remarquable pour être négligée; revenons maintenant à la théorie physique des tuyaux sonores.

Des battemens. 435. Lorsque deux tuyaux parlent simultanément et que leurs sons n'ont pas exactement la même hauteur, on entend, outre ces sons, un roulement particulier qu'on appelle *battemens*. Ce roulement est occasioné par la coïncidence des vibrations des deux corps sonores qui se reproduit périodiquement, et qui, lorsqu'elle a lieu, renforce les sons propres aux tuyaux. La fréquence des retours de cette coïncidence dépend évidemment de la différence des deux sons ; elle est d'autant plus lente qu'ils diffèrent moins. On utilise cette propriété pour accorder les buffets d'orgue.

436. Les tuyaux dont on se sert dans les instrumens n'ont pas tous la forme cylindrique droite comme les tuyaux d'orgue ; cependant ce sont encore de véritables tuyaux de flûte où l'air vibre d'une manière analogue. Quelques-uns sont contournés comme le serpent et les trompettes ; le but de cette forme paraît être de donner un grand développement à la colonne d'air vibrante, sans augmenter trop la longueur de l'instrument. Ici, au lieu d'une embouchure traversée par un courant d'air venant d'un réservoir, c'est l'air des poumons qui produit le courant et le son ; les lèvres règlent la vitesse de l'air et les dimensions de la bouche, de manière à obtenir du même tuyau la série des sons qu'il peut donner.

Cors et flûtes.

Pour un instrument à vent ouvert et de longueur invariable, tel que le cor, les premiers sons de la série 1, 2, 3, etc., seraient trop éloignés dans l'échelle musicale pour servir à exécuter un chant ; il faut alors en tirer des sons plus aigus, et c'est pour cela que l'on donne à la colonne d'air un grand développement. Par exemple, en faisant rendre au cor les sons 8, 9, 10, on pourra prendre ces trois sons pour l'*ut*, le *ré* et le *mi* de la gamme. Le son 11 suivant, n'ayant point d'analogue dans l'échelle musicale, on emploie un artifice particulier pour l'élever jusqu'au *fa*; c'est en modifiant l'ouverture par l'introduction de la main dans le pavillon. Le son 12 donne la quinte, le son 13 modifié le *la*, le son 15 le *si*, et enfin le son 16 l'octave de l'*ut*. Quant à la forme conique évasée du pavillon, elle change l'éclat et le timbre des sons, mais non leur hauteur. Lorsqu'au lieu de présenter un pavillon, l'instrument va en se rétrécissant vers l'ouverture, les sons deviennent plus sourds et imitent davantage la voix humaine.

Dans les flûtes ordinaires, on obtient des sons plus variés en ouvrant successivement des trous ou des ouvertures latérales qui produisent l'effet d'y faire naître des ventres de vibration; en sorte que la longueur du tuyau varie suivant le premier trou qui se trouve ouvert. L'instrument peut ainsi donner toutes les séries de sons qui correspondent à ses différentes ouvertures. La théorie de ces flûtes ne diffère donc pas essentiellement de celle des tuyaux d'orgue.

Instrumens à anches.

437. Il nous reste à parler des instrumens à anches, dans lesquels les tuyaux renforcent plutôt qu'ils ne produisent le son. Le corps sonore est réellement une languette métallique pincée par une extrémité, et dont la partie vibrante peut être augmentée ou diminuée au moyen d'une tige métallique fixe, appelée *rasette*, qui la presse sur une partie de sa longueur, et que l'on peut élever ou abaisser. Si l'on place cet appareil à l'ouverture d'un tuyau creux, au-dessus d'un vase où l'on puisse faire arriver un courant d'air comprimé, la languette sera poussée vers l'ouverture, qu'elle fermera en s'appuyant sur les parois de l'orifice; mais, par son élasticité, elle reviendra à sa première position, sera poussée de nouveau, et ainsi de

Fig. 208.

suite. Il résultera de ces oscillations périodiques des chocs successifs de l'air contre l'air, et par suite un son comme dans la sirène. La fréquence plus ou moins grande de ces battemens donnera lieu à des sons plus ou moins élevés. Dans ce genre d'instrument, on place au-dessus de l'orifice un autre tuyau de forme évasée ou rétrécie, ou mieux de diamètre d'abord croissant et ensuite décroissant; cette partie a une grande influence sur l'éclat et le timbre de son produit.

Les instrumens à anches ordinaires ont un son désagréable et nazillard, occasioné par le battement de la lame contre les parois de l'orifice. M. Grénier a éloigné cette cause, en construisant des anches un peu plus étroites que l'ouverture qu'elles doivent boucher, et qui vibrent encore sous l'impulsion de l'air s'écoulant par les fentes qu'elles laissent autour d'elles. Au moyen de ces anches perfectionnées on obtient des sons purs et constans. La grandeur du porte-vent paraît devoir être indifférente; la lame métallique semble ne pouvoir donner que les sons qui dépendent de la longueur de sa partie vibrante, quelles que soient la longueur du porte-vent, la force du courant et la nature du gaz. M. Biot a en effet trouvé par l'expérience qu'en changeant ces deux dernières circonstances, le son de l'anche ne changeait pas de hauteur.

Quant à la longueur du porte-vent, l'expérience a indiqué à M. Grénier, que pour obtenir d'une anche donnée un son plus fort et plus pur, il fallait que cette longueur fût comprise entre certaines limites. Une circonstance assez singulière, et inexpliquée, s'est présentée dans la recherche expérimentale de ces limites : M. Grénier a trouvé qu'après avoir obtenu des grandeurs peu différentes pour une série de tuyaux à anche destinés à composer un orgue, en suivant cette série à partir d'une des extrémités du clavier, il faut tout à coup, pour une certaine note et toutes les suivantes, donner au porte-vent une longueur beaucoup plus considérable, si l'on veut obtenir, comme pour les notes déjà parcourues, des sons purs et soutenus.

Des recherches entreprises sur les tuyaux à anches par M. Weber, physicien allemand, donneront sans doute le moyen d'expliquer l'influence de la grandeur du porte-vent. Les résultats de ces expériences indiquent que la variation de cette grandeur peut changer la hauteur du son produit par une même anche, en sorte que le son d'un tuyau à anche résulte à la fois de la lame vibrante et de la longueur du porte-vent. Si l'on fait vibrer séparément la plaque seule, puis la colonne d'air seule, enfin le système composé de la plaque et du tuyau, on obtient généralement trois sons différens.

M. Weber considère que, dans le système composé, la lame vibre transversalement et la colonne d'air longitudinalement; or d'après lui, tout corps exécutant des vibrations transversales donne un ton sensiblement plus bas lorsque ces vibrations augmentent d'amplitude, tandis que les corps qui exécutent des vibrations longitudinales, ou avec changement de densité, donnent des sons plus élevés lorsque l'amplitude augmente. Ainsi : 1°. lorsque dans un tuyau à anche le son baisse en forçant le vent, c'est que l'effet de la plaque l'emporte sur celui de la colonne d'air ; 2°. lorsque le ton monte au contraire, c'est que l'effet de la colonne d'air l'emporte sur celui de la plaque; 3°. enfin lorsque le son reste invariable, alors la plaque et la colonne d'air ont la même influence, mais en sens contraires.

Cette égalité peut, suivant M. Weber, produire l'invariabilité du ton, et fournir une anche compensée qui donne un son fixe comme le diapason.

Voici le résultat général d'une série d'expériences faites par M. Weber pour évaluer l'influence de la longueur du porte-vent sur la hauteur du son produit par la plaque. Soient a la longueur du tuyau ouvert qui donnerait le même son que l'anche seule; i un nombre entier, et $(4ia + l)$ la longueur variable du tuyau ajusté pour servir de porte-vent. 1°. Lorsque l varie de o à a, le tuyau à anche donne le même son que la plaque seule, 2°. si l croît de a à $2a$, le son baisse sensiblement; 3° de $l = 2a$ à $l = 3a$, le ton de l'anche diffère promptement de celui de la plaque, et la durée des vibrations croît à peu près comme la longueur du tuyau; 3°. de $l = 3a$ à $l = 4a$, le ton baisse encore plus rapidement jusqu'à une certaine limite qui dépend du nombre entier i; dans ce décroissement la durée des vibrations croît exactement comme la longueur du tuyau; 4°. enfin lorsque l surpasse un peu $4a$ le son remonte tout à coup à celui de la plaque, et la même série recommence, à l'exception de la limite inférieure du son, qui diffère de la précédente.

Cette limite dépend du nombre i : pour $i = 0$ c'est l'octave du son de la plaque; pour $i = 1$, cette limite est une quarte, pour $i = 2$ une tierce mineure. Or comme ces limites ont lieu pour des longueurs de tuyau un peu inférieures, ou égales à $4a$, $8a$, $12a$, et que les sons qu'elles représentent correspondent à des concamérations $2a$, $\frac{4}{3}a$, $\frac{6}{5}a$, qui sont des parties aliquotes des longueurs respectives du tuyau, il est probable qu'il s'établit dans la colonne d'air des nœuds de vibration comme dans les tuyaux de flûte.

Organe
vocal.

438. Après avoir développé les théories partielles des divers instrumens dont on se sert en musique, il convient de décrire l'organe de la voix et d'exposer les principes de son mécanisme. L'air contenu dans les poumons, expulsé par l'action des muscles de la poitrine, est obligé de traverser rapidement une suite de canaux et de cavités qui composent l'appareil vocal; nous considérerons particulièrement cet organe chez l'homme. Un grand nombre de ramifications tubulaires, partant du tissu des poumons, forment en se réunissant deux canaux, appelés les *bronches*, qui communiquent avec un canal unique dont la partie inférieure porte le nom de *trachée-artère*, et la partie supérieure celui de *larynx*.

Les parois du larynx se rapprochent vers son orifice de manière à former une fente de huit à dix lignes de longueur, dont l'ouverture est variable sous l'action de certains muscles; au-dessus le canal présente deux renflemens ou plutôt deux cavités, l'une à droite, l'autre à gauche, ayant de huit à douze lignes de profondeur, et qui sont connues sous le nom de ventricules; puis le larynx se rétrécit encore, ce qui donne lieu à une seconde fente, située à six lignes au-dessus de la première. Le système des deux fentes et des ventricules est probablement la cause principale de la voix; il porte le nom de *glotte*, et les bords des fentes sont appelées *les lèvres de la glotte*.

Le larynx se termine, vers le gosier, par une lame cartilagineuse appelée *épiglotte*, dont une des extrémités est libre et mobile. Cette membrane ne paraît destinée qu'à former une espèce de porte qui s'ouvre pour donner passage à l'air dans les poumons, et qui, se refermant lors de la déglutition, s'oppose à l'introduction dans les voies aériennes des corps étrangers qui produiraient la suffocation. Le gosier, la bouche et les fosses nasales complètent enfin l'appareil vocal ; ces dernières parties n'influent que sur l'intensité et le timbre de la voix.

439. On a assimilé pendant long-temps l'organe vocal à un instrument à anche ; mais un travail important de M. Savart a prouvé que cette ancienne explication ne pouvait supporter un examen approfondi, et nous nous dispenserons de la reproduire. Tout porte à croire, d'après les recherches de M. Savart, que le passage rapide de l'air dans le larynx, à travers es fentes de la glotte, y produit le son, comme dans un petit appareil appelé *réclame*, qui sert aux chasseurs pour imiter la voix des oiseaux.

Cet appareil se compose essentiellement d'une sorte de tambour de petites dimensions, dont les faces sont percées de deux trous correspondans ; en le plaçant entre les lèvres, et aspirant l'air extérieur avec plus ou moins de force, on produit des sons variés. Si l'on fixe cet instrument à l'extrémité d'un tube qui communique avec une soufflerie, on peut, en faisant varier la vitesse du courant d'air, obtenir une série continue de sons, qui embrasse une étendue de deux octaves environ ; l'acuité ou la gravité de cette série dépend uniquement du diamètre des trous.

Il faut admettre que le courant d'air, qui traverse les deux ouvertures, dilate et condense successivement la petite masse d'air contenue dans le tambour. Une partie de cet air est d'abord entraînée au dehors en plus grande quantité que celle affluente, ce qui diminue l'élasticité du gaz

II.

7

intérieur ; puis l'excès de la pression de l'atmosphère réagit pour diminuer la vitesse du courant, et retenir dans le tambour une plus grande masse de fluide que dans l'état d'équilibre, jusqu'à ce que l'accroissement de la force élastique reproduise l'effet inverse. C'est à la succession rapide de ces alternatives que l'on doit attribuer les sons du réclame.

Il y a une analogie évidente entre ce petit appareil et l'organe vocal : les deux fentes que forment les lèvres de la glotte tiennent lieu des deux orifices ; les ventricules constituent le tambour ; la soufflerie est représentée par l'appareil pulmonaire. La partie inférieure du larynx sert de porte-vent, et la colonne d'air qu'elle renferme vibre sans doute elle-même à l'unisson des sons produits dans la glotte. Enfin le gosier, la bouche et les fosses nasales, font subir à l'intensité et au timbre des sons le même genre de modification que le tube supérieur des tuyaux à anche.

VINGT-NEUVIÈME LEÇON.

De l'optique. — Hypothèses sur la lumière. — Définition du rayon de lumière. — Théorie géométrique et théorie physique des ombres. — Images produites par de petites ouvertures. — Vitesse de la lumière. — Lois de l'intensité de la lumière. — Photométrie.

440. L'impénétrabilité des corps dans leurs trois états, toutes leurs autres propriétés, et surtout le fait général de la gravitation, forcent à admettre l'existence d'une ou de plusieurs matières pondérables. Leurs atomes sont-ils les seuls qui composent l'univers? L'état actuel de la physique permet de répondre à cette question. Tous les phénomènes de la chaleur, l'état d'équilibre à distance des particules pondérables, manifesté de la manière la plus évidente par les mouvemens vibratoires, indiquent une cause générale, variable d'intensité suivant les circonstances, qui s'opposant toujours, et plus ou moins, à l'attraction moléculaire, produit les changemens de densité et d'état des corps lorsque son énergie vient à varier, détermine leur forme et leur état statique lorsque son énergie reste constante. Or cette cause paraît indépendante de la matière pondérable, car sous ses efforts multipliés la propriété caractéristique de la matière, son poids, n'est jamais altéré. Par la même raison, tous les phénomènes extérieurs qui affectent l'organe de la vue, ceux passagers de l'électricité,

Agens impondérables.

7.

sont aussi dus à des causes indépendantes de la matière
pondérable. Dans tous ces effets les atomes pesans jouent
un rôle passif. Il y a donc autre chose qu'eux dans l'univers.

On est ainsi conduit à reconnaître que des agens impondérables occasionent les phénomènes calorifiques, lumineux et électriques. Y a-t-il nécessité d'admettre un agent
particulier pour chaque branche de la physique, ou bien tous
ces effets divers ne sont-ils que des modes d'action différens
d'une même cause? La solution de cette question importante ne peut ressortir que d'une étude approfondie et
complète de tous les faits de chaque théorie particelle, et
surtout de ceux de ces faits qui semblent appartenir à la
fois à plusieurs classes. La théorie de la lumière paraît
mettre sur la voie de cette découverte. En effet, l'ensemble
des phénomènes lumineux que l'on connaît aujourd'hui
signale l'existence d'un fluide universel, étranger aux atomes pesans, avec tout autant de certitude que l'impénétrabilité et la gravitation font conclure l'existence de la matière pondérable. Aussi, après avoir exposé toutes les
propriétés des corps, et les modifications qu'ils subissent
sous l'action continuelle de la chaleur, il importe d'étudier
les phénomènes lumineux pour constater la présence de
ce nouveau fluide, et démêler ses principales propriétés.

De l'optique. 44r. La théorie de la lumière est sans contredit la plus
avancée de toutes les parties de la physique. Il est facile
d'assigner les causes de cette marche plus rapide : les phénomènes qui composent l'optique sont perçus par le plus
parfait de nos organes ; dépendant d'élémens faciles à mesurer, tels que des lignes et des angles, ils peuvent être

pour la plupart étudiés géométriquement ou soumis au calcul, et les résultats de cette analyse peuvent se vérifier à l'aide d'instrumens simples et précis; enfin leur liaison intime avec l'astronomie a dû leur faire partager les progrès de cette science.

442. Dès l'origine de la physique expérimentale, il y a eu dissidence, parmi les savans, sur la cause réelle de la lumière. On s'accordait à admettre l'existence d'un agent particulier, qui pût produire sur l'organe de la vue la sensation de la forme d'un corps; mais il fallait expliquer comment l'action se transmet du corps lumineux à l'organe. Deux hypothèses très différentes furent émises à ce sujet. *Hypothèses sur la lumière.*

La première suppose qu'un corps lumineux envoie dans toutes les directions une substance très ténue, dont la subtilité s'oppose à ce qu'on puisse constater son poids et son impénétrabilité, qui traverse les corps transparens sans perdre sa vitesse, et qui est arrêtée par les corps opaques. Une partie de cette substance émanée du corps lumineux, venant à traverser la partie matérielle de l'organe de la vue, atteint le fond de l'œil et y produit la sensation. Telle est *l'hypothèse de l'émission.*

Dans la seconde hypothèse, on ne suppose pas qu'il y ait transport d'un agent matériel à de grandes distances, mais on admet que les vibrations des molécules mêmes des corps lumineux, autour de leurs positions d'équilibre, sont communiquées aux molécules d'un fluide éthéré répandu partout. Ces vibrations se propageant à travers le fluide, arrivent à l'organe de la vue qui les transmet au nerf optique. Telle est *l'hypothèse des ondulations;* la nature et la transmission de la lumière seraient alors analogues à la nature du son et à sa transmission à travers les fluides et les corps pondérables.

La grande analogie qui existe entre les phénomènes de la lumière, et ceux de la chaleur rayonnante, fait présumer qu'ils sont produits par un seul et même agent. Or la difficulté que l'on trouve encore à expliquer par des vibrations l'ensemble des faits dus à la chaleur rend plus simple, dans l'état actuel de la science, l'hypothèse du calorique. On est donc conduit, sous ce point de vue, à préférer l'hypothèse de l'émission de la lumière à celle des ondulations.

Cependant, en adoptant la première, il faut admettre l'existence d'une infinité de matières lumineuses différentes, donnant lieu à autant de couleurs ou de nuances de couleurs, pour expliquer la décomposition de la lumière et tous les phénomènes de la coloration. Dans la théorie des ondulations, au contraire, on conçoit facilement que des mouvemens vibratoires plus ou moins rapides puissent donner lieu à des sensations différentes; ici les couleurs seraient pour l'œil, ce que les sons ayant différentes vitesses de vibration sont pour l'oreille. Sous ce nouveau point de vue, l'avantage n'appartient pas à l'hypothèse de l'émission.

Sur l'identité de la chaleur et de la lumière. 443. On peut citer un grand nombre de faits qui indiquent que la chaleur et la lumière sont dues à un seul et même agent. Quand les rayons solaires, tombés sur la surface d'un miroir concave ou d'une loupe, se sont réfléchis ou réfractés de manière à se croiser dans un petit espace, on trouve en cet endroit même un développement de chaleur. La température d'un corps exposé au soleil s'élève plus qu'à l'ombre; si ce corps est transparent une grande partie de la lumière échappe à l'absorption et l'élévation de température est moindre ; la lumière solaire paraît donc se transformer en chaleur quand elle pénètre dans les corps. Les corps à une température très élevée deviennent lumineux, la chaleur rayonnante semble acquérir ici les propriétés de la lumière.

D'autres phénomènes ne paraissent pas aussi favorables à l'identité des causes premières de la chaleur et de la lumière : les corps phosphorescens répandent une clarté, très faible à la vérité, mais sans échauffement sensible. Certains animaux, comme les vers luisans, répandent même une clarté suffisante pour qu'on puisse lire sans autre corps éclairant, et ne produisent pas de chaleur. Le bois, les viandes et surtout le poisson, lorsque toutes ces substances sont dans un certain état de putréfaction, jettent une lumière qui n'est pas accompagnée de chaleur. Certains phénomènes chimiques, tels que la combinaison de l'oxide de carbone et du chlore, sont produits par la lumière seule. On peut séparer certaines parties d'un rayon solaire qui produisent l'effet de la chaleur sans lumière.

Mais ces faits indiquent seulement que les phénomènes lumineux peuvent exister sans mélange de phénomènes calorifiques, et ne sauraient objecter contre l'identité des causes premières ou des agens auxquels on doit attribuer la lumière et la chaleur. N'existerait-il qu'un seul fait bien constaté, où ces agens se confondent et se transforment, il suffirait pour établir cette identité. Ainsi, quelle que soit l'hypothèse qu'on adopte pour expliquer les phénomènes lumineux, il faut se résoudre à l'adopter pour la chaleur.

244. Un grand nombre de phénomènes d'optique se

Du fluide éthéré.

conçoivent facilement dans l'hypothèse de l'émission, mais un grand nombre aussi sont en contradiction manifeste avec elle et en démontrent la fausseté. La théorie des ondes lumineuses, au contraire, explique les faits connus d'une manière complète, et sans nécessiter aucune de ces mille hypothèses additionnelles et contradictoires que la théorie de l'émission est forcée d'admettre; elle établit un lien naturel entre les phénomènes en apparence les plus dissemblables; enfin, comme pour fournir une preuve irrécusable de sa réalité, elle a devancé la physique expérimentale en lui indiquant plusieurs faits qu'elle n'avait pas soupçonnés, et qui ont été complétement vérifiés.

Il est impossible, d'après cela, de ne pas adopter l'hypothèse des ondulations comme la cause immédiate des phénomènes lumineux. On est ainsi forcé d'admettre l'existence d'un fluide universellement répandu, dans les espaces vides de toute matière pondérable comme dans les milieux diaphanes. Ce fluide, auquel on donne le nom d'*éther,* servant à propager les ondes lumineuses, est donc l'agent ou la cause primitive de la lumière. S'il résultait des faits qui viennent d'être cités que l'éther dût être aussi regardé comme la cause première des phénomènes calorifiques, il faudrait admettre que la chaleur rayonnante est due à des ondulations de l'éther qui se distinguent des ondes lumineuses par quelque propriété particulière, et que la chaleur statique ou de combinaison n'est autre que la masse plus ou moins grande du fluide éthéré renfermée dans les corps.

Ces conclusions n'auraient rien de trop étranger aux idées reçues par les physiciens pour qu'on dût les rejeter; car, pour tous les phénomènes qui dépendent des températures, des chaleurs spécifiques et latentes, leur énoncé et l'explication qu'on en donne ne subiraient d'autre modification que celle de substituer le mot *éther* à celui de *chaleur*; et quant au calorique rayonnant, dont la cause immédiate serait un genre particulier d'ondulations du fluide éthéré, sa propagation dans le vide ou dans les milieux diathermanes serait tout-à-fait analogue à celle de la lumière dans le même fluide, ou à celle du son dans les gaz. L'ingénieuse théorie de l'équilibre mobile des températures pourrait seule éprouver un renversement complet, car l'état des températures permanentes résulterait de l'équilibre absolu de l'éther sous l'action que la matière pondérable exerce sur les molécules de ce fluide. Ainsi l'identité présumée des agens qui donnent naissance au calorique et à la lumière n'est pas une objection bien forte contre l'hypothèse des ondes lumineuses.

445. Quoi qu'il en soit, nous adopterons la théorie des ondulations comme la seule qui puisse aujourd'hui rendre compte de tous les phénomènes optiques des milieux diaphanes. Toutefois, pour faciliter l'étude de ces phénomènes, nous les partagerons d'abord en plusieurs groupes, qui dépendront chacun d'un fait principal que nous tâcherons d'énoncer sans rien spécifier sur la cause de la lumière; nous développerons ainsi autant de théories partielles; puis, pour les réunir dans une même théorie générale, il nous suffira de prouver que tous les faits principaux de ces groupes différens ne sont que des conséquences nécessaires du principe des ondulations.

446. Toute ligne partant d'un corps lumineux, et que la lumière suit en se propageant, est ce qu'on appelle un *rayon de lumière*. Dans l'hypothèse de l'émission, on

donnait ce nom à la trajectoire commune, décrite par toutes les molécules lumineuses lancées dans la même direction par un même point d'un corps lumineux. Il résultait de cette définition et des principes de la mécanique rationnelle, que, dans le vide ou dans un milieu homogène, cette trajectoire ne pouvait être qu'une ligne droite. Cette conclusion se vérifie en général; car on ne peut voir ordinairement un corps lumineux quand il existe entre ce corps et l'œil, sur la ligne droite qui les joint, un milieu opaque ou à travers lequel la lumière ne puisse se propager.

Il y a cependant des circonstances où la lumière semble marcher en ligne courbe, quoique dans un milieu homogène. Ce fait remarquable constitue une des objections les plus fortes qu'on ait opposées au système de l'émission, qui ne pouvait ni l'expliquer ni même en faire concevoir la possibilité. Mais, hormis ces cas exceptionnels dont la théorie des ondes rend parfaitement compte, un même phénomène lumineux peut toujours être aperçu par un œil qui s'éloigne du lieu où il est produit sur une ligne droite, et sans sortir du même milieu homogène. Nous admettrons donc comme un résultat de l'expérience, que, dans le même milieu, la lumière se propage en ligne droite, c'est-à-dire que les rayons lumineux sont des lignes droites. Voici les principales conséquences géométriques qui résultent de cette propriété.

Théorie géométrique des ombres.

447. Quand un corps opaque arrête une partie des rayons émanés d'un corps lumineux, une portion de l'espace se trouve privée de lumière, et forme l'*ombre* du corps-opaque. Concevons qu'un plan indéfini se meuve en restant à la fois tangent au corps lumineux et au corps

opaque; il résultera de ce mouvement une surface enveloppée développable, dont l'arête de rebroussement sera au-delà des deux corps, s'ils se trouvent d'un même côté du plan mobile, et dans l'espace qui les sépare si le plan se meut entre eux. Lorsque les surfaces développables correspondantes à ces deux cas différens sont coupées par un plan situé derrière le corps opaque, la courbe d'intersection de la première surface doit séparer l'ombre de la lumière sur le plan sécant. La portion de ce même plan comprise entre les deux courbes d'intersection ne doit être ni aussi éclairée que le reste, ni aussi obscure que la partie qui se trouve dans l'ombre; car la lumière reçue entre les deux courbes doit évidemment aller en croissant de la première à la seconde, puisqu'en se mouvant dans ce sens un œil apercevrait une partie de plus en plus étendue du corps lumineux. Lorsque le corps lumineux et le corps opaque sont sphériques, les deux surfaces développables deviennent des cônes droits, et leurs arêtes de rebroussement se réduisent à des points situés sur la ligne qui joint les centres des deux corps.

Dans tous les cas, la partie de l'espace comprise entre les deux surfaces développables, et qui entoure l'ombre, est appelée la *pénombre* du corps opaque. Il est bon de remarquer que l'ombre peut être infinie ou limitée, suivant que le corps opaque est plus grand ou plus petit que le corps lumineux, tandis que la pénombre est toujours infinie. Par exemple, si les deux corps sont sphériques, le sommet de la surface conique qui termine l'ombre est situé derrière la sphère lumineuse ou derrière la sphère opaque, suivant que le diamètre de la première est plus petit ou plus grand que celui de la seconde. Dans le premier cas, l'ombre est infinie ; formant un cône tronqué qui enveloppe la sphère opaque, elle commence à la courbe de contact et diverge indéfiniment derrière cette sphère ; son sommet est en quelque sorte virtuel. Dans le second cas, l'ombre est limitée ; elle converge à partir de sa courbe de contact sur le corps opaque vers un sommet réel, et forme ainsi un cône géométrique complet. Quant à la pénombre, elle est toujours limitée vers l'espace éclairé par un cône divergent, puisque son sommet se trouve entre les deux corps.

Toutes ces conséquences géométriques sont vérifiées par l'expérience. Les ombres dessinées à la surface de la terre par les corps qui interceptent les rayons solaires ont toujours la forme que leur assigne la construction qui précède ; elles sont bordées d'une pénombre très sensible, dont l'étendue dépend du diamètre apparent de l'astre, et de la distance qui sépare le corps opaque du lieu où son ombre est observée. Si, dans les éclipses de lune, l'on remarque que la lumière réfléchie par ce satellite va en s'affaiblissant graduellement avant de disparaître, c'est que la lune traverse d'abord la pénombre de notre planète avant d'atteindre son ombre. Une éclipse de soleil est partielle ou annulaire quand le lieu où on l'observe à la surface de la terre se trouve dans la pénombre de la lune ; elle est totale si l'observateur est dans l'ombre du satellite. Le diamètre apparent du soleil étant très variable dans le cours de l'année, tandis que celui de la lune change peu, le sommet toujours réel de l'ombre limitée du satellite peut se trouver, à l'époque d'une éclipse de soleil, soit en avant, soit en arrière de notre planète ; dans le premier cas, l'éclipse observée sur l'axe de l'ombre est nécessairement annulaire ; elle est totale dans le second.

148. Lorsque la source lumineuse a très peu d'étendue, les résultats fournis par l'observation diffèrent essentielle- ment de ceux indiqués par la théorie précédente. Si, dans une ouverture pratiquée au volet d'une chambre obscure, l'on enchâsse un verre très convexe sur lequel puissent tomber extérieurement les rayons solaires, la lumière en traversant ce corps diaphane éprouve des déviations dont nous donnerons plus tard l'explication. Au moyen de cet appareil, les rayons lumineux qui pénètrent dans la chambre convergent vers un très petit espace appelé foyer, qui peut n'avoir qu'un millimètre et moins de largeur; après s'être croisés en ce lieu, les rayons divergent ensuite comme s'ils partaient du foyer même, qui figure ainsi une source lumineuse de peu d'étendue. Si l'on présente un corps opaque au faisceau qui diverge de cette source, et derrière le corps un écran, d'après la théorie fondée sur la marche rectiligne de la lumière, l'ombre du corps opaque doit être terminée par une surface conique tronquée ayant son sommet à la source; sa pénombre ne peut être sensible à cause du très petit diamètre du foyer, et la ligne de séparation de l'ombre et de la lumière doit paraître nettement tracée.

Or c'est ce qui n'a pas lieu : la partie de l'écran située dans l'ombre géométrique est éclairée d'une lumière assez vive qui s'affaiblit graduellement à partir de ses bords; et de l'autre côté de la ligne de séparation, là où on ne devrait apercevoir qu'une lumière uniforme, on distingue des bandes irisées. Si l'on interpose entre le foyer et le corps opaque un verre qui ne laisse passer que de la lumière rouge, les bandes qui bordent l'ombre portée deviennent rouges et sont alternativement brillantes et obscure ; la différence de leur éclat va en s'affaiblissant, puis, à une distance assez grande de la ligne de séparation géométrique, on n'aperçoit plus sur l'écran qu'une lumière rouge uniforme. Cette expérience présente un cas particulier de la *diffraction*, phénomène général dont Fresnel a donné l'explication complète.

Il résulte de ce fait remarquable que le phénomène de l'ombre n'est pas aussi simple qu'il le paraît au premier abord. Lorsque le corps lumineux a une étendue très sensible, on doit regarder l'ombre du corps opaque comme le résultat de la superposition de toutes les ombres occasionées par les différens points du corps lumineux ; séparées, elles présenteraient chacune une clarté intérieure et des bandes irisées extérieures ; mais étant réunies, leur concours fait coïncider au même lieu les parties obscures et brillantes de leurs différens systèmes de bandes, et l'œil n'aperçoit plus dans les ombres portées qu'une lumière continue variable de clarté. Ce résultat général est alors identique avec celui déduit de la théorie qui précède ; on peut conséquemment adopter cette théorie sans crainte d'erreur, toutes les fois que la source lumineuse n'aura pas des dimensions micrométriques.

Images produites par de petites ouvertures.

449. Les rayons solaires qui traversent un petit espace libre, circonscrit par les bords d'un ou de plusieurs corps opaques, forment un faisceau dont la section, prise à une distance convenable, est toujours sensiblement circulaire, quelle que soit la forme de l'ouverture. C'est ce que l'on observe, par exemple, dans l'ombre des arbres ; les faisceaux lumineux que laissent passer les jours du feuillage vont projeter sur le sol des images elliptiques ou rondes, suivant l'inclinaison des surfaces qui les reçoivent. Pour se

rendre compte de ce fait, il faut remarquer que chaque
point du disque solaire envoie des rayons qui, s'ils existaient seuls, formeraient au-delà des bords opaques un
faisceau cylindrique ayant partout une section égale à celle
de l'ouverture. Il est facile, d'après cela, de trouver la
forme de l'image lumineuse projetée sur un écran par le
faisceau multiple.

Si l'on imagine une surface cylindrique mobile, dont
les arètes, s'appuyant toujours sur le périmètre de l'ouverture, seraient successivement dirigées vers les différens
points du disque solaire, il est évident que le contour de
l'image cherchée sera situé sur la surface qui envelloppe-
rait toutes les positions de ce cylindre. Supposons que l'ouverture soit plane et que l'écran lui soit parallèle, il suffira
de promener sur cet écran une figure égale à la section
de l'intervalle libre et ayant constamment la même direction, de telle manière que la droite allant d'un point de
cette figure au point homologue de l'ouverture, suive les
bords apparens de l'astre; et la courbe enveloppant toutes
les positions de la figure mobile, tracera le contour cherché. Il résulte évidemment de cette construction très simple, que, si l'ouverture est assez petite et l'écran suffisamment éloigné, l'image sera toujours sensiblement de même
forme que le disque apparent de l'astre, c'est-à-dire ronde;
excepté lors d'une éclipse de soleil, car la même construction indique que cette image doit alors prendre la forme
d'un croissant, si cette éclipse est partielle, celle d'un anneau si cette éclipse est annulaire, et c'est effectivement ce
que l'on observe.

Des considérations analogues expliquent les images renversées qu'on aperçoit sur les murs d'une chambre close,

quand la lumière ne peut y pénétrer que par une seule ouverture ayant de petites dimensions. Ici ce sont les objets extérieurs, éclairés par la lumière du jour, qui envoient des faisceaux de rayons réfléchis. Les rayons partis de chacun de leurs points, et qui pénètrent dans la chambre, projettent sur la paroi une image de l'ouverture. L'ensemble des images correspondantes à tous ces points doit figurer une sorte de tableau du paysage extérieur, dans une position évidemment renversée, d'autant plus nettement que les faisceaux partiels se détachent davantage les uns des autres, ou que l'ouverture est plus étroite et le tableau plus éloigné.

Fig. 210.

Vitesse de la lumière.

450. La vitesse avec laquelle la lumière se répand dans l'espace est si grande, qu'elle paraît infinie pour tous les phénomènes lumineux produits et observés à la surface de la terre; mais on a trouvé des moyens de la mesurer dans les apparitions de certains corps célestes. Les éclipses des satellites de Jupiter se succèdent en réalité périodiquement, à des intervalles de temps égaux et connus, pour chaque satellite; mais étant observées à des distances différentes par suite du mouvement relatif de la terre et de Jupiter, elles paraissent séparées par des intervalles de temps inégaux. C'est en comparant les époques réelles et apparentes de ces éclipses qu'on est parvenu à évaluer la vitesse de la lumière. On a trouvé, par exemple, que l'instant de l'apparition d'une éclipse du premier satellite observée lors de la conjonction de Jupiter, était en retard d'un quart d'heure, sur l'instant déduit par le calcul du nombre d'éclipses réellement équidistantes, que l'on avait comptées à partir d'une autre éclipse du même satellite observée lors de l'opposition de la planète; ce retard indi-

que évidemment que la lumière emploie un quart d'heure à parcourir le diamètre de l'orbe terrestre, ou 68,000,000 de lieues environ ; ce qui donne plus de 70,000 lieues par seconde.

451. On donne le nom d'intensité de la lumière, à la quantité absolue de lumière répandue sur l'unité de surface d'un corps éclairé. On obtiendrait un nombre propre à mesurer cette intensité en divisant la quantité de lumière qui tombe sur une surface plane donnée, par l'étendue de cette surface. D'après cela, l'intensité de la lumière reçue obliquement, doit être proportionnelle au sinus de l'angle que font les rayons lumineux avec la surface qu'ils éclairent. Car si l'on reçoit un faisceau de rayons parallèles, sur un plan opaque qui fasse avec eux un angle α, l'intensité de la lumière sur cette surface sera égale, pour toute valeur de α, à la même quantité de lumière (q) divisée par l'étendue de la section faite dans le cylindre lumineux, laquelle est égale à la section (s) faite perpendiculairement divisée par sin α ; cette intensité sera donc $\frac{q}{s}$ sin α, et sera conséquemment proportionnelle à sin α.

L'intensité de la lumière provenant d'un point éclairant décroît en raison inverse du carré de la distance. Cette loi est une conséquence nécessaire de l'hypothèse de l'émission, puisque la même quantité de molécules lumineuses devant traverser toutes les surfaces sphériques dont le point éclairant est le centre, l'intensité de la lumière sur ces surfaces doit varier en raison inverse de leurs aires ou des carrés de leurs rayons. La théorie des ondulations conduit à la même conséquence en prenant, pour intensité de la lumière, la force vive que possèdent toutes les molé-

II.

cules d'éther animées au même instant de la même vitesse de vibration, et qui doit rester constante lors de la propagation des ondes.

L'expérience confirme cette conséquence commune aux deux hypothèses. D'abord, il est facile de reconnaître à l'œil l'égalité de deux lumières, éclairant deux lames égales et de même nature, telles que deux morceaux de papier que l'on regarde par derrière, et qui reçoivent chacun la lumière d'un seul corps éclairant; condition qu'il est facile de remplir au moyen d'un écran, placé entre les deux corps lumineux et normal aux feuilles translucides. Si lorsque cette égalité est observée, les deux sources lumineuses sont à des distances égales, et placées de la même manière par rapport aux corps qu'elles éclairent respectivement, on pourra regarder comme égales les intensités de la lumière qu'elles émettent, ou les prendre pour des *lumières égales*.

Or, si l'on éclaire un des morceaux de papier par une seule lumière placée à la distance d'un pied, et l'autre par quatre sources reconnues égales à la première, mais placées à deux pieds de distance, l'œil jugera les deux corps translucides également éclairés. Ce résultat de l'expérience vérifie la loi déduite de la théorie.

452. Il suit de là que pour comparer deux lumières différentes, il faut faire éclairer séparément par chacune d'elles une des lames de l'expérience précédente, et éloigner ou rapprocher l'une ou l'autre des deux sources, jusqu'à ce que les deux plaques translucides paraissent également éclairées à l'œil qui les voit simultanément par derrière. Si d et d' représentent alors les distances qui séparent les corps lumineux des lames qu'ils éclairent respectivement,

distances que l'on peut mesurer très exactement, i et i' étant les intensités de leurs lumières à l'unité de distance, on aura $\dfrac{i}{d^2} = \dfrac{i'}{d'^2}$ ou $\dfrac{i'}{i} = \dfrac{d'^2}{d^2}$. L'appareil employé dans cette circonstance est appelé photomètre; c'est le nom commun à tous les instrumens destinés à mesurer l'intensité de la lumière.

Rumford a substitué à la comparaison de deux lumières celle des ombres qu'elles occasionent. Les deux corps lumineux éclairant à la fois une même surface plane translucide, on interpose, entre eux et la surface, un corps opaque. L'ombre portée par une des lumières étant éclairée par l'autre, si l'on fait varier les distances d et d' des deux corps lumineux à la surface jusqu'à ce que les deux ombres observées par derrière paraissent égales, les intensités de leurs lumières, prises à ces distances différentes, seront pareillement égales.

F_{IG.} 213.

On peut, par ce nouveau moyen, vérifier la formule $\dfrac{i'}{i} = \dfrac{d'^2}{d^2}$, ou, en faisant usage de cette formule, comparer entre elles les intensités de deux lumières différentes. Le photomètre de Rumford a été fréquemment employé, soit pour comparer les facultés éclairantes de différentes espèces de lumières, soit pour déterminer l'influence des diverses parties des appareils qui les fournissent, et les proportions relatives qu'il convient de leur donner, dans le double but d'augmenter leur pouvoir, et de diminuer la dépense qu'ils exigent. Parmi les résultats obtenus par Rumford, nous citerons les suivans : l'intensité de la lumière fournie par une chandelle, étant 100 lorsqu'elle est bien mouchée, descend à 39 au bout de 11', n'est plus

8..

que 16 au bout d'une demi-heure, et remonte à 100 lorsqu'on la mouche de nouveau. Les variations d'intensité d'une bougie sont comprises entre 100 et 60. Une lampe d'Argant ordinaire, c'est-à-dire à mèche cylindrique et à double courant d'air, donne, lorsqu'elle brûle avec tout son éclat, autant de lumière que 9 chandelles bien mouchées. Une lampe à mèche plate, dans les circonstances les plus favorables, c'est-à-dire présentant une flamme large, claire et sans fumée, dépense six parties d'huile, tandis qu'une lampe à bec d'Argant, qui donne la même quantité de lumière, n'en consomme que cinq.

Voici d'autre résultats déduits d'expériences photométriques et qu'il est bon de connaître : plusieurs causes font varier l'intensité de la lumière fournie par une lampe ordinaire, la carbonisation de la mèche, l'abaissement du niveau dans le réservoir, et la vaporisation de l'huile due à l'échauffement de l'appareil. Dans les lampes de Carcel ces causes de variation sont annulées ; un système de pompe, mû par un mécanisme d'horlogerie, fait toujours circuler autour de la mèche une même quantité d'huile, un tiers se consume et le reste retombe dans le réservoir ; par ce moyen l'huile arrive toujours à la même température et en même quantité ; et la mèche toujours imbibée ne se carbonise que très peu ; aussi trouve-t-on que le faculté éclairante d'une lampe de Carcel reste sensiblement constante.

MM. Arago et Fresnel ont imaginé, pour les phares à réfraction, des lampes à plusieurs mèches concentriques, qui ont l'avantage de réunir un plus grand pouvoir éclairant, dans une étendue de flamme comparativement plus petite que toute autre lumière artificielle. Un bec de cette nature, composé de 3 à 4 mèches, donne l'éclat de 10 à 20 quinquets ordinaires. Mais en comparant ces appareils aux bonnes lampes de Carcel, MM. Arago et Fresnel ont toujours trouvé que la quantité d'huile consumée était proportionnelle à la lumière produite.

Dans les lampes à mèche plate la cheminée en verre n'a d'autre objet que de rendre la flamme plus tranquille. Mais dans les appareils à bec d'Argant elle a un autre but, celui d'activer le double courant d'air; sa forme n'est plus indifférente, et son diamètre doit être dans un certain rapport avec celui de la mèche, si l'on veut obtenir le plus de lumière possible pour la même quantité d'huile consumée.

Le photomètre de Rumford a aussi servi à comparer les pouvoirs éclairans des gaz combustibles extraits du charbon de terre et de l'huile, et à étudier les dispositions et les proportions des becs et des cheminées qui permettent d'obtenir plus de lumière pour la même quantité de gaz brûlé. En général, dans l'éclairage au gaz, la lumière la plus brillante, et en même temps la plus économique, est fournie par le bec à double courant d'air dont les trous sont plus nombreux, le conduit d'air intérieur plus petit, et la cheminée plus étroite. Les pouvoirs éclairans de deux volumes égaux de gaz combustibles, l'un extrait de la houille, l'autre de l'huile, chacun d'eux étant brûlé avec le bec qui lui convient le mieux, sont moyennement entre eux comme 1 à $2\frac{1}{4}$. Ce rapport varie d'ailleurs beaucoup avec la qualité des matières premières, et la perfection des procédés de fabrication.

453. La lumière n'est pas émise par les corps lumineux avec la même intensité dans toutes les directions. Quand on regarde d'assez loin un boulet de fer échauffé de ma-

nière à devenir lumineux, on ne peut pas distinguer si ce corps éclairant est plan ou sphérique. Tous les rayons lumineux partis de ce corps et reçus par l'œil pouvant être regardés comme parallèles à la distance supposée, un faisceau composé de ces rayons, et ayant une même largeur, a donc la même intensité quels que soient les points du boulet qui l'émettent, qu'ils soient en face ou sur les côtés. Or, dans ces cas différens, la portion de la surface du boulet, émettant ce faisceau de même largeur, varie en raison inverse du sinus de l'angle que le plan tangent à cette surface fait avec l'axe du faisceau ; d'où il suit que l'intensité de la lumière émise doit varier au contraire proportionnellement à ce sinus.

En partant des lois qui indiquent que l'intensité de la lumière varie en raison inverse du carré de la distance, et proportionnellement au sinus de l'angle d'émission, on démontre aisément ce théorème : que la lumière reçue au sommet d'un cône appuyé sur un corps éclairant, si ce point n'est pas atteint par d'autres rayons lumineux que ceux enveloppés par ce cône d'ouverture invariable, reste en quantité constante, quelles que soient la forme et la distance du corps éclairant, pourvu que l'intensité de la lumière qu'il émet normalement reste toujours la même. On en conclut ce corollaire : si un même cône s'appuie successivement sur plusieurs corps lumineux différens, les intensités des lumières qu'ils émettent seront entre elles comme les clartés observées au sommet du cône ; et cela quelles que soient les formes et les distances des diverses parties des corps éclairans, comprises dans l'intérieur de la même surface conique.

454. En se fondant sur ce principe, et en admettant que

la quantité de chaleur rayonnée par un corps lumineux est proportionnelle à la quantité de lumière émise par ce corps, Leslie a imaginé de se servir d'une des boules de son thermomètre différentiel, pour comparer les effets lumineux produits par différens corps éclairans. La seconde boule doit être recouverte d'une couche opaque, afin qu'elle ne reçoive pas intérieurement la chaleur rayonnante lumineuse ; alors l'air de la boule transparente s'échauffant plus que celui de l'autre boule, l'index du thermomètre marche d'une quantité plus ou moins grande. Suivant Leslie, le nombre de degrés indiqués par l'instrument, doit être regardé comme proportionnel à l'intensité de la lumière envoyée par le corps éclairant dans l'intérieur de la surface conique, enveloppant à la fois le corps lumineux et la boule transparente.

C'est avec ce photomètre que Leslie a cru pouvoir déterminer le rapport de l'intensité de la lumière du soleil à celle d'une bougie ordinaire. La bougie dont il se servit représentait un disque éclairant de $\frac{2}{3}$ de pouce de diamètre ; placée à deux pouces de distance, elle produisait sur l'instrument un effet de 6° ; par conséquent à un pied cet effet n'eût été que le $\frac{1}{36}$ de 6°, ou $\frac{1^o}{6}$. Le soleil, à une certaine hauteur au-dessus de l'horizon, faisait marcher l'index de 125°. Or, pour que la bougie soutendît le même angle que soutendait le soleil, lequel était d'environ 30′, il aurait fallu la placer à quatre pieds de distance, d'où elle n'eût produit qu'un effet seize fois plus petit que $\frac{1^o}{6}$, ou égal à $\frac{1^o}{96}$. Ainsi les effets produits par le soleil et la bougie, soutendant le même angle, seraient entre eux dans le rapport de 125 à $\frac{1}{96}$, ou comme 12,000 à 1. D'où Leslie a conclu que la clarté du soleil est 12,000 fois plus grande que celle d'une bougie ordinaire.

Pour comparer les effets lumineux du soleil et de la lune, Leslie fut obligé de se servir d'un autre procédé, la lumière de la lune ne produisant pas d'effet calorifique sensible. Il imagina de comparer la clarté de cet astre à celle d'une bougie, en déterminant le degré de ténuité des objets qui pouvaient être vus d'une manière distincte. Il essaya de lire des caractères d'imprimerie de dimensions différentes, et se transportant ensuite dans une chambre obscure, tendue de noir et éclairée par une seule bougie, il s'éloigna de cette bougie jusqu'à ce que sa clarté laissât apercevoir seulement les mêmes caractères vus distinctement à la clarté de la lune; il trouva qu'il fallait se placer pour obtenir ce résultat à quinze pieds de la bougie. A cette distance, la bougie n'aurait pas produit d'effet sensible sur le photomètre; mais, d'après ce qui précède, le calcul donne pour cet effet $\frac{1^\circ}{9 \cdot 15^2} = \frac{1^\circ}{1350}$. La clarté de la lune étant égale à celle d'une bougie éloignée de quinze pieds, on devait prendre $\frac{1^\circ}{1350}$ pour l'effet photométrique dû à la lumière de cet astre. Avant de comparer cet effet à celui de 125° produit par le soleil, il fallait corriger un des nombres en le ramenant à ce qu'il eût été, si la même surface conique eût enveloppé les deux corps lumineux, et si les deux astres eussent été à la même hauteur au-dessus de l'horizon, ou si leur lumière eût traversé la même épaisseur de l'atmosphère. Ces deux corrections ayant réduit l'effet solaire de 125 à 70 degrés photométriques seulement, Leslie en conclut que la clarté du soleil est à celle de la lune comme 70 à $\frac{1}{1350}$, ou comme 94500 à l'unité.

Bouguer avait obtenu un nombre à peu près triple de ce dernier, en diminuant l'intensité de la lumière du soleil par une inclinaison convenable de la surface plane qui les recevait, de manière à la rendre égale à celle de la lune. Au reste, les nombres obtenus par les expériences de Leslie ne s'accordent pas avec les idées reçues sur la manière dont la lune est éclairée. Ce corps ne saurait posséder le pouvoir réfléchissant des surfaces métalliques; il doit avoir une surface terne, rugueuse, et ne réfléchir conséquemment qu'une faible portion de la lumière qu'il reçoit; or, en cherchant la portion de lumière solaire incidente qui devrait être réfléchie par la lune, pour que la clarté qui en résulterait à la surface de la terre s'accordât avec les résultats obtenus par Leslie, on trouve qu'il ne devrait y avoir aucune perte de cette lumière incidente dans l'acte de la réflexion; ce qui est impossible si, comme il est probable, la surface de la lune disperse la lumière à la manière des corps non polis. Il faudrait donc conclure de là que cet astre est lumineux par lui-même, comme les corps qui deviennent phosphorescens par insolation.

Le principe sur lequel est fondé le photomètre de Leslie, celui de la proportionnalité des effets calorifiques et lumineux produits par les corps éclairans, est contredit par un trop grand nombre de faits, pour que cet instrument puisse servir à comparer des lumières artificielles différentes. Toutefois il donne des résultats assez exacts lorsqu'on restreint son emploi à constater les variations d'intensité du pouvoir éclairant d'un même appareil.

Wollaston a aussi étudié les clartés du soleil et de la lune; il se servait de la comparaison des ombres projetées sur un écran au-delà d'un cylindre opaque, éclairé à la fois, dans une chambre obscure, par la flamme d'une chandelle et par un faisceau lumineux venant d'un des astres; la chandelle était éloignée jusqu'à ce que les deux ombres fussent égales. Après avoir comparé séparément par ce procédé une même lumière artificielle à celle du soleil et de la lune, on pouvait conclure facilement le rapport des clartés produites par ces deux astres. Wollaston a trouvé de cette manière que le soleil éclaire 800000 fois plus que la lune. Les grandes différences qui existent entre les valeurs assignées à ce rapport par différens physiciens, montrent combien sont imparfaits les moyens photométriques dont on a pu disposer jusqu'ici pour comparer la lumière des astres.

La découverte d'un procédé capable de donner la mesure exacte de l'intensité d'une lumière naturelle, même aussi faible que celle d'une étoile, serait incontestablement suivie de progrès importans en astronomie; car on pourrait alors classer les étoiles d'après l'intensité de leur lumière, et apprécier les rapports probables de leurs distances à la terre; trouver les périodes des étoiles changeantes, etc. L'espoir d'obtenir ces résultats explique assez les nombreuses tentatives faites par les physiciens, pour obtenir un photomètre parfait et comparable.

TRENTIÈME LEÇON.

Lois de la réflexion de la lumière. — Intensité de la lumière réfléchie. — Ancienne explication de la réflexion. — Miroirs plans. — Miroirs sphériques; foyer principal; foyers conjugués. — Images par réflexion. — Caustiques par réflexion. — Description et usage de l'héliostat.

—◦◦◦—

455. Lorsqu'un rayon lumineux atteint la surface polie d'un corps transparent ou opaque, une portion de cette lumière incidente est réfléchie. Le rayon direct et le rayon réfléchi sont dans le même plan normal à la surface; ils font des angles égaux avec la normale, c'est-à-dire que l'angle de réflexion est égal à l'angle d'incidence. Ces lois peuvent être constatées par l'expérience suivante : on dispose horizontalement une plaque polie, et au-dessus un cercle répétiteur dont le limbe soit vertical. On vise avec la lunette de l'instrument une étoile ou un objet éloigné, et ensuite son image vue par réflexion, que l'on trouve toujours dans le même plan vertical. On remarque alors que l'angle décrit par la lunette, pour passer de l'une à l'autre de ces deux positions, est toujours double de l'angle que cette lunette fait avec l'horizon lors de la première observation; ce qui prouve évidemment la loi énoncée. Lorsque la surface réfléchissante est courbe, on

reconnaît, par le même procédé, que le rayon réfléchi a la même direction que si la réflexion avait eu lieu sur le plan tangent au point d'incidence.

456. Bouguer a entrepris plusieurs séries d'expériences dans le but de comparer l'intensité de la lumière réfléchie par différens corps, à celle de la lumière incidente. L'appareil qu'il a imaginé à cet effet mérite d'être connu :

Une surface plane réfléchissante est en M; deux tablettes S et S' parallèles à cette surface, ayant même couleur et même teinte, sont disposées à des distances égales du plan du miroir, de telle manière que leurs centres soient situés sur une même perpendiculaire SS' à ce plan; une bougie posée en un certain point L de la droite SS' éclaire les deux tablettes; un écran opaque doit intercepter les rayons que cette bougie pourrait envoyer directement au miroir et à l'œil de l'observateur.

L'expérience consiste à déterminer la position L du corps éclairant, de telle sorte que l'œil de l'observateur placé en O, et apercevant à la fois, à la même distance et l'une au-dessus de l'autre, la tablette S' et l'image réfléchie de S, les voie toutes les deux de la même teinte. Lorsque cette position est trouvée, la fraction $(\overline{LS} : \overline{LS'})$ donne le rapport de la lumière réfléchie par le miroir à celle qui y tombe sous l'angle d'incidence SMN. Car si les rayons conservaient leur intensité après la réflexion, les clartés des deux tablettes S, S', vues à la même distance, seraient entre elles dans le même rapport que les intensités de la lumière reçue en S et S', ou dans le rapport inverse des carrés de $\overline{LS}$ et $\overline{LS'}$; et puisque les deux clartés sont égales, il faut en conclure que la lumière venant de la tablette S est diminuée, par sa réflexion sur le miroir, dans le rapport direct des mêmes carrés.

Les conséquences que Bouguer a déduites d'observations faites avec cet appareil, et par d'autres procédés analogues, s'accordent avec les résultats que MM. Arago et Fresnel ont obtenus depuis par des moyens plus précis. Elles indiquent que pour une même surface la quantité de lumière réfléchie diminue à mesure que le faisceau incident, toujours de même intensité, s'approche de la normale ; et que pour une même incidence, des surfaces de nature diverse réfléchissent des fractions très différentes de ce même faisceau.

Voici quelques-uns des nombres trouvés par Bouguer : lorsqu'un faisceau de 1000 rayons, ou dont l'intensité est représentée par 1000, tombe sur l'eau sous un angle de 0°30′ avec la surface, l'intensité du faisceau réfléchi est encore 721 ; elle n'est plus que 211 sous un angle de 15° ; 65 pour 30° ; et 18 seulement de 60° à 90°. Sur 1000 rayons, qui tombent sur la 1ʳᵉ surface d'une lame de verre à glace, 543 sont réfléchis sous l'angle de 5° avec la surface ; 300 pour 15° ; 112 pour 30° ; 25 de 60° à 90. Le marbre noir poli, sur 1000 rayons incidens, en réfléchit 600 sous l'angle de 3°,15′ ; 156 pour 15° ; 51 pour 30° ; 23 de 60° à 90°. Le mercure et les miroirs métalliques offrent un décroissement beaucoup moins rapide : sur 1000 rayons incidens, plus de 700 sont réfléchis sous un angle très petit avec la surface, et environ 600, ou plus de la moitié, lorsque cet angle est voisin de 90°.

457. Dans l'hypothèse de l'émission, on admet que la réflexion est due à l'effet de certaines forces répulsives, exercées sur les molécules lumineuses par les particules pondérables du corps réfléchissant. Il faut admettre aussi

Ancienne explication de la réflexion.

que la lumière n'arrive pas jusqu'à la surface, que nous supposerons horizontale ; car si les rayons atteignaient cette surface, tombant sur les aspérités qui y existent toujours, quel que soit le degré de poli, ils seraient dispersés dans tous les sens. Ainsi les forces répulsives doivent détruire la composante verticale de la vitesse dont sont animées les molécules lumineuses, avant qu'elles aient atteint le corps réfléchissant. Leur résultante, étant normale à la surface, ne peut influer sur la composante horizontale de cette vitesse qui doit conséquemment rester constante. Ces forces continuant d'agir après la destruction de la composante verticale, font croître de nouveau cette composante dans un sens opposé, et lui restituent successivement tous les élémens de valeur qu'elles lui avaient enlevés.

D'après cela, chaque molécule lumineuse étant sollicitée par la résultante constamment verticale des forces répulsives, la trajectoire qu'elle décrira sera plane et située dans un plan vertical. D'où il suit que les rayons réfléchi et incident, ou les tangentes à cette trajectoire aux points où la résultante des forces répulsives devient insensible, seront dans un même plan, normal à la surface réfléchissante. De plus les composantes horizontale et verticale du rayon réfléchi, devant être respectivement égales aux composantes de la vitesse du rayon incident, mais avec cette différence, que les composantes horizontales doivent être dirigées dans le même sens, et celles verticales dans deux sens opposés, il faut nécessairement que le rayon incident et le rayon réfléchi fassent le même angle avec la normale.

Fig. 216.

Quand le corps sur lequel tombe la lumière est très peu poli, la hauteur des aspérités de la surface peut être telle que la résultante des forces répulsives ne puisse détruire

totalement la composante verticale de la vitesse de la lumière, avant qu'elle ait atteint le plan des sommets de ces
aspérités. Les molécules lumineuses pourront alors arriver
jusqu'à la surface même, sans se réfléchir, ou pénétrant
entre les aspérités se réfléchir irrégulièrement. On expliquerait ainsi pourquoi la lumière se disperse dans tous les
sens, lorsqu'elle atteint un corps dont la surface est rugueuse.

Lorsque le corps n'a subi qu'un demi-poli, et que le
rayon incident est très incliné sur sa surface, la composante verticale de la vitesse étant très faible, la résultante des
forces répulsives, quoique très petite aussi, peut encore
détruire cette composante avant que les molécules lumineuses aient dépassé le niveau supérieur des aspérités, et
la réflexion régulière peut alors être observée. L'expérience
prouve en effet que des corps peu polis peuvent réfléchir
régulièrement la lumière qui y tombe très obliquement.

Ainsi, à l'aide de forces répulsives que la matière pondérable exercerait sur la lumière, l'hypothèse de l'émission
peut très bien expliquer le phénomène de la réflexion. Mais
en adoptant cette explication, il devient impossible de concevoir comment une fraction seulement de la lumière incidente se trouve réfléchie, et pourquoi cette fraction varie
avec l'obliquité des rayons et avec la nature du corps. En
effet, on est conduit à imaginer, outre les forces répulsives
qui expliquent la réflexion, d'autres forces, attractives au
contraire, exercées par la même matière sur la portion de
lumière qui, au lieu d'être réfléchie, pénètre dans l'intérieur du corps; et l'ensemble des faits décrits au § 156
conduit à cette conclusion étrange, que le rapport entre

la portion de lumière qui obéit aux forces répulsives, et celle dont le mouvement est régi par les forces attractives, varie non-seulement avec la nature du corps sur lequel tombe la lumière, mais encore avec l'obliquité du rayon incident sur la même surface. Ainsi l'hypothèse de l'émission sépare complétement les phénomènes de la réflexion et ceux de la réfraction ; nous verrons par la suite que la théorie des ondes établit entre eux un lien commun et nécessaire.

458. Les lois de la réflexion, constatées par l'expérience. suffisent pour expliquer les apparences que présentent les miroirs plans ou courbes, quand des rayons de lumière, partis des corps éclairans ou éclairés, tombent sur leurs surfaces polies. Lorsqu'un point lumineux O envoie des rayons incidens OI, OI',.... sur un miroir plan AB, les prolongemens des rayons réfléchis régulièrement en I, I', passeraient par un point O', symétrique de O par rapport au plan AB, ou situé sur la perpendiculaire OP, à une distance $\overline{PO'} = \overline{OP}$. Ce théorème est une conséquence nécessaire de l'égalité des angles d'incidence et de réflexion, et de la position du rayon réfléchi dans le plan d'incidence, pour toute réflexion régulière. L'œil, recevant un faisceau de rayons réfléchis, sera affecté de la même manière que s'il était réellement parti du point O', qui forme ainsi une image du point O. Si, au lieu d'un seul point, un corps CD se trouve placé devant le miroir plan, chacun des points de ce corps aura son image derrière le miroir ; et l'ensemble des images de tous ces points formera une image totale C'D'. symétrique de CD par rapport au plan AB.

Lorsqu'un objet B est placé entre deux miroirs plans parallèles, ou faisant entre eux un certain angle, un observateur peut apercevoir plusieurs images de ces objets, dont il est facile d'expliquer l'origine. Par exemple, si l'angle des deux miroirs (AM et AM′) est droit, un œil placé près de leur arète commune, et suffisamment loin du corps éclairant, pourra recevoir : 1°. des rayons arrivant directement de B; 2° des rayons réfléchis une seule fois par l'un des miroirs, et qui sembleront partis de B′ ou B″; 3° d'autres ayant subi deux réflexions, une sur chaque miroir, et qui divergeront du point B‴. Enfin il est facile de voir que la lumière, qui aura éprouvé trois réflexions avant d'atteindre l'œil, divergera de B′ ou de B″, en sorte que l'observateur ne verra, outre l'objet B, que trois images B′, B″, B‴. Si l'angle des deux miroirs était de 60°, il y aurait 5 images, outre l'objet vu directement; 7 si l'angle était de 45°. Ces images devraient être en nombre infini si l'angle des deux miroirs était incommensurable avec quatre angles droits, mais la lumière s'affaiblissant rapidement lorsque le nombre des réflexions augmente, l'œil n'apercevra toujours qu'un nombre limité de ces images. C'est sur ce principe qu'est fondé l'instrument imaginé par M. Brewter, et connu sous le nom de *kaléidoscope*.

459. Les miroirs courbes dont on se sert habituellement sont sphériques, concaves ou convexes. Considérons d'abord le cas d'un miroir concave ayant de petites dimensions comparativement au rayon de courbure de sa surface. Soient C le centre de la sphère à laquelle appartient sa surface réfléchissante, et D un point quelconque du miroir. Un faisceau de rayons lumineux incidens, tous parallèles à CD, donnera lieu à des rayons réfléchis qui iront se croiser sensiblement en un même point, auquel on a donné le nom de *foyer principal* du miroir. En effet,

Miroirs sphériques.
Foyer principal.

Fig. 220.

soient : ADC un plan méridien quelconque passant par CD,
BA un des rayons incidens ; AO le rayon réfléchi qui lui
correspond. Le triangle AOC sera isocèle, car on doit avoir
l'angle OAC $=$ CAB et par suite OAC $=$ ACO ; on aura
donc $\overline{AO} = \overline{OC}$. Mais l'arc DA étant d'un très petit nombre de degrés, on a sensiblement $\overline{AO} = \overline{DO}$; d'où il suit
que le point O, intersection du rayon réfléchi et de l'axe,
sera à très peu près le milieu de $\overline{CD}$, quel que soit le rayon
incident BA. Tous les rayons réfléchis concourront donc
à très peu près en un même point. En réalité le foyer n'est
pas un point unique, mais on peut le regarder comme tel,
lorsque le miroir est peu étendu comparativement à son
rayon, ce qui a toujours lieu dans les miroirs courbes dont
on fait usage.

Si le faisceau de rayons parallèles tombait sur un miroir convexe, on démontrerait de la même manière, qu'entre les mêmes limites de grandeur de la surface réfléchissante, tous les rayons réfléchis, s'ils étaient prolongés,
iraient concourir en un même point, milieu du rayon CD
parallèle au faisceau incident. On donne encore à ce point
le nom de foyer principal ; mais comme le concours n'a
pas lieu, et qu'il arrive seulement que les rayons réfléchis
semblent tous diverger de ce point, on dit que le foyer
principal est *virtuel*, pour le distinguer du foyer correspondant au miroir concave, où les rayons réfléchis concourent réellement.

Un point lumineux ou éclairé P, situé sur CD à une
distance très grande du miroir, pourra être regardé comme
la source des rayons parallèles incidens. L'œil recevant
une portion de ces rayons, réfléchis sur le miroir concave,
après leur concours au foyer principal, sera affecté de la

même manière que si la lumière venait de ce foyer même, qui formera ainsi une image réelle du point P. L'image sera virtuelle dans le cas du miroir convexe.

460. Lorsque le point P est situé à une distance finie du miroir concave, les rayons réfléchis concourent encore sensiblement en un même point P′, situé sur PC. De plus, il y a réciprocité entre ces deux points ; c'est-à-dire que si le point éclairant était P′, son foyer serait en P. C'est par cette raison que P et P′ sont appelés *foyers conjugués*.

Pour prouver cette proposition, soient : PCDA un plan méridien passant par PC ; PA un rayon lumineux parti du point P et tombant sur le miroir ; AC la normale en A ; AP′ le rayon réfléchi ; $\overline{PD} = p$, $\overline{P'D} = p'$, $\overline{CD} = 2f$, où f la distance qui sépare le point D du foyer principal F situé sur PC ; I l'angle d'incidence ou celui de réflexion ; enfin P, C, P′, les angles, aux points désignés par les mêmes lettres, qui soutendent tous l'arc AD. On aura $P = C - I$, $P' = C + I$, d'où $P + P' = 2C$. Or l'arc AD, étant toujours d'un très petit nombre de degrés, peut être regardé comme une droite perpendiculaire à CD ; et les angles P, P′, C, ou les arcs qui les mesurent étant très petits, on peut leur substituer les tangentes $\dfrac{\overline{AD}}{p}$, $\dfrac{\overline{AD}}{p'}$, $\dfrac{\overline{AD}}{2f}$.

L'équation $P + P' = 2C$ devient alors $\dfrac{1}{p} + \dfrac{1}{p'} = \dfrac{1}{f}$.

Cette dernière équation étant indépendante de l'arc $\overline{AD}$, et de l'angle azimutal du plan ADP, conduit à une même valeur de p' pour tous les rayons lumineux partis du point P. Tous les rayons réfléchis passeront donc par le point P′ situé sur PC à une distance $P'D = p' = \dfrac{pf}{p - f}$. La

Foyers conjugués par réflexion.

FIG. 222.

même équation étant symétrique en p et p', indique que si le point lumineux était P′ tous les rayons réfléchis concourraient en P.

La discussion de l'équation $p' = \dfrac{pf}{p-f}$, conduit aux conséquences suivantes : 1° le foyer P′, ou le lieu de l'image du point P, est réel si P est plus loin du miroir que le foyer principal ; 2° lorsque les foyers conjugués P et P′ sont réels, le centre du miroir est toujours entre eux ; si l'un de ces foyers est au centre, l'autre s'y trouve pareillement ; 3° le foyer P′ est à l'infini, c'est-à-dire que tous les rayons réfléchis sont parallèles, si le point lumineux P est au foyer principal ; 4° enfin le foyer P′ est virtuel, c'est-à-dire situé derrière le miroir, quand le point lumineux est entre le miroir et le foyer principal.

Si le miroir était convexe, une construction et des calculs analogues aux précédens conduiraient à une relation de la forme $\dfrac{1}{p'} - \dfrac{1}{p} = \dfrac{1}{f}$, d'où $p' = \dfrac{pf}{p+f}$; ce qui revient à changer le signe de p dans les formules du miroir concave. Il suit de ces nouvelles équations que le foyer P′, ou le lieu de l'image du point P, sera toujours virtuel dans le cas du miroir convexe.

Lorsque, le miroir étant concave, le foyer P′ est réel, si le point éclairant P s'éloigne ou s'approche du miroir, l'équation $p' = f : \left(1 - \dfrac{f}{p} \right)$ indique que P′, toujours du même côté du miroir que P, se rapproche ou s'éloigne au contraire. Dans le cas où le miroir étant toujours concave le foyer P′ est virtuel, si P s'approche ou s'éloigne du miroir, l'équation $-p' = f : \left(\dfrac{p}{f} - 1 \right)$ indique que P′, situé du côté opposé à celui où se trouve P, s'approche ou s'éloigne aussi du miroir. Enfin quand le miroir étant convexe le point éclairant s'approche ou s'éloigne, l'équation . . . .

$$p' = f : \left(\frac{f}{p} + 1 \right)$$ indique que le foyer virtuel P′ s'approche ou s'éloigne pareillement du miroir. On peut donc dire que, dans tous les cas, *les deux foyers conjugués marchent en sens contraires.*

Quand le foyer P′ est virtuel, l'œil recevant un faisceau de rayons réfléchis rapporte le lieu de leur départ au point P′, qui forme ainsi une image virtuelle du point lumineux P. Lorsque le foyer P′ est réel, l'œil peut éprouver la sensation de l'image, soit en se plaçant de manière à recevoir les rayons réfléchis après leur concours en P′, soit en regardant la surface d'une plaque dépolie, placée au point P′ même, et qui disperse dans tous les sens la lumière concourant en ce point.

461. Si le corps lumineux ou éclairé a une certaine étendue, tous ses points donnent lieu à autant d'images réelles ou virtuelles, situées chacune sur le rayon de la surface du miroir mené par le point qu'elle représente, et qui dans leur ensemble composent l'image réelle ou virtuelle du corps. La grandeur de cette image varie suivant la position de l'objet relativement au miroir.

Lorsque le miroir est concave, l'image réelle, et l'objet au-delà du centre, l'image est renversée par rapport à l'objet, et toujours située entre le centre et le foyer principal; sa grandeur est à celle de l'objet comme $(2f - p')$ à $(p - 2f)$, ou d'après la valeur de p' comme f à $(p - f)$; l'image est donc plus petite que l'objet. Si, le miroir étant toujours concave et l'image réelle, l'objet est entre le centre et le foyer principal. l'image est encore renversée mais située au-delà du centre; sa grandeur est alors à celle de l'objet comme $(p' - 2f)$ à $(2f - p)$, ou d'après la valeur de p' comme f à $(p - f)$; l'image est donc plus grande que l'objet.

Quand, le miroir étant concave, l'objet est placé entre le foyer principal et le miroir, l'image est virtuelle, droite, et évidemment plus grande que l'objet. Enfin lorsque le miroir est convexe, l'image est aussi virtuelle et droite, mais plus petite que l'objet. Le rapport des grandeurs de l'image et de l'objet se trouverait dans ces deux derniers cas par des calculs semblables à ceux qui précèdent.

D'après l'examen qui vient d'être fait de tous les cas qui peuvent se présenter, lorsqu'un objet est placé devant un miroir sphérique concave ou convexe, on concevra facilement comment on doit se voir dans un miroir courbe. Quand l'observateur est placé au-delà du centre, il se voit plus petit et renversé. S'il se rapproche du miroir, son image renversée s'agrandit. Elle disparaît lorsqu'il atteint et dépasse le centre, jusqu'à ce qu'il soit arrivé au foyer principal; car dans tout ce trajet son image est située derrière lui. Enfin lorsque l'observateur est plus près du miroir concave que le foyer principal, il se voit plus grand et droit. Quand on se regarde dans un miroir convexe, on se voit toujours plus petit et droit.

462. Il résulte des explications géométriques qui précèdent que les rapports de grandeur, et la position relative des objets et des images produites par un miroir sphérique donné, dépendent du rayon de courbure de sa surface. C'est un élément qu'il faut connaître pour prévoir les effets qu'on peut attendre d'un miroir courbe, et pour savoir s'il

remplirait le but qu'on se propose, en l'employant dans un instrument d'optique. Cet élément peut être facilement déterminé par l'expérience.

Si le miroir est concave, on le place de telle manière que son axe soit parallèle aux rayons solaires. On promène ensuite dans sa concavité une petite plaque dépolie, que l'on arrête au point où l'image du soleil, aperçue sur cette plaque, a le plus de netteté et la plus petite étendue. La plaque est alors au foyer principal. Le double de la distance qui la sépare du miroir est le rayon de courbure cherché.

S'il s'agit d'un miroir convexe, on recouvre sa surface d'une substance qui ne réfléchisse pas régulièrement la lumière, en ayant soin de laisser découverts deux petits cercles A et B, qui soient symétriquement placés par rapport au milieu du miroir. Après avoir disposé le miroir ainsi préparé en face du soleil, de telle manière que les rayons de cet astre soient parallèles à l'axe, on promène devant ce miroir un écran convenablement échancré, que l'on arrête lorsque les traces lumineuses projetées sur lui par les faisceaux réfléchis aux petits cercles A et B, sont éloignées l'une de l'autre à une distance $\overline{A'B'}$ double de $\overline{AB}$. L'écran peut être alors regardé comme autant éloigné du miroir que le foyer principal virtuel ; on mesure cette distance, et en la doublant on a le rayon de courbure cherché.

163. Après avoir démontré qu'un faisceau de rayons lumineux partis d'un même point est transformé, par sa réflexion sur un miroir sphérique peu étendu, en un autre faisceau sensiblement conique, propriété qui suffit pour expliquer les phénomènes produits par les instrumens d'optique composés de miroirs, il n'est pas inutile de rechercher la position exacte des différens points où se croisent

les rayons réfléchis sur une surface quelconque. Malus a le premier traité cette question d'une manière générale, en partant des lois connues de la réflexion, et en se servant du calcul infinitésimal ; voici les principaux résultats auxquels il a été conduit.

Fig. 228.

Soient P un point lumineux placé devant une surface courbe réfléchissante, Pi un rayon incident, et ir le rayon réfléchi correspondant. Si l'on imagine sur la surface courbe un cercle d'un rayon infiniment petit, et si l'on considère à la fois tous les rayons réfléchis, correspondans aux rayons incidens tous partis de P et qui tombent sur la circonférence de ce cercle, l'analyse démontre que deux de ces rayons réfléchis $i'r'$, $i''r''$, rencontrent le rayon central ir en deux points différens c' et c'' ; et que les deux directions ii', ii'', sont perpendiculaires entre elles.

Il est aisé de conclure de ce théorème que, pour le même point lumineux, il existe sur la surface proposée deux systèmes de courbes différentes, telles que les rayons réfléchis sur chacune d'elles forment une surface développable ; nous appellerons ces courbes *lignes de réflexion*. Une ligne d'un des systèmes coupe à angle droit toutes les lignes du second. L'arête de rebroussement de la surface développable correspondante à chaque ligne de réflexion est appelée *courbe caustique*. L'ensemble des courbes caustiques de chaque système est une *surface caustique*. Tout rayon réfléchi sur la surface réfléchissante venant du point lumineux est tangent aux deux surfaces caustiques. La courbe d'intersection de ces deux surfaces donne un maximum de lumière réfléchie pour un œil placé de manière à la recevoir ; si cette courbe se réduit à un point, ce point est ce qu'on appelle un foyer.

Dans le cas le plus simple, celui d'une surface plane Fig. 229.
réfléchissante, les lignes de réflexion sont, d'une part, les
droites passant par le pied O de la perpendiculaire abaissée
du point lumineux P sur le plan du miroir, et de l'autre,
les circonférences de cercle ayant O pour centre. Les surfaces développables du premier système sont des plans passant tous par PO; les courbes caustiques se réduisent au
point P′ situé sur la perpendiculaire prolongée de $\overline{OP'}=\overline{PO}$.
Les surfaces développables du second système sont des
cônes droits dont le sommet commun est encore en P′; en
sorte que les deux surfaces caustiques se réduisent au point P′.

Dans le cas d'une surface réfléchissante sphérique, les
lignes de réflexion sont, d'une part, les grands cercles
passant par les points où l'axe, c'est-à-dire la droite qui
joint le centre et le point lumineux, vient rencontrer la
sphère; et d'autre part, les petits cercles dont les plans
sont perpendiculaires à cet axe. Les surfaces développables
du premier système sont les plans méridiens eux-mêmes;
celles du second sont des cônes droits dont les arêtes de
rebroussement se réduisent pour chacun à un point situé
sur l'axe; en sorte que la seconde surface caustique se réduit à cet axe lui-même. Quant à la première, elle forme
une surface de révolution dont la courbe méridienne est
une courbe caustique.

Petit a indiqué un moyen assez simple de construire par
points cette courbe caustique méridienne. Soient : C le centre et CO le rayon de la surface sphérique; P le point lu- Fig. 230.
mineux; sPi, $s'Pi'$, deux rayons incidens infiniment voisins
dans un même plan méridien; $iP'r$, $i'P'r'$, les rayons réfléchis
correspondans. Soient en outre les longueurs $\overline{is}=\overline{i'r}=\not{a}$,
iP ou $i'P = p$, iP' ou $i'P' = p$. Les arcs ir et is étant

égaux, ainsi que $i'r'$ et $i's'$, on a $i'r' — ir = i's' — is$, ou $rr' — ii' = ii' — ss'$; d'où enfin (1) $ss' + rr' = 2ii'$. Or les triangles semblables Pss', Pii', d'une part, et $P'rr'$, $P'ii'$, de l'autre, donnent $ss' = \dfrac{4a—p}{p} ii'$, $rr' = \dfrac{4a—p'}{p'} . ii'$, l'équation (1) devient alors (2) $\dfrac{1}{p} + \dfrac{1}{p'} = \dfrac{1}{a}$. Ainsi mesurant a et p, on déduira p' de la formule (2), et la position du point P', qui appartient évidemment à la courbe caustique, s'ensuivra nécessairement. Si le point lumineux était extérieur à la sphère, il faudrait changer le signe de p dans l'équation précédente.

Les figures 231, 232, 233 et 234 présentent les différentes formes que prend la courbe caustique méridienne, suivant la position du point radieux. La figure 231, représente, outre le cas du miroir convexe, celui d'un miroir concave quand le point lumineux est extérieur à la sphère; la courbe caustique est alors fermée, convexe au dehors, et tangente deux fois au cercle méridien; elle possède deux points de rebroussement, formant deux foyers, l'un réel pour la partie qui figure le miroir concave, l'autre virtuel appartenant au miroir convexe. Les trois autres figures ne peuvent concerner que les miroirs concaves; quand le point lumineux, intérieur à la sphère, est plus près du centre que de la surface, la courbe caustique est encore fermée, mais concave au dehors, elle contient quatre points de rebroussement, ceux situés sur l'axe sont deux foyers réels. Lorsque le point radieux atteint le foyer principal ou le milieu du rayon, la caustique se sépare en deux branches asymptotiques à l'axe. Enfin le point lumineux continuant encore de s'approcher du miroir, la caustique se transforme en deux genres de branches différentes, les unes virtuelles, ou placées derrière la surface réfléchissante, pour les rayons peu inclinés sur l'axe, les autres réelles, ou en avant du miroir, pour les grandes incidences.

Fig. 234.

464. La connaissance de la courbe caustique méridienne permet d'assigner le véritable lieu qu'occupe l'image d'un objet produite par un miroir sphérique d'une grande courbure, ou trop étendu pour que les formules relatives aux foyers conjugués lui soient applicables. Nous considérerons comme exemple le cas d'un miroir convexe. Soient P un point lumineux, et E la position de l'œil ; imaginons qu'on ait construit la courbe caustique Fmn, située dans le plan méridien PFE. Si l'on mène la droite Emq tangente à cette courbe, elle donnera la direction du rayon réfléchi reçu par l'œil ; et l'image de P devra être située au point de cette ligne Emq d'où les rayons du faisceau semblent diverger. Il faut remarquer ici que parmi ces rayons les uns viennent du point de contact m, et les autres du point q situé sur l'axe, d'où devrait résulter de l'incertitude sur le lieu de l'image ; mais l'expérience a prouvé que l'œil rapportait toujours cette image au point q, sur la surface caustique rectiligne.

Forme exacte de l'image dans un miroir courbe.

Fig. 235.

D'après cela, pour former l'image d'un objet, il faudra construire, pour chacun de ses points P, P$_1$, P$_2$,..., la courbe caustique méridienne correspondante, lui mener une tangente du point E, et la prolonger jusqu'à la rencontre en q, q_1, q_2... de l'axe PC, P$_1$C, P$_2$C,... ou de la surface caustique rectiligne. La suite de tous les points q, q_1, q_2... formera l'image cherchée.

Fig. 236.

465. Lorsqu'un objet est placé devant une surface courbe réfléchissante non sphérique, l'œil qui reçoit les rayons

Anamorphoses.

réfléchis par cette surface, aperçoit une image dont la configuration est souvent très différente de celle de l'objet, mais que l'on peut déduire *à priori*, par des considérations géométriques, de la loi que suit la lumière réfléchie, de la forme de la surface, et de la position de l'œil. On peut aussi construire géométriquement les dessins qu'il faut figurer sur un carton, pour que, vus par réflexion au moyen d'un miroir de forme donnée, ils produisent sur un œil dont la position relative est connue des apparences déterminées. Tels sont les dessins informes et bizarres connus sous le nom d'*Anamorphoses*, qui ne représentent des figures régulières et distinctes, que lorsqu'ils sont vus par réflexion au moyen d'un miroir cylindrique ou conique. Ces applications de la loi que suit la lumière réfléchie sont trop peu importantes pour être développées dans ce Cours.

Description et usage de l'héliostat.

466. Il convient de décrire ici un instrument d'optique, dont le but est de rendre fixe un rayon solaire réfléchi. Cet instrument, qui est fort utile dans les expériences sur la lumière, porte le nom d'*Héliostat*. On sait que le soleil décrit chaque jour, relativement à la terre supposée fixe, une circonférence de cercle dont le centre est sur l'axe du monde, et qui varie de position à mesure que l'astre s'avance sur l'écliptique d'un solstice à l'autre; cette circonférence n'est dans le plan de l'équateur qu'aux jours des équinoxes. On se propose, par l'héliostat, de faire mouvoir une surface plane réfléchissante, de telle sorte que, malgré le mouvement apparent du soleil, ceux de ses rayons, qui tombent sur le miroir, y soient réfléchis constamment suivant une même direction.

Soient $SS'S''$ la circonférence de cercle décrite par le soleil pendant un certain jour, C un point de la surface de la terre, que l'on peut considérer ici comme se confondant avec le centre du globe, à cause de la petitesse de son rayon comparativement à la distance du soleil ; soit aussi CB la direction constante que l'on veut donner au rayon réfléchi. Imaginons, sur cette dernière ligne, une longueur $\overline{CB} = \overline{CS}$; enfin représentons-nous la ligne SB, et la droite CA dirigée vers le milieu A de SB, laquelle partage l'angle SBC en deux parties égales. Dans le mouvement diurne du soleil, BS décrira un cône oblique, ayant son sommet en B et pour base le cercle SS'S''. CA décrira un autre cône oblique, ayant son sommet en C, et pour base une section faite dans le premier cône, laquelle sera aussi une circonférence de cercle parallèle à l'équateur. Or supposons CA, ou plutôt son prolongement CQ, lié perpendiculairement à un miroir plan Cm ; il est évident que si ce miroir suit le mouvement de CA, il se trouvera toujours placé dans la position convenable pour réfléchir constamment les rayons solaires suivant la direction CB ; car le plan de l'angle variable SBC sera constamment normal au plan réfléchissant, et les angles BCA, SCA, seront toujours égaux entre eux.

Il suit de là que le but de l'héliostat sera rempli, si l'on parvient à faire décrire à CQ le cône oblique qui vient d'être défini. A cet effet on emploie un miroir métallique circulaire, mobile autour d'un axe horizontal, et supporté par une tige verticale qui peut tourner sur elle-même. Une tige métallique, fixée normalement sur la face opposée à celle où la réflexion s'opère, se meut avec l'aiguille d'une horloge qui doit faire sa révolution complète en vingt-quatre heures. L'horloge est mobile sur deux axes, l'un vertical et l'autre horizontal ; on place d'abord son cadran perpendiculairement au méridien du lieu, en le faisant

Fig. 238.

tourner autour du premier axe; on le rend ensuite parallèle au plan de l'équateur, à l'aide du second mouvement de rotation.

Un trou cylindrique, pratiqué sur le prolongement de
l'aiguille, reçoit librement le manche d'une petite fourche
dont les deux branches parallèles sont destinées à supporter
l'axe d'un tube de cuivre, dans lequel passe à frottement
doux la queue du miroir. Par ces dispositions, l'aiguille
de l'horloge entraîne la tige du miroir, et lui fait décrire en
vingt-quatre heures un cône oblique, ayant pour base une
circonférence de cercle parallèle au plan de l'équateur. Mais
la position relative des axes verticaux et des centres de
l'horloge et du miroir n'est pas indifférente, elle dépend
du jour de l'année où l'on se trouve. C'est cette relation
de position qu'il s'agit de trouver actuellement.

Supposons que le rayon réfléchi, fixe et horizontal,
doive être dans le plan méridien. Le centre du miroir et
celui de l'horloge devront être aussi dans le même plan.
Soient PCP' la direction de l'axe de la terre, et CK la position de l'aiguille à midi précis. Si le jour où l'on veut
employer l'héliostat est celui de l'équinoxe du printemps
ou d'automne, CK sera aussi la direction du rayon solaire
à midi. Alors si l'on prend, sur l'horizontal CR, $\overline{CK'}=\overline{CK}$,
le centre du miroir devra être placé en K', et sa queue
suivant $K'K$, pour que le rayon réfléchi ait constamment
la direction $K'R$. Il est évident, en effet, que le prolongement de KK', ou la normale au miroir, fera deux angles
égaux avec un rayon solaire incident parallèle à CK, et
avec l'horizontale $CK'R$; il en sera de même pour toutes
les positions de l'aiguille et du miroir, car le triangle KCK'
sera toujours isocèle, et KK', quoique changeant de lon-

gueur, fera toujours des angles égaux avec CK ou le rayon solaire, et avec CK'R ou le rayon réfléchi.

Pour un autre jour de l'année que celui de l'équinoxe, soient CK la position de l'aiguille, et SK la direction des rayons solaires à midi précis. Le point S sera au-dessus du point C, si le jour proposé est entre l'équinoxe du printemps et celui d'automne, il sera au-dessous pour le reste de l'année. L'angle CKS sera égal à la déclinaison du soleil, ou à sa distance à l'équateur comptée sur le méridien. Cet angle que nous désignerons par d, a comme on sait pour valeur maxima 23° à peu près, à l'époque d'un des solstices. D'après cela, si R est la longueur CK, on aura : $\overline{CS} = R \tan d$. Si l'on prend sur l'horizontale SR une longueur $\overline{SK'} = \overline{SK} = \dfrac{R}{\cos d}$, K' sera la position cherchée du centre du miroir, et KK' celle de sa queue. Car le prolongement de KK', ou la normale au miroir, partagera toujours en deux parties égales l'angle formé par le rayon solaire incident, parallèle à SK, et l'horizontale K'R.

Pour trouver par le calcul la position du point K', par rapport au centre C de l'horloge, il faut remarquer que l'angle formé par l'axe de la terre avec l'horizon est la latitude (l) du lieu où l'on se trouve. Ainsi, la distance horizontale $\overline{CO}$ sera $\overline{CO} = \overline{CS} \cos l = R \tan d \cos l$, et la différence de niveau $\overline{SO}$, sera $\overline{SO} = \overline{CS} \sin l = R \tan d \sin l$. $\overline{SK'} = \dfrac{R}{\cos d}$ étant connu, le calcul numérique de ces formules donnera tout ce qu'il faut connaître pour déterminer la position du point K'. Afin de placer en ce point le centre du miroir, on peut l'élever à volonté sur son axe vertical, et rapprocher ou éloigner cet axe de l'horloge, à l'aide de divers mécanismes convenablement disposés dans l'instrument; des échelles graduées servent à mesurer et à régler ces mouvemens. Il est à remarquer que $\overline{SK'}$ est toujours positif, quoique la déclinaison du soleil puisse être positive ou négative, c'est-à-dire boréale ou australe; mais que $\overline{CO}$ et $\overline{SO}$ changent de signe avec la déclinaison.

Supposons maintenant que l'on veuille obtenir un rayon réfléchi, fixe et horizontal, dans un azimut différent du plan méridien. L'axe vertical CT de l'horloge, et celui K'V du miroir, peuvent glisser horizontalement dans deux mortaises, qui sont situées sur le prolongement l'une de l'autre, lorsque le rayon K'R doit être réfléchi dans le plan méridien; mais la mortaise qui appartient à l'axe du miroir peut tourner autour de la verticale SU, et entraîner avec elle tout le système du miroir, sans que SK' cesse d'être horizontal. Il arrivera seulement que, durant cette rotation, la queue K'K glissera dans le tube qui l'unit à la fourche, dont le mouvement se prêtera d'ailleurs à ce changement de direction.

Il est évident que lors d'une station quelconque de la mortaise mobile, le rayon réfléchi sera toujours fixe et horizontal pour toutes les positions de l'aiguille, quoique n'étant plus situé dans le plan méridien. On pourra donc donner à ce rayon réfléchi la position la plus convenable au lieu où l'instrument doit être employé. Il est indispensable que la rotation de la mortaise mobile se fasse autour de la verticale SU, et il faudra conséquemment faire mouvoir l'axe de l'horloge dans la mortaise fixe, soit en avant, soit en arrière, de telle manière que cette condition puisse être remplie. Une échelle horizontale règle ce mouvement, et c'est sur elle que l'on compte la longueur $\overline{CO}$ déduite du calcul précédent.

Pour éviter toute erreur, il faut remarquer que, sur l'instrument, le point K est celui où l'axe géométrique autour duquel tourne le tube de cuivre, vient rencontrer l'axe du cylindre métallique qui forme la queue du miroir; et que C est la projection de ce point K, ainsi défini, sur la normale au centre du cadran. D'où il suit qu'en réalité la droite CK, considérée dans les explications qui précèdent, est à une certaine distance au-dessus de l'aiguille. Afin de faciliter les mesures et les calculs nécessaires pour régler l'héliostat, l'axe de l'aiguille est ordinairement prolongé au-dessus du cadran, et se termine par une pointe au lieu même du point C. Ce prolongement figure le style d'un cadran solaire équatorial; conséquemment l'ombre de la pointe doit toujours se projeter sur l'aiguille, et la suivre dans son mouvement, si l'horloge est bien réglée et convenablement disposée.

Nous n'avons considéré dans cette leçon que les propriétés géométriques qui se déduisent comme conséquences de la loi générale de la réflexion. La théorie physique de la lumière réfléchie comprend encore des phénomènes de coloration et de variations d'intensité, qui dépendent de certaines modifications éprouvées par les rayons lumineux près des surfaces réfléchissantes des milieux pondérables. Mais ces phénomènes ne peuvent être décrits qu'après avoir exposé les lois suivies par la lumière lorsqu'elle pénètre d'un milieu dans un autre, ainsi que la séparation des couleurs qui s'opère dans ce passage. D'ailleurs la plupart de ces phénomènes se présentent comme des conséquences rationnelles de l'explication de la réflexion dans l'hypothèse des ondulations ; il convient alors de les renvoyer après la théorie des ondes lumineuses ; de cette manière on concevra plus facilement l'ensemble des effets physiques dont il s'agit, car leur cause générale, pouvant être indiquée de suite, servira de guide dans l'analyse des circonstances qui compliquent ces effets.

TRENTE-UNIÈME LEÇON.

Phénomène de la réfraction. —Lois de la réfraction simple. —Réflexion totale ; mirage. —Indices de réfraction. Puissance réfractive. Pouvoir réfringent. — Mesure des indices de réfraction ; minimum de déviation ; mesure des angles dièdres. —Pertes de lumière par réfraction. —Foyers par réfraction. —Théorie des lentilles ; foyer principal et foyers conjugés ; centre optique ; images aux foyers des lentilles. —Caustiques par réfraction.

467. Lorsque la lumière arrive à la surface d'un corps diaphane, une partie se réfléchit, mais une autre partie pénètre dans le corps, en éprouvant une déviation à laquelle on donne le nom de *réfraction*. On peut constater ce changement de direction par les expériences suivantes. Concevons qu'un observateur soit placé sur le côté d'un vase vide et à parois opaques ABMN, de manière à n'apercevoir qu'une certaine partie AP du fond de ce vase ; P étant le point qui envoie à l'œil le faisceau lumineux OM, tangent au bord opaque, et qui fait le plus grand angle avec l'horizon. Si dans ces circonstances on remplit le vase d'eau, l'œil de l'observateur, toujours à la même place, aperçoit une partie de plus en plus étendue du fond ; le point P semble s'élever verticalement ; un autre point P' est vu dans la direction limitée OM. Ainsi, le faisceau lumineux qui va de P à l'œil, éprouve une déviation telle qu'il sem-

Phénomène de la réfraction.

Fig. 242.

ble diverger de p, point plus élevé que P, et situé dans le même plan vertical que la droite OM. Cette déviation ne peut avoir lieu qu'en I, à la surface libre du liquide, puisque la lumière se propage en ligne droite tant qu'elle ne change pas de milieu. La lumière venue en I du point P situé dans l'eau, s'incline donc suivant IO à son entrée dans l'air, et cela sans sortir du même plan vertical. Pareillement, la lumière venue en M du point P′ se propage dans l'air suivant MO, direction plus inclinée à l'horizon que P′M.

On conclut de cette expérience qu'un faisceau lumineux, sortant de l'eau pour entrer dans l'air, change de direction, et se rapproche de la surface de séparation des deux milieux, de telle manière cependant que les rayons incident et émergent soient dans le même plan normal à cette surface. La même conclusion se déduit de cet autre fait, qu'un Fig. 243. bâton droit CD, plongé en partie dans l'eau, paraît brisé en K à la surface du liquide : car pour l'œil placé en C, l'extrémité D paraît relevée en d, dans le plan vertical passant par CD ; d'où il suit que I, étant le point d'intersection de la droite Cd avec le plan de niveau MN, la lumière qui arrive en I du point D s'incline suivant IC, à son entrée dans l'air.

Lois de la refraction.   468. Lorsqu'au contraire la lumière tombe obliquement sur la surface de l'eau, elle s'éloigne de cette surface ou se rapproche de la normale, en se propageant dans le liquide. Pour s'en convaincre on peut se servir d'un appareil imaginé par Descartes, qui se compose d'un vase hémisphérique en verre ACB, rempli d'eau jusqu'au plan Fig. 244. horizontal AOB, et d'un limbe vertical gradué ACBD. O étant le centre commun de la surface du vase et

du limbe, on fait tomber obliquement en ce point, qui
appartient aussi à la surface libre du liquide, un rayon
solaire LO dans le plan ACBD ; on mesure l'angle LOD
que ce rayon incident fait avec la verticale DOC. On
cherche ensuite le point R, où le rayon lumineux, après
avoir traversé le liquide, émerge de nouveau dans l'air, par
la paroi diaphane et peu épaisse du vase. Or, toujours ce
point se trouve dans le plan ACBD, et l'angle ROC, que
la graduation du limbe permet d'évaluer, est plus petit
que LOD. En faisant varier l'angle d'incidence LOD,
Descartes a constaté le premier que *l'angle de réfraction*
ROC variait aussi, mais de telle manière que son sinus
restait dans un rapport constant avec le sinus de l'angle
d'incidence. Ce rapport, auquel on donne le nom d'*indice
de réfraction*, est d'environ $\frac{4}{3}$ lorsque la lumière passe de
l'air dans l'eau, c'est-à-dire, que l'on a, à très peu près :
sin DOL : sin ROC :: 4 : 3.

C'est par le procédé expérimental qui vient d'être décrit, que Descartes a découvert les lois générales de la
réfraction, dont voici l'énoncé : 1°. Le plan qui contient
le rayon incident et le rayon réfracté passe par la normale à la surface de séparation des deux milieux, au
point de concours de ces deux rayons. 2°. Le rapport des
sinus des angles que ces rayons font avec la normale
reste constant pour les mêmes milieux, quand l'incidence
varie. 3°. Enfin si la lumière rebroussait chemin, elle suivrait les mêmes directions dans un ordre inverse ; c'est-
à-dire que si elle s'approchait de la surface en suivant la
direction du premier rayon réfracté, elle parcourrait en
s'éloignant la direction du premier rayon incident. Des
deux milieux, celui-là est dit le plus réfringent, dans le-

quel le rayon lumineux s'approche le plus de la normale.
Une conséquence immédiate des lois précédentes, qu'il
est facile de vérifier par l'expérience, c'est que si le rayon
incident est normal à la surface, le rayon réfracté suit
la même direction.

Vérification des lois de la réfraction. 469. Lorsqu'au lieu d'eau on emploie un autre liquide
dans l'expérience de Descartes, on retrouve les mêmes
lois ; la valeur constante de l'indice de réfraction est seule
différente. Ces lois ont encore lieu généralement, lorsque
la lumière pénètre dans un milieu solide diaphane tel que
le verre ; c'est ce qu'on peut vérifier par le procédé suivant. On se procure un prisme triangulaire de la substance solide et diaphane qu'il s'agit d'étudier. BAC étant
Fig. 245. un plan perpendiculaire aux arêtes du prisme, on dirige
un faisceau lumineux normalement à la surface AB.
Ce faisceau pénètre en grande partie dans le corps diaphane, sans éprouver de déviation ; mais lorsque la lumière atteint la surface AC, suivant un angle d'incidence
égal à l'angle A du prisme, il y a réfraction ; et le rayon
réfracté IO s'éloigne de la normale sans sortir du plan ABC.
Si le rayon incident PI est parti d'un objet éloigné, un
œil placé en O, et qui aperçoit cet objet par réfraction
suivant I'O, peut le voir en outre directement dans la direction P'O, parallèle à PI. L'angle $P'OI' = D$ est l'excès
de l'angle de réfraction sur celui d'incidence, en I' ; il peut
être mesuré directement au moyen d'un cercle répétiteur,
et l'angle A du prisme étant connu, le rapport $\sin(A+D)$:
$\sin A$, doit donner l'indice de réfraction lorsque la lumière
passe de l'air dans le prisme. Or, si l'on répète la même
opération sur plusieurs prismes d'angles différens, mais
de la même matière, on trouve pour tous ces prismes une

même valeur de l'indice de réfraction. Les lois de la réfraction simple, trouvées par Descartes, ont donc lieu lorsque la lumière pénètre dans un milieu solide diaphane tel que le verre.

470. Lorsque, dans l'expérience précédente, on se sert Restrictions. de la lumière du soleil, on remarque que le faisceau, blanc lors de l'incidence, se trouve composé, à sa sortie du prisme, de rayons qui divergent un peu dans le plan normal, et qui sont de couleurs différentes; les plus réfractés sont violets; ceux qui s'éloignent le moins de la normale sont rouges; au milieu du faisceau sont des rayons verts. Ce phénomène, appelé dispersion de la lumière, se rapporte à une classe de faits qui fera l'objet de la leçon suivante. Pour déduire les conséquences mathématiques de la réfraction, nous suppposerons que le rayon incident est homogène ou d'une seule couleur, ce qui annullera toute dispersion; ou s'il est blanc, nous rapporterons les coefficiens, et les expressions dont nous nous servirons, aux rayons verts ou jaunes qui occupent le milieu du faisceau dispersé.

Parmi les substances solides, diaphanes et régulièrement cristallisées, que la minéralogie a fait connaître, il en existe un grand nombre dans lesquelles un rayon lumineux, tombant sur leur surface, donne naissance à deux rayons réfractés, l'un qui suit la loi de Descartes, et l'autre une loi plus compliquée. D'autres cristaux naturels donnent aussi deux rayons réfractés, mais dont aucun ne suit la loi de la réfraction ordinaire. Ces phénomènes de double réfraction se rapportent encore à une autre classe de faits que nous étudierons plus loin. Nous ne considérerons d'abord que la réfaction simple, qui s'opère dans tous les milieux homogènes gazeux et liquides, et dans les substances solides diaphanes, soit artificielles, soit naturelles lorsqu'elles ne sont pas cristallisées, ou que l'étant, leur forme primitive est un polyèdre régulier.

Réflexion totale. 471. D'après les lois et les expériences citées, l représentant le rapport constant du sinus de l'angle d'incidence i, au sinus de l'angle de réfraction r, lorsque la lumière passe d'un milieu M, dans un autre milieu M′ plus réfringent, on a l'équation fondamentale : $\sin i = l \sin r$, et l est plus grand que l'unité. Si la lumière se réfracte au contraire de M′ dans le milieu M moins réfringent, on aura $\sin i = \frac{1}{l} \sin r$. Dans ce dernier cas, l'angle de réfraction, toujours plus grand que celui d'incidence, doit être droit lorsque l'angle i a pour sinus $\frac{1}{l}$; et quand l'angle d'incidence surpasse cette limite, la réfraction doit devenir impossible, puisqu'en supposant générale la dernière des formules qui précèdent, la valeur de $\sin r$ deviendrait alors plus grande que l'unité. D'après cela, si la loi découverte par Descartes est exacte et rigoureuse, aucune portion de la lumière venant de M′, qui se présentera sous ces grandes incidences à la surface de séparation des deux milieux, ne pourra pénétrer dans le milieu moins réfringent M; et il ne devra conséquemment y avoir que de la lumière réfléchie à cette surface.

Fig. 246. Lorsque le milieu M est l'air, l'angle d'incidence, donné par la limite $\sin i = \frac{1}{l}$, est de 48°35′ pour l'eau, et de 40°′ environ pour le verre. Ainsi, supposons que la boule d'un matras, contenant un corps en ignition, soit plongée dans une cuve à eau recouverte en partie, de telle manière qu'aucun rayon lumineux parti du corps incandescent, et traversant l'eau, ne puisse tomber sur la partie découverte de la surface du liquide en faisant avec la verticale un angle moindre que $48°\,35'$; dans ces circonstances, un œil placé dans l'air ne devra pas apercevoir le corps lumineux à travers l'eau; c'est en effet ce que l'expérience confirme. Il suit encore des nombres précédens, que si l'on avait un cylindre droit de verre, coupé par une face oblique faisant

avec son axe un angle égal à $49°\frac{1}{2}$, ou plus petit, un œil placé derrière cette face oblique, ne pourrait recevoir aucun rayon de lumière qui eût traversé le cylindre diaphane dans la direction de son axe. Cette conséquence est encore vérifiée par l'expérience.

472. Le fait de la réflexion totale, sous certaines inci- Mirage. dences, explique toutes les variétés du phénomène connu sous le nom de *mirage*. Lorsque deux masses d'air, de températures et conséquemment de densités différentes, sont séparées par une surface assez nettement déterminée, ce qui ne peut arriver que dans des momens de calme, les rayons de lumière qui venant de la couche la plus dense tomberont sous un angle très petit, sur cette surface de séparation, pourront s'y réfléchir totalement, et produire des images par réflexion. C'est là le mirage.

En réalité, les deux masses d'air ne doivent pas être séparées par une surface mathématique, où le changement de densité ait lieu brusquement. Une suite de couches qui se succèdent dans une étendue plus ou moins grande de leur normale commune, et dont la densité augmente d'une manière continue de la masse d'air plus échauffée à celle qui l'est moins, doit former un milieu hétérogène qui sert de passage de l'une à l'autre de ces deux masses. Cette circonstance favorise le mirage; en effet, lorsqu'un rayon lumineux, venant du milieu le plus dense, et faisant avec la normale un angle très voisin de 90°, pénètre dans les couches hétérogènes, il éprouve, en passant d'une couche à celle qui la suit et dont la densité est moindre, une petite déviation qui l'éloigne encore de la normale. Ce rayon lumineux forme donc une courbe convexe vers le milieu le moins dense. Si son inclinaison primitive sur les plans de séparation est assez petite, ou si le lieu des couches hétérogènes est assez étendu, pour que la tangente à la courbe formée puisse devenir parallèle à leur direction commune, avant que le rayon lumineux ait pénétré dans la masse d'air la plus échauffée, il se réfléchira totalement et rentrera dans le milieu le plus dense après avoir formé une autre portion de courbe égale à la première.

Si la masse d'air la plus échauffée et la moins dense touche le sol, comme cela a lieu souvent dans les plaines de sable de la Basse-Égypte, la surface de la terre vers l'horizon ressemblera à un lac tranquille, et réfléchira les images renversées des objets éloignés. Si la couche la plus échauffée est supérieure à la plus dense, comme cela se présente quelquefois en pleine mer, on verra les vaisseaux qui voguent vers l'horizon répétés par des images renversées, et placées au-dessus d'eux. Enfin si les masses d'air de densités différentes sont au même niveau, et séparées par des plans verticaux, les objets sembleront doubles, et leurs images seront droites. Cette dernière variété du mirage a quelquefois lieu sur les côtes maritimes, l'air situé au-dessus de la terre et celui supérieur à l'eau pouvant con-

Fig. 247.

server des températures et par suite des densités différentes, lorsque le calme de l'atmosphère retarde leur mélange.

473. Il résulte des vérifications qui précèdent, que la formule $\sin i = l \sin r$ représente complétement la réfraction simple, ou qu'elle exprime la véritable loi de ce phénomène. La théorie des ondes lumineuses rend compte, comme nous le verrons plus tard, de toutes les circonstances de la réfraction, ainsi que du partage de la lumière qui se présente à la surface de séparation de deux milieux, en partie réfléchie, et en partie réfractée. Elle démontre que l'indice de réfraction est égal au rapport direct des vitesses avec lesquelles la lumière se propage dans les deux milieux, et qui ne dépendent que de la nature et de l'état de ces corps. D'où il suit que la lumière doit se propager moins vite dans les milieux les plus réfringens, et plus vite dans le vide que dans tous les corps diaphanes. Cette conséquence est vérifiée par des faits que nous citerons par la suite.

Au moyen de la théorie de l'émission, Newton était parvenu à expliquer assez complétement le fait de la réfraction, considéré isolément, en admettant que les particules des corps diaphanes exercent des actions attractives sur les molécules lumineuses ($\S 457$). Mais il résultait de cette explication que l'indice de la réfraction devait être égal au rapport *inverse* des vitesses de la lumière dans les milieux entre lesquels elle s'opérait; d'où l'on concluait que la lumière marchait plus vite dans les milieux plus réfringens, et le plus lentement dans le vide. Or, cette conclusion est directement opposée à celle que l'on doit déduire aujourd'hui de plusieurs faits irrécusables. Cette contradiction est un des motifs qui ont le plus contribué à faire aban-

Conséquences
théoriques

donner l'ancienne théorie de l'émission, que le grand nom
de Newton, son inventeur, avait laissé subsister long-temps
au-delà du terme que lui assignaient les progrès de la
science.

Réfractions
successives.

474. D'après l'égalité démontrée par la théorie des
ondes, si $V, V', V''..., V^{(n)}$, représentent les vitesses de propagation de la lumière dans plusieurs milieux successifs
$M, M'..., M^{(n)}$; que l' soit l'indice de la réfraction de M
dans M', l'' celui de M' à M''..., $l^{(n)}$ de $M^{(n-1)}$ à $M^{(n)}$; enfin L l'indice de réfraction dans le cas où la lumière passerait directement du premier milieu M au dernier $M^{(n)}$; on

aura identiquement $l' = \dfrac{V}{V'}$, $l'' = \dfrac{V'}{V''}$..., $l^{(n)} = \dfrac{V^{(n-1)}}{V^{(n)}}$,...,

$L = \dfrac{V'}{V^{(n)}}$; et par suite $L = l'\, l''... \, l^{(n)}$. Si les surfaces de

séparation des milieux considérés sont toutes parallèles, et
si $i, i', i''..., i^{(n)}$, représentent les angles que les différentes
parties d'un même rayon lumineux, comprises dans ces
milieux, font avec la normale commune à ces surfaces, on

aura $l' = \dfrac{\sin i}{\sin i'}$, $l'' = \dfrac{\sin i'}{\sin i''}$..., $l^{(n)} = \dfrac{\sin i^{(n-1)}}{\sin i^{(n)}}$, et par suite

$L = l'\, l''... \, l^{(n)} = \dfrac{\sin i}{\sin i^{(n)}}$. C'est-à-dire que la lumière sui-

vra, dans le dernier milieu $M^{(n)}$, une direction parallèle à
celle qu'elle eût suivie si elle avait été réfractée directement
de M dans $M^{(n)}$, avec son incidence primitive. Ces conséquences, que l'expérience vérifie, sont utilisées dans l'évaluation des réfractions astronomiques.

Indice
principal.

475. Il suit évidemment de ce qui précède, que la marche de la lumière, à travers plusieurs corps diaphanes successifs, pourra être assignée à priori, quand on connaîtra
les indices correspondans à toutes les réfractions qu'elle

subit. Il importe donc d'indiquer un moyen expérimental qui puisse conduire à la connaissance de leurs valeurs. Or, ces indices se concluraient facilement de ceux appartenant au passage de la lumière, du vide dans chacun de ces corps ($\S$ 474). Il nous suffira donc d'indiquer les procédés que l'on peut employer pour déterminer, par l'expérience, la valeur numérique de l'indice de réfraction correspondant au passage de la lumière du vide dans un milieu donné. Cet indice est un coefficient spécifique qui peut servir à caractériser la nature et l'état d'un corps diaphane, et qui est indépendant de tout milieu voisin; par cette raison on peut lui donner le nom *d'indice principal*.

476. Si u et v représentent les vitesses de propagation de la lumière dans le vide et le corps diaphane considéré, on aura d'après la théorie adoptée pour l'indice, $I = \dfrac{u}{v}$. Or, en imaginant qu'un mobile suivît la route où se propage la lumière en passant par les mêmes variations de vitesse, il éprouverait au passage du vide dans le milieu une perte de force vive, qui serait à celle qu'il conserverait dans le rapport de $(u^2 - v^2)$ à v^2, ou de $(I^2 - 1)$ à l'unité; c'est ce rapport $(I^2 - 1)$ que nous désignerons sous le nom de *puissance réfractive*. Sa valeur numérique ne dépendra que de l'indice principal I, qu'il suffira de déterminer pour que cette valeur soit connue. La puissance réfractive, ainsi définie, servira de mesure au degré d'influence que le corps diaphane peut exercer sur la lumière qui le traverse; elle sera d'autant plus grande que l'indice principal différera plus de l'unité. Elle serait égale à zéro si la valeur de l'indice atteignait cette limite; c'est-à-dire s'il pouvait exister un milieu pondérable qui ne fît éprouver aucune déviation

à la lumière venant du vide, et dont l'influence serait conséquemment nulle.

Pouvoir ré-
fringent.

477. Dans la théorie de l'émission, on démontrait que
la puissance réfractive devait être proportionnelle à la densité δ du corps diaphane, en sorte qu'en divisant sa valeur
$(l'-1)$ par cette densité, le rapport $\dfrac{l'-1}{\delta}$, auquel on donnait le nom de *pouvoir réfringent*, devait avoir une va-
leur indépendante de l'état du milieu, et dépendant uniquement de sa nature. D'où il suivait, par exemple, qu'un
liquide et sa vapeur devaient offrir le même pouvoir réfringent; ce que des expériences directes entreprises par
MM. Arago et Petit, ont démontré ne pas être. Pour ne
pas trop modifier les expressions reçues, nous conserverons
cette dénomination de pouvoir réfringent; sa mesure se
réduit d'ailleurs à celle de l'indice principal.

Mesure
des indices
de réfraction.

478. Le peu de réfringence des gaz permet de substituer,
à l'indice de la réfraction que subit la lumière lorsqu'elle
passe du vide dans un milieu solide ou liquide, celui de
la réfraction qui a lieu lors de son passage de l'air dans ce
même milieu. On pourrait déterminer ce dernier, lorsqu'il
s'agit d'un corps solide, par le procédé que nous avons
indiqué pour vérifier la loi de Descartes (§ 469). Mais
Newton a proposé un moyen susceptible d'une plus grande
exactitude; il est fondé sur ce fait, que la déviation éprou-
vée par un rayon lumineux, en traversant un prisme, atteint une grandeur minima, lorsqu'on fait tourner ce
prisme toujours dans le même sens.

Minimum de
la déviation
produite par
un prisme.

479. Soient : BCA = A l'angle du prisme; l l'indice de
réfraction de sa substance supposé connu; LII'L' le rayon
lumineux doublement réfracté; i et x les angles d'incidence

et de réfraction à l'entrée, x' et y' ceux à la sortie du prisme;
ODL$'$=D l'angle de déviation; enfin A$'$ le point de rencontre

des deux normales en I et I$'$. On aura évidemment (1) $\sin y =$
$l \sin x$; $\sin y' = l \sin x'$; $x + x' = A$; $D = y - x + y' - x'$ ou
$y + y' = D + A$. D'après ces relations, lorsque la déviation D est une extrême grandeur, on a $dy + dy' = 0$; on a
toujours d'ailleurs $dx + dx' = 0$; $\cos y\, dy = l \cos x\, dx$;
$\cos y'\, dy' = l \cos x'\, dx'$. L'élimination des différentielles
entre ces équations donne $\cos y \cos x' = \cos y' \cos x$, et
d'après les formules (1) :

$$(2)\quad \frac{\cos x}{\sqrt{1 - l^2 \sin^2 x}} = \frac{\cos x'}{\sqrt{1 - l^2 \sin^2 x'}}.$$

Cette équation (2) ne conduit qu'à une seule valeur de x
moindre que $90°$ en fonction de x', et qui est $x = x'$. Or,
l'expérience prouve que la déviation atteint un minimum,
lorsque l'angle x varie de $0°$ à $90°$; on a donc, lors de ce
minimum, $x = x'$, et par suite $y = y'$. D'où l'on conclut
qu'alors $x = \dfrac{A}{2}$, $y = \dfrac{D+A}{2}$, et enfin $l = \sin \dfrac{D+A}{2} : \sin \dfrac{A}{2}$.
Ainsi l'indice de réfraction l sera donné par cette dernière
formule, si l'on parvient à mesurer l'angle minimum de
déviation, et l'angle dièdre du prisme.

On détermine facilement l'angle D de la déviation minima, par un procédé semblable à celui qui sert à vérifier
les lois de la réfraction sur les substances solides diaphanes
(§ 469). On fait tourner le prisme autour de son axe, jusqu'à ce que l'objet éloigné vu par réfraction, après s'être
rapproché de sa position réelle, semble rester stationnaire.
Le prisme étant alors en repos, on mesure, au moyen du
cercle répétiteur, l'angle formé par le rayon direct et le
rayon émergent; cet angle est la déviation minima D.

Quant à l'angle A du prisme, on peut employer plusieurs moyens pour l'évaluer.

480. 1°. Le prisme étant assujetti verticalement sur un support convenable, on place successivement un cercle répétiteur en P, Q, R, en ayant soin que son limbe soit toujours horizontal. A la première station, on vise directement un objet éloigné O, ensuite son image réfléchie en p sur la face AB, et l'on mesure ainsi l'angle OP$p = \alpha$. A la seconde station, on vise un autre objet éloigné O′, ensuite son image réfléchie en q sur la face AC, et l'on mesure ainsi l'angle O′Q$q = \beta$. Enfin le centre de l'instrument étant placé en R, et la lunette successivement dirigée vers O et O′, on obtient l'angle ORO′ $= \gamma$. Ces trois angles étant connus, on a évidemment $A = \gamma - \dfrac{\alpha + \beta}{2}$.

2°. On peut faire usage du goniomètre que Wallaston a imaginé, pour mesurer les angles des cristaux naturels. Cet instrument consiste dans un cercle gradué, mobile autour d'un axe horizontal creux, dans lequel passe à frottement dur un second axe plein ; sur le prolongement de ce dernier se trouvent plusieurs pièces à charnières, destinées à maintenir le cristal ou le prisme dont il faut déterminer l'angle. L'appareil doit être placé en face d'un bâtiment présentant deux lignes horizontales bien distinctes, situées l'une au-dessus de l'autre ; on tâtonne en faisant varier la position des pièces métalliques qui supportent le cristal, pour le placer de manière que chacune des deux faces de l'angle dièdre à mesurer puisse être amenée, par le mouvement du petit axe, dans une telle position que l'œil voie l'une des lignes horizontales de l'édifice, réfléchie par cette face, sur la seconde ligne vue directement. Il est alors certain que l'arète commune des deux faces est horizontale; cette condition étant remplie, l'instrument est réglé, et l'on peut procéder à la mesure de l'angle dièdre.

A cet effet, on place le zéro du limbe au-dessous d'un point d'arrêt fixe. On tourne le petit axe et le cristal pour amener au-devant de l'œil, qui doit conserver la même position pendant toute la durée de l'expérience, l'image d'une des lignes de l'édifice, formée par réflexion à la première face du cristal, sur le prolongement de l'autre ligne vue directement. On tourne ensuite le limbe, et avec lui les deux axes, jusqu'à ce que la même coïncidence ait lieu pour la seconde face. Lors de ce dernier mouvement, le zéro du limbe a décrit un certain arc, qu'un vernier placé au point d'arrêt permet d'évaluer avec exactitude. Or cet arc mesure le supplément de l'angle dièdre cherché; car lorsque le cristal ou le prisme passe d'une position à l'autre, la normale à la seconde face vient prendre nécessairement la place qu'occupait la normale à la première, et c'est l'angle de ces deux normales que l'on mesure sur le limbe.

3°. Enfin on peut se servir du goniomètre de Charles. Le prisme est fixé verticalement au centre d'un limbe horizontal, gradué et mobile. Un point d'arrêt, muni d'un vernier, sert aussi à mesurer l'étendue des mouvemens du limbe. Une seule ligne verticale éloignée sert de mire. On fait tourner le limbe, et avec lui le prisme, jusqu'à ce que les images de cette mire, réfléchies par les deux faces de l'angle dièdre à mesurer, coïncident successivement avec le fil vertical d'une lunette fixe. La différence des arcs, marqués sur le limbe par le point d'arrêt, donne encore le supplément de l'angle du prisme.

481. Pour mesurer le pouvoir réfringent des liquides,

Fig. 251.

Mesure
des indices
de réfraction
des liquides

II. 11

on les verse dans des prismes creux, et l'on opère comme sur un prisme solide plein. Les deux lames de verre qui composent ces prismes doivent être, autant que possible, chacune à faces parallèles, afin que la déviation ne soit due qu'au prisme liquide. Mais cette condition étant difficile à obtenir, il faut, ou faire en sorte que les deux parois occasionent des déviations contraires qui se compensent, ou évaluer l'erreur totale et corriger le résultat. Pour qu'il y ait compensation, on se procure une lame de verre à glace rectangulaire, dont les deux faces soient parfaitement aplanies; après l'avoir coupée au diamant en deux parties égales, on forme avec ses moitiés, disposées inversement, les deux faces du prisme creux; de cette manière l'erreur de déviation causée par une des parois se trouve détruite par l'autre. Pour corriger la déviation obtenue avec un prisme creux non compensé et rempli de liquide, on retranche ou on ajoute la petite déviation occasionée lorsqu'il est vide, suivant qu'elle a lieu dans le même sens ou dans un sens opposé; la différence ou la somme trouvée donne la déviation due au prisme liquide seul.

Pouvoirs réfringens des gaz.

482. Pour les gaz, on se sert encore d'un prisme creux, mais d'un angle très grand, afin d'augmenter un peu les déviations, qui sont toujours très petites à cause de la faible réfringence des fluides élastiques. On ne peut plus négliger la puissance réfractive de l'air, ce qui exige deux observations. Soient l, l', l'', les indices de réfraction lors du passage de la lumière du vide dans l'air, de l'air dans un gaz, et enfin du vide dans le même gaz; on aura ($\S$ 474) la relation $l'' = ll'$. On fait d'abord le vide dans le prisme, et l'observation de la déviation donne $\frac{1}{l}$, par suite l; on in-

troduit ensuite le gaz dans le prisme, et une nouvelle observation donne l'; la formule $l'' = ll'$ donne enfin l''. C'est par ce procédé que MM. Biot et Arago ont étudié le pouvoir réfringent des gaz. Ils ont constaté que *la puissance réfractive d'un même gaz*, sous diverses pressions, *varie proportionnellement à sa densité*.

En se fondant sur ce résultat, M. Dulong a imaginé un moyen plus simple et plus exact. Il consiste à diminuer ou à augmenter la densité du gaz que l'on soumet à l'expérience dans le prisme creux, jusqu'à ce que la déviation soit la même que celle qui a lieu quand le prisme contient de l'air à une pression déterminée. On conçoit qu'alors le non-parallélisme des faces des lames solides qui limitent le prisme n'exige aucune correction dans le résultat. Il suit de la loi trouvée par MM. Biot et Arago que si l représente l'indice principal relatif à un gaz, et ∂ la densité de ce fluide, ces deux quantités varient ensemble, mais de telle manière que le rapport $(l-1):\partial$ reste constant. Soit α ce rapport ; lorsqu'il sera déterminé pour un état particulier du gaz, l'équation $l - 1 = \alpha\partial$ servira à calculer l'indice principal correspondant à toute autre valeur de la densité. Pour un autre gaz on aurait une formule semblable $l' - 1 = \alpha'\partial'$. Or si ces deux gaz donnent la même déviation dans un même prisme creux, lorsqu'ils ont deux densités différentes ∂ et ∂', leur indice de réfraction sera le même, et l'on aura $\alpha\partial = \alpha'\partial'$, d'où $\alpha' = \alpha \dfrac{\partial}{\partial'}$. Le procédé de M. Dulong sert donc à déterminer le coefficient α' relatif à un gaz donné, lorsqu'on connaît la valeur α de ce même coefficient pour l'air.

Voici la description de l'appareil. Le prisme creux P, composé d'un cylindre coupé par deux bases obliques re- Fig. 252.

couvertes de lames de verre, communique par le bas avec un fort tube T d'un mètre de long, au moyen d'un tube t. Deux autres tubulures, u et v, sont ménagées dans le fond supérieur de T ; l'une communique avec une machine pneumatique, l'autre avec un gazomètre. Vers le bas se trouve l'orifice O d'un tube de verre T′, qui se redresse verticalement. communique avec l'atmosphère. et sert à introduire du mercure dans l'appareil, pour y comprimer le gaz qu'il contient. Quand il faut le dilater, on ouvre le robinet R par lequel s'écoule du mercure.

Pour se servir de l'instrument, on remplit le cylindre T de mercure par le tube T′, en débouchant l'ouverture S afin de donner issue à l'air ; on fait le vide par le tube uu' pour introduire ensuite le gaz par le conduit vv' ; enfin on comprime ou on dilate ce gaz, par l'addition ou la suppression d'une portion de mercure, jusqu'à ce que la déviation observée à travers le prisme atteigne une grandeur voulue. Deux opérations semblables sont nécessaires : par l'une on introduit dans le prisme de l'air privé de vapeur, par la seconde le gaz à étudier parfaitement desséché. Les densités de l'air sec et du gaz, auxquelles correspondent une même déviation, sont facilement déduites des pressions indiquées par l'instrument. La distance verticale des niveaux du mercure dans les deux tubes T et T′, ajoutée à la hauteur barométrique, ou retranchée de cette même hauteur, fait connaître à chaque instant la pression du gaz intérieur.

Afin de pouvoir essayer un gaz qui attaquerait le mercure, le tube t est composé de plusieurs pièces réunies par un lut fusible. En chauffant les jointures, on peut détacher de l'appareil tout le système inférieur, et introduire le gaz à la pression de l'atmosphère par le reste du tube t.

Après avoir observé la déviation, on chasse le gaz par l'ouverture S, au moyen d'un courant d'air ou d'hydrogène. L'appareil est ensuite remonté, et l'on introduit un autre gaz, dont le pouvoir réfringent soit connu, que l'on comprime ou dilate, jusqu'à ce qu'il donne la même déviation que le premier.

483. Les divers procédés qui viennent d'être décrits, quelque précaution que l'on prenne pour éviter les erreurs, ne sauraient cependant conduire à une valeur fixe de l'indice de réfraction d'une même substance, à cause de l'incertitude qui naît de la dispersion. Ce phénomène indique que pour chaque corps diaphane l'indice de réfraction change avec la couleur de la lumière; en sorte que pour obtenir des résultats constans, il faudrait mesurer les indices correspondans à une couleur déterminée. Mais, dans le faisceau dispersé, les rayons diversement colorés, quoique se succédant toujours dans le même ordre, ont des clartés et occupent des étendues dont le rapport varie avec la substance du prisme qui produit la déviation. Il est en outre impossible d'assigner la ligne de passage d'une couleur à la suivante. Une découverte dont nous parlerons en décrivant la dispersion, a complétement levé ces difficultés, et l'on obtient aujourd'hui des indices de réfraction exacts et comparables.

Incertitude dans la mesure des indices.

484. Lorsque la lumière se propage dans les milieux pondérables, son intensité diminue, une portion est éteinte ou absorbée. Ces pertes diffèrent beaucoup d'un milieu à l'autre; ainsi un morceau de verre à glace ayant trois pouces d'épaisseur, affaiblit d'environ moitié la lumière qui le traverse normalement à ses faces; tandis que le trajet de dix pieds d'eau de mer en absorbe au plus les deux cinquièmes.

Pertes de lumière par réfraction.

Dans l'air la lumière perd à peu près un tiers de son intensité sur une longueur de 1500 mètres; cette perte varie d'ailleurs d'un lieu à un autre; elle change aussi dans le même lieu avec l'état de l'atmosphère, car étant due en partie à des réflexions partielles sur des couches gazeuses de densités différentes, ou sur de la vapeur vésiculaire, elle doit diminuer avec la pureté et la tranquillité de l'atmosphère. L'affaiblissement rapide de la lumière solaire, lorsque le soleil s'abaisse vers l'horizon, même quand le ciel est serein, paraît indiquer que l'air éteint une portion de cette lumière par une sorte d'absorption.

Plusieurs causes réunies concourent à diminuer la lumière qui traverse un milieu diaphane solide, tel que le verre : la réflexion à l'entrée, l'absorption du milieu, et la réflexion à la sortie. D'après Bouguer, si le morceau de verre est à faces parallèles, et de l'épaisseur des glaces ordinaires, si de plus la lumière y pénètre presque normalement, les trois causes réunies affaiblissent la lumière émergente d'un dixième environ de la lumière incidente. La réflexion extérieure occasione une perte de $\frac{1}{36}$, celle qui s'opère à l'intérieur donne une diminution plus forte, elle est de $\frac{1}{28}$ environ de la lumière qui atteint la seconde surface. Quoique ces nombres soient sans doute peu exacts, ils suffisent pour faire concevoir l'avantage des instrumens d'optique qui forment des images par réfraction, comparativement à ceux où les images sont produites par réflexion.

Lorsque la lumière tombe sur la seconde surface d'un morceau de verre, sous un angle d'incidence plus grand que celui où la réfraction totale commence, et qui est de 41° , une portion est éteinte et disparaît; mais celle qui se réfléchit intérieurement est encore très intense, et comparable à celle que réfléchissent les miroirs métalliques les plus polis. Cette propriété est souvent utilisée pour faire dévier d'un angle droit la direction d'un faisceau lumineux. On se sert à cet effet d'un prisme de verre ayant pour base un triangle rectangle isocèle, dont on place une des petites faces à peu près perpendiculairement au faisceau incident; la réflexion s'opère intérieurement sur l'hypoténuse, sous un angle de 45°. et le faisceau réfléchi émerge du prisme normalement à la troisième face.

485. Les lois de la réfraction simple, et la valeur numérique de l'indice de réfraction d'une substance diaphane, permettent de calculer les apparences que doit présenter la lumière qui traverse cette substance, lorsque l'on connaît la position et la forme du corps éclairant ainsi que les surfaces qui limitent le milieu réfringent. Il importe de considérer particulièrement la marche de la lumière à travers les verres de forme lenticulaire; cette étude préliminaire est indispensable pour concevoir les effets produits par les instrumens d'optique.

Foyers par réfraction.

Lorsque la surface de séparation de deux corps diaphanes est sphérique, les rayons de lumière peu inclinés entre eux, qui sont partis d'un même point situé dans un de ces milieux, concourent après leur réfraction, à peu près en un même point du second. Soient : P le point de départ des rayons; C le centre de la surface de séparation, convexe vers B; A le point où CP rencontre cette surface; AM son intersection par un plan méridien mené suivant CP; PM un rayon lumineux incident très voisin de PC; MP' le rayon réfracté dans le second milieu que nous supposerons le plus réfringent; l l'indice de cette réfraction; r, p, p' les

Fig. 254.

distances AC, AP, AP'; K l'arc AM; I et R les angles d'incidence et de réfraction; enfin P, C, P' les angles sous lesquels l'arc AM est vu des points désignés par les mêmes lettres. On aura $P = I - C$, $P' = C - R$, $\sin I = l \sin R$, et à cause de la petitesse des angles I et R, $I = l\,R$; d'où $P = I - C$, $l\,P' = l\,C - I$, d'où enfin $P + l\,P' = (l - 1)\,C$. Mais on peut regarder l'arc AM comme une ligne droite perpendiculaire à PC, et substituer aux angles P, P' et C leurs tangentes $\dfrac{K}{p}$, $\dfrac{K}{p'}$, $\dfrac{K}{r}$; on a donc $\dfrac{1}{p} + \dfrac{l}{p'} = \dfrac{l-1}{r}, \ldots$

ou $p' = \dfrac{lrp}{p(l-1)-r}$.

Voici les principales conséquences de cette formule : La valeur de p' étant indépendante de K ou de l'arc AM, tous les rayons partis de P passeront par P', pourvu toutefois qu'ils soient peu inclinés sur PC; réciproquement les rayons partis de P' concourraient après leur réfraction en P. On appelle P et P' deux foyers conjugués par réfraction; si les rayons incidens étaient parallèles, p serait infini et l'on aurait : $p' = \dfrac{lr}{l-1}$; le point P' serait alors un foyer principal. Si p est fini et plus grand que $\dfrac{r}{l-1}$, p' est positif, le foyer conjugué P' est dit *réel*, et situé dans le second milieu. Lorsque $p = \dfrac{r}{l-1}$, p' est infini, les rayons réfractés sont parallèles; si dans ce cas la lumière, suivant une marche inverse, venait en faisceau de rayons parallèles du milieu plus réfringent dans l'autre, le point P à la distance $p = \dfrac{r}{l-1}$ serait le foyer principal. Lorsqu'on a $p < \dfrac{r}{l-1}$, p' est négatif, les rayons réfractés sont alors divergens, et semblent partis d'un point P′, situé du même côté que P; dans ce cas le foyer P′ est dit *virtuel*. Si la concavité de la surface de séparation était tournée vers le milieu le moins réfringent ou vers P, il faudrait changer le signe de r dans les formules précédentes, et $p′$ serait toujours négatif, quel que fût p : c'est-à-dire qu'alors le foyer P′ serait toujours virtuel.

486. Lorsqu'un milieu diaphane est terminé par deux portions de surfaces sphériques, il forme ce qu'on appelle une lentille. La lentille est biconvexe ou biconcave, suivant que ses deux surfaces tournent l'une vers l'autre leurs concavités ou leurs convexités; son axe est la droite qui joint les centres des deux surfaces. Soient : LL′ une lentille biconvexe; P un point situé sur l'axe d'où partent des rayons peu inclinés; PM un de ces rayons incidens; MNP″ le rayon réfracté dans la lentille; NP′ le rayon émergent; A le milieu du verre biconvexe; C et C′ les centres de ses deux surfaces; r et $r′$ leurs rayons; l l'indice de la première réfraction; enfin p, $p′$, $p″$ les distances AP, AP′, AP″. On suppose que la lentille ait une épaisseur négligeable par rapport aux lignes r, $r′$, p, $p′$, $p″$, ou que l'arc LL′ soit d'un petit nombre de degrés pour les deux surfaces. P et P″ seront deux foyers conjugués par rapport à la surface de rayon r, le foyer P″ étant réel, on aura $\dfrac{1}{p} + \dfrac{l}{p″} = \dfrac{l-1}{r}$. P′ et P″ pourront être regardés comme deux foyers conjugués par rapport à la 2ᵉ surface de rayon $r′$, en supposant que la lumière partît de P′; le foyer P″ étant alors virtuel, on aura $\dfrac{1}{p′} - \dfrac{l}{p″} = \dfrac{l-1}{r′}$. L'é-

Théorie
des lentilles.

Fig. 256.

liminaton de p'' entre ces deux équations donne $\dfrac{1}{p} + \dfrac{1}{p'} =$

$$\dfrac{l-1}{r} + \dfrac{l-1}{r'}.$$

Les points P et P′ sont appelés deux foyers conjugués de la lentille. Si les rayons incidens étaient parallèles on aurait $\dfrac{1}{p'} = \dfrac{l-1}{r} + \dfrac{l-1}{r'}$, et le point P′ serait un foyer principal ; soit alors $p' = a$, a sera la *distance focale* principale ; elle serait la même si la lumière était tombée parallèlement à l'axe sur l'autre face de la lentille. On pourra poser dans le cas général : $\dfrac{l-1}{r} + \dfrac{l-1}{r'} = \dfrac{1}{a}$; $\dfrac{1}{p} + \dfrac{1}{p'} = \dfrac{1}{a}$; d'où $p' = \dfrac{ap}{p-a}$. Voici les conséquences principales de cette formule ; si p est infini, $p' = a$; si p est fini et plus grand que a, p' est positif, les rayons sont convergens à la sortie de la lentille, et le foyer P′ est réel. Si $p = a$, p' est infini et les rayons émergens sont parallèles ; si p est moindre que a, p' est négatif, les rayons sont divergens à la sortie, et le foyer P′ est virtuel. Le cas d'une lentille biconcave se déduit facilement de celui d'une lentille biconvexe, en changeant dans les formules précédentes les signes de r et r', ou celui de a ; alors p' est constamment négatif, en sorte que le foyer principal et le foyer conjugué P′ sont toujours virtuels.

487. Lorsque le point P d'où partent les rayons n'est pas situé sur l'axe de la lentille, mais toutefois s'écarte peu de cet axe, les rayons réfractés concourent encore à très peu près en un même point P′ qu'il s'agit de déterminer. Pour cela il faut remarquer qu'il existe, dans l'intérieur d'une lentille quelconque, un point situé sur son axe, tel que tout rayon

lumineux réfracté qui y passe, correspond à des rayons incidens et émergens parallèles entre eux. Pour trouver ce point, soient menés par les centres des surfaces sphériques qui limitent le verre réfringent, deux parallèles CB, C′B′, et soit BB′ le rayon réfracté intérieur; les normales CB et C′B′, en B et B′, étant parallèles, les rayons incidens et émergens le seront aussi. Or, on a $CO : C′O :: CA : C′A′$ et par suite $CA—CO : C′A′—C′O′ :: CA : C′A′$ ou $OA : OA′ :: r : r′$; d'où il suit que la position du point O est indépendante de la direction commune des rayons incident et émergent; ce point porte le nom de *centre optique*; à cause de la petite épaisseur de la lentille, on peut dire que tout rayon lumineux qui passe par le centre optique reste en ligne droite.

Soit maintenant P le point lumineux non situé sur l'axe. Admettons, à priori, que tous les rayons qu'il envoie à la lentille forment un faisceau conique après leur passage à travers ce milieu diaphane. Pour trouver le sommet du cône émergent, il suffira de chercher le point d'intersection de deux rayons réfractés particuliers. Or, un des rayons incidens PO passe par le centre optique O, et sort sans éprouver de déviation; un autre PM est parallèle à l'axe, et le rayon émergent correspondant passe par le foyer principal F; PO et MF concourront donc au point P′ que nous cherchons. Soient a, p, $p′$, les lignes OF, OP, OP′. Dans le système d'approximation que permettent d'adopter le rapport des dimensions de la lentille et la position du point P, on pourra poser $PM = p$, et négliger la petite portion du rayon lumineux réfracté dans l'intérieur du verre; les triangles semblables P′FO, P′MP donneront alors $p : a :: p + p' : p'$; $pp' = ap + ap'$; $\frac{1}{p} + \frac{1}{p'} = \frac{1}{a}$, ou enfin

$p' = \dfrac{ap}{p - a}$. Ainsi il existe, entre les deux foyers conjugués P et P', la même relation de position, qu'ils soient ou non sur l'axe.

Mais le point d'intersection du rayon lumineux sans déviation, et du rayon réfracté passant par le foyer principal, est-il réellement le lieu de concours de tous les rayons partis du point P, après leur passage à travers la lentille ? Pour s'en assurer il faut suivre la marche de la lumière tombant sur le verre réfringent suivant la direction PM, non parallèle à l'axe ; soient à cet effet : Π le point de rencontre du rayon incident MP et de l'axe ; MP' le rayon réfracté correspondant ; Π' le point où il coupe l'axe, et P' celui de sa rencontre avec la ligne PO prolongée ; enfin ϖ, ϖ', p, p' les distances OΠ, OΠ', OP, OP', ou celles ΠM, Π'M, PM, P'M, qui respectivement diffèrent très peu des premières. Les points Π et Π' sont deux foyers conjugués situés sur l'axe de la lentille, les longueurs ϖ et ϖ' sont donc liées entre elles par l'équation $\frac{1}{\varpi} + \frac{1}{\varpi'} = \frac{1}{a}$, et il s'agit de trouver la relation qui doit exister entre p et p'.

Pour cela, nous rappellerons un théorème établi par Carnot dans sa *Géométrie de position*, et dont il est facile d'ailleurs de retrouver la démonstration ; ce théorème consiste en ce que, si une droite coupe les trois côtés d'un triangle, elle détermine six segmens, deux sur chaque côté, qui sont tels, que le produit de trois d'entre eux, n'ayant aucune extrémité commune, est égal au produit de trois autres. Ainsi, considérant le triangle ΠMΠ' coupé par la transversale P'OP, on devra avoir $\overline{O\Pi'} . \overline{P'M} . \overline{P\Pi} = \overline{O\Pi} . \overline{PM} . \overline{P'\Pi'}$, ou en substituant à ces lignes les lettres qui les représentent $\varpi' p' (\varpi - p) = \varpi p (p' - \varpi')$, d'où $pp' (\varpi + \varpi') = \varpi\varpi' (p + p')$, et enfin $\frac{1}{p} + \frac{1}{p'} = \frac{1}{\varpi} + \frac{1}{\varpi'}$. Or, on a $\frac{1}{\varpi} + \frac{1}{\varpi'} = \frac{1}{a}$, on aura donc toujours $\frac{1}{p} + \frac{1}{p'} = \frac{1}{a}$, ou $p' = \frac{ap}{p-a}$, quel que soit le rayon incident PM. Tous les rayons partis du point P, non situés sur l'axe, mais s'en écartant très peu comparativement à sa distance à la lentille, vont donc concourir à très peu près, en un même point P' du rayon passant par le centre optique, et qui n'éprouve pas de déviation.

488. Considérons maintenant un objet d'une certaine étendue, placé devant la lentille, et supposons que ses dimensions soient assez petites, ou qu'il soit assez éloigné pour qu'on puisse regarder les distances au centre optique O, comme peu différentes pour tous ses points et comme étant toutes égales à une même longueur p. Chacun de ces points enverra des rayons lumineux qui iront concourir après leur réfraction, en un même lieu situé sur celui de ces rayons qui n'éprouve pas de déviation, à une distance de la lentille $p' = \frac{ap}{p-a}$; là ils formeront, par leur croisement, une image réelle ou virtuelle pour un œil convenablement placé. La réunion des lieux de concours semblables pour tous les points de l'objet, formera une *image* de cet objet vue *par réfraction*.

Il est aisé de déduire des formules et des considérations qui précèdent, les conséquences suivantes. Dans le cas d'une lentille biconvexe. si l'objet est très éloigné, l'image est presqu'au foyer principal, très petite et renversée. Si l'objet se rapproche de la lentille, l'image toujours renversée s'éloigne et s'agrandit; elle devient égale en grandeur à l'objet, lorsque celui-ci est éloigné de la lentille du double de la distance focale principale; plus grande que lui. si l'objet se rapproche encore; enfin infiniment plus grande et plus éloignée, quand l'objet est infiniment près du foyer principal. Lorsque l'objet se trouve placé entre la lentille et son foyer principal, l'image est droite, virtuelle et toujours plus petite que l'objet. Dans le cas d'une lentille biconcave, l'image est toujours virtuelle et droite.

Toutes ces conséquences sont vérifiées par l'expérience: par exemple, si l'on présente une bougie allumée devant une lentille biconvexe, et qu'on promène une plaque dépolie de l'autre côté, jusqu'à ce que l'image renversée de la bougie s'y projette nettement, on atteint ainsi le foyer conjugué du corps éclairant; et l'on reconnaît que, dans tous les cas, la position relative de ces deux foyers conjugués est conforme à la théorie. L'explication que nous donnerons par la suite des phénomènes produits par les instrumens d'optique, présente une vérification complète de la théorie des lentilles.

Mesure de la distance focale d'une lentille.

489. La marche de la lumière à travers un corps diaphane de forme lenticulaire, la grandeur et la position des images qu'il doit former, peuvent donc être assignées par des constructions géométriques très simples, lorsque l'on connaît, outre l'indice de réfraction de la substance qui compose la lentille, la position du foyer principal, ou sa distance a au verre réfringent. Cette longueur que l'on

appelle *distance focale principale*, peut être facilement déterminée par l'expérience.

Pour trouver le foyer principal d'une lentille biconvexe, on l'expose en face du soleil; les rayons lumineux partis d'un point de cet astre, pouvant être considérés comme parallèles entre eux, iront former après leur réfraction une image de ce point au foyer principal. Il suffira donc de promener une petite plaque dépolie derrière la lentille, jusqu'à ce que l'image du soleil aperçue sur cette plaque, soit nette et distincte; l'écran sera alors au foyer du verre biconvexe. On peut aussi se servir d'une lumière artificielle suffisamment éloignée.

Pour déterminer la distance focale principale d'une lentille biconcave, on recouvre sa surface postérieure d'une couche opaque, à l'exception de deux petits cercles en A et B; on l'expose vis-à-vis du soleil, et l'on présente derrière elle un écran, dont on fait varier la position jusqu'à ce que les petits cercles brillans A' et B', qui y sont projetés par les deux faisceaux lumineux sortant en A et B, soient distans l'un de l'autre du double de AB. La distance focale principale sera égale à la distance qui sépare alors l'écran de la lentille.

Fig. 262.

490. Lorsqu'un faisceau conique de rayons divergeant d'un point lumineux, tombe derrière un verre biconvexe, les deux réfractions qu'il subit le transforment en un autre faisceau conique moins divergent que le premier, ou même en un faisceau de rayons convergeant en un point placé devant la lentille; si le verre est biconcave, à la sortie le faisceau est toujours plus divergent qu'à l'incidence. C'est par cette double raison que l'on appelle *verres convergens* les lentilles biconvexes, et *verres divergens* les lentilles

Variétés des lentilles.

biconcaves. On se sert quelquefois de verres plans-sphériques, ou terminés d'un côté par une face plane, et de l'autre par une portion de surface sphérique ; ils produisent les effets des lentilles convergentes lorsque la face courbe est convexe, ceux des lentilles divergentes si cette face est concave ; enfin lorsqu'une lentille est concave d'un côté et convexe de l'autre, elle appartient aux verres convergens ou divergens, suivant que le rayon de courbure de la face convexe est moindre ou plus grand que celui de la face concave. La marche de la lumière, dans toutes ces espèces de lentille, se déduira facilement des formules établies ci-dessus, en donnant des signes et des valeurs convenables aux rayons r et r'. Généralement, si a est positif le verre est convergent ; il est divergent : si a est négatif.

Quand la distance focale d'une lentille est très grande ou très petite, on dit communément qu'elle a *un foyer très long ou très court* : cette dénomination résulte de ce qu'en réalité les rayons incidens, parallèles à l'axe d'une lentille, ne viennent pas se croiser rigoureusement en un même point après la réfraction, mais en une suite de points compris sur une petite portion de surface courbe, à laquelle on donne encore le nom de foyer, et qui est d'autant plus longue que sa distance à la lentille est plus considérable. Il est facile de conclure des formules précédentes que pour le même éloignement des objets, les images, vues par réfraction à travers une lentille, seront d'autant plus grandes ou plus petites que cette lentille aura un foyer plus long et plus court ; ces propriétés différentes partagent les lentilles en deux classes distinctes : suivant les effets qu'on se propose de produire, on préfère l'une à l'autre.

Caustiques par réfraction

491. La connaissance des lois de la réfraction permet

d'assigner le lieu géométrique des points où les rayons partis d'un même centre lumineux, situé dans un milieu, viennent se croiser après leur réfraction dans un autre milieu séparé du premier par une surface courbe donnée. Malus a le premier résolu ce problème d'une manière générale; l'analyse l'a conduit à des propriétés analogues à celles qui composent la théorie des caustiques par réflexion (§ 463). Il existe, sur la surface de séparation, deux systèmes de courbes et de *lignes de réfraction,* qui se coupent à angle droit, et pour lesquelles les rayons réfractés forment autant de surfaces développables. Les arêtes de rebroussement de ces surfaces développables, forment deux surfaces caustiques auxquelles tout rayon, venant du point lumineux, est nécessairement tangent après la réfraction.

Nous ne considérerons que le seul cas où la surface de séparation des deux milieux est plane; les lignes de réfraction sont alors, d'une part, les droites passant par le pied O de la perpendiculaire PO, abaissée du point lumineux P sur la surface; et de l'autre part, les cercles dont O est le centre. Les surfaces développables du premier système sont des plans passant par PO; celles du second, des cônes ayant leurs sommets sur la même droite PO, qui se trouve être ainsi la seconde surface caustique. Quant à la première, elle forme une surface de révolution autour de PO; sa coupe méridienne est une courbe caustique. Lorsque le point lumineux est dans le milieu le plus réfringent, cette courbe caustique méridienne est la développée d'une ellipse ayant un foyer en P, son centre en O, et son excentricité égale à l'indice de la réfraction. La caustique est alors tangente deux fois à l'intersection AB du plan méridien et de

Fig. 268.

Fig. 269.

la surface de séparation; le rayon incident P*n*, qui aboutit à l'un des points de contact, est celui pour lequel commence la réflexion totale. Lorsque le point radieux est dans le milieu le moins réfringent, la caustique dont il s'agit est la développée d'une hyperbole.

Supposons que le point P soit dans l'eau, et que le niveau de ce liquide soit AB, l'œil étant placé dans l'air en E. Si dans le plan POE on construit la caustique méridienne P'*mn,* et qu'on mène à cette courbe la tangente E*mq,* qui rencontre la caustique rectiligne PO en *q,* l'expérience prouve que l'œil rapporte en ce point *q* l'image de P. Si l'on répète la construction précédente pour les différens points C,D,F,G,H,..., d'une ligne CH plongée dans l'eau, la courbe passant par les images *q,s,t,u,v,....,* de tous ces points, donne la forme de la ligne proposée vue par réfraction.

TRENTE-DEUXIÈME LEÇON.

Phénomène de la dispersion. — Inégale réfrangibilité des couleurs.
— Spectre solaire. Homogénéité des couleurs. Raies fixes. Actions calorifiques et chimiques du spectre. — Recomposition de
la lumière blanche. Règle empirique de Newton pour les couleurs
composées. — Couleurs propres des corps. Dichroïsme. — Coefficiens de dispersion. Aberration de réfrangibilité. Achromatisme.
Lentilles achromatiques. — Aberration de sphéricité. Lentilles à
échelons. — Explication de l'arc-en-ciel.

492. La lumière n'est pas homogène, comme nous l'avons supposé jusqu'ici. Lorsqu'un faisceau de rayons solaires traverse un prisme, il se décompose à la sortie en une série de rayons plus ou moins réfractés, et de couleurs différentes. C'est ce phénomène, appelé *dispersion de la lumière,* que nous allons étudier. La couleur d'un corps est la sensation que produit sur l'œil les rayons lumineux réfléchis par ce corps. Si ces rayons traversent un prisme avant d'arriver à l'organe, leur déviation varie avec la couleur; c'est-à-dire que les rayons de couleurs différentes n'ont pas le même indice de réfraction. Les expériences suivantes peuvent servir à vérifier ce fait.

1°. Quand on regarde à travers un prisme, dont les arêtes sont horizontales, une bande étroite aussi horizontale, composée de plusieurs couleurs placées à la suite les unes des autres, on voit les parties différemment colorées à des hauteurs différentes. 2° On place devant une lentille biconvexe, au-delà du foyer principal, un carton dont les deux moitiés sont peintes, l'une en rouge, l'autre en bleu; après avoir recouvert sa surface totale d'un réseau de fils noirs également espacés, on cherche derrière la lentille le foyer, ou le lieu que doit occuper un écran pour que les images des fils s'y détachent le mieux possible. Or on trouve ce lieu à une moindre distance pour le bleu que pour le rouge. On doit conclure de ces deux expériences que les rayons diversement colorés ont des indices de réfraction différens, et que par exemple les rayons rouges sont moins réfrangibles que les rayons bleus.

Spectre solaire.

493. Si la lumière blanche est réellement composée de rayons de plusieurs couleurs, la différence de leur réfrangibilité doit les séparer lorsque cette lumière traverse un prisme. Telle est l'origine du *spectre solaire;* on donne ce nom à l'image oblongue et diversement colorée que projette sur un écran un faisceau de rayons solaires, introduit par une ouverture circulaire pratiquée dans le volet d'une chambre obscure, lorsque ce faisceau a traversé un prisme placé entre le volet et l'écran. Nous supposons ici que, comme dans toutes les expériences sur la lumière où l'on emploie les prismes dans une position fixe, on lui ait donné celle qui correspond au minimum de déviation.

Si le faisceau incident est horizontal, que l'arête du prisme, aussi horizontale, lui soit perpendiculaire et tournée vers le bas, le faisceau émergent se relève en se dispersant, et va former sur un écran vertical un spectre solaire, terminé latéralement par deux lignes verticales, vers ses deux extrémités par deux demi-cercles, et composé d'une infinité de couleurs et de nuances différentes, parmi lesquelles on distingue les sept couleurs principales suivantes, prises à partir de l'extrémité inférieure et en remontant : le rouge, l'orangé, le jaune, le vert, le bleu, l'indigo, et le violet. La lumière solaire est donc composée de rayons de toutes couleurs ; et l'on voit que, d'après la position du prisme, les couleurs se trouvent nommées ci-dessus suivant l'ordre croissant de leur réfrangibilité.

La différence de réfrangibilité des couleurs élémentaires de la lumière blanche incidente, la forme du soleil, celle de l'ouverture, et la position actuelle du prisme et de l'écran, suffisent pour expliquer la forme et la composition du spectre. En effet, dans ces circonstances, les rayons de chaque couleur doivent former sur l'écran une image circulaire, dont le centre se trouve d'autant plus haut que les rayons de cette couleur sont plus réfrangibles. Les centres des cercles formés par toutes les couleurs élémentaires doivent être situés sur une droite comprise dans le plan vertical mené par l'axe du faisceau incident. Tous ces cercles se recouvrant les uns les autres excepté les deux derniers, on conçoit qu'il puisse en résulter une fusion des couleurs, telle qu'on l'observe dans les spectres ordinaires, où les nuances se succèdent en quelque sorte d'une manière continue, sans lignes de démarcation nettes et tranchées.

494. D'après cette explication, si le nombre des couleurs homogènes qui composent la lumière blanche est limité, on doit pouvoir séparer les uns des autres les cercles projetés par leurs rayons, soit en rétrécissant l'ouverture du volet, soit en éloignant l'écran. Car les centres des cercles restent aux mêmes points sur le spectre solaire lors-

Homogénéité des couleurs du spectre solaire.

que, l'écran et le prisme conservant les mêmes positions, on diminue le diamètre de l'ouverture ou la largeur du faisceau incident; et quand, le prisme étant placé à une assez grande distance du volet, on recule l'écran, ces centres s'éloignent les uns des autres proportionnellement à la distance au prisme, tandis que les cercles conservent sensiblement la même grandeur. Or ces deux procédés employés simultanément, et de la manière la plus efficace, ne parviennent jamais à séparer les couleurs dans le spectre solaire. Ce résultat a fait conclure que la lumière blanche n'est pas composée de sept couleurs seulement, mais qu'il y a, pour chacune de ces sept couleurs; une infinité de rayons, de nuances et de réfrangibilités différentes.

Lorsque l'ouverture est très étroite et l'écran suffisamment éloigné, on peut reconnaître par les expériences suivantes que les couleurs qui se succèdent dans le spectre sont homogènes ou indécomposables. On se sert à cet effet d'un écran percé de plusieurs trous circulaires, que l'on peut ouvrir ou fermer à volonté, et qui correspondent aux différentes parties du spectre solaire projeté sur l'écran. 1°. Lorsqu'on laisse passer par une seule de ces ouvertures les rayons d'une même couleur, leur passage à travers un ou plusieurs prismes ne donne lieu à aucune nouvelle décomposition. Si l'on découvre les ouvertures qui correspondent à deux des sept couleurs principales, séparées sur le spectre par une seule couleur intermédiaire, et qu'on réunisse, au moyen d'un miroir plan incliné sur un des faisceaux transmis, les images qu'ils projettent sur un second écran placé derrière le premier, l'image unique vue à l'œil nu paraît de la couleur intermédiaire; mais si on la regarde à travers un prisme, les deux couleurs qui l'ont formée se séparent de nouveau.

495. Cependant, pour que ces expériences réussissent complétement, il ne suffit pas que l'ouverture soit très étroite et l'écran assez éloigné; il faut diminuer aussi le plus possible l'influence de deux autres causes, qui s'opposent encore à l'homogénéité des rayons tombant en un point déterminé du spectre. Ces causes sont le diamètre apparent du soleil, et l'imperfection du prisme. L'astre qui émet la lumière incidente soutendant un angle visuel de 3o′ environ, le spectre le plus simplifié est réellement la superposition d'une infinité de spectres, desquels chacun est formé par un faisceau cylindrique venant d'un des points du disque solaire. Ces spectres élémentaires se projettent à des hauteurs différentes sur l'écran, en sorte que chaque point du spectre résultant reçoit des rayons ayant des nuances et des réfrangibilités différentes, quoique très voisines.

Causes de l'imperfection du spectre.

Pour diminuer cette cause de confusion des couleurs, on peut enchâsser dans l'ouverture du volet une lentille cylindrique d'un très court foyer, de 4 centimètres par exemple. La lumière solaire réfléchie extérieurement par un miroir plan, de manière à tomber sur la lentille parallèlement à son axe horizontal, se concentre par la réfraction, et forme au foyer une bande verticale lumineuse dont la largeur soutend au centre optique un angle de 3o′ seulement. Cette bande qui a tout au plus un ½ de millimètre de largeur peut être considérée comme une droite lumineuse sans épaisseur sensible. Si l'on place derrière cette nouvelle source de lumière un diaphragme opaque percé d'une fente verticale très étroite, plus loin un prisme vertical qui reçoive le faisceau transmis par cette fente, on apercevra, sur un écran convenablement placé, un spectre rectangulaire horizontal, où les couleurs devront être séparées, c'est-à-dire sans superposition sensible.

Mais la composition même du prisme peut rendre inutiles toutes ces précautions. Le défaut d'homogénéité de la masse vitreuse, qui forme les prismes ordinaires, ne permet pas d'obtenir par leur emploi un spectre solaire sans superposition de couleurs. Les stries et les bulles que la lumière rencontre en les traversant lui font éprouver des déviations irrégulières, et des rayons de diverses nuances se croisant sans ordre dans le faisceau dispersé, le spectre solaire est très imparfait. Fraünhofer, célèbre opticien de Munich, est parvenu, à force de soins et de patience, à fabriquer des verres d'une pureté et d'une homogénéité admirables; un prisme formé d'une de ces substances donne un spectre dont les couleurs sont tout-à-fait indécomposables.

Raies fixes du spectre so-
laire. 496. Ce spectre parfait présente un phénomène curieux et inattendu, dont l'importance s'est déjà fait sentir par la précision qu'il a permis d'apporter dans la mesure des indices de réfraction, et qui aura sans doute une grande influence sur les progrès de l'optique. Wollaston paraît l'avoir aperçu le premier; mais Fraünhofer, par la description complète qu'il en a donné, et l'exactitude des mesures qu'il en a déduites, mérite toute la gloire de cette découverte; ce célèbre opticien ne connaissait pas d'ailleurs les idées assez vagues que Wollaston avait publiées sur ce sujet. Voici la description d'un appareil convenable pour constater le phénomène dont il s'agit.

La lumière blanche pénètre dans la chambre obscure par une fente verticale très étroite. Il n'est pas indispensable de prendre pour source lumineuse la bande brillante produite au foyer d'une lentille cylindrique d'un très court foyer; les rayons solaires réfléchis horizontalement vers la fente par un miroir plan extérieur suffisent; il est plus commode de se servir à cet effet d'un héliostat, afin de donner au faisceau introduit une direction fixe qui n'exige pas le déplacement des instrumens. Le prisme, formé d'une subtance parfaitement homogène, reçoit le faisceau toujours dans la position du minimum de déviation; et immédiatement en contact avec sa face postérieure on place un objectif achromatique; c'est-à-dire une lentille biconvexe d'un assez long foyer, composée de deux substances convenablement choisies, qui lui donnent la propriété de concentrer sensiblement au même foyer des rayons incidens parallèles de toutes les couleurs ($\S 510$). On éloigne le système du prisme et de l'objectif, jusqu'à ce que la distance qui le sépare de la fente soit environ le double de la distance focale de la lentille. Puis on promène sur l'axe de ce verre convergent un écran vertical, de couleur blanche, et dont la surface est bien unie, jusqu'à ce que le spectre réfracté qu'il reçoit y paraisse net et distinct. L'écran est alors au foyer conjugué de l'image dispersée de la fente, qu'un œil placé au lieu de l'objectif apercevrait à travers le prisme.

Dans ces circonstances, le spectre rectangulaire et horizontal, projeté sur l'écran, est sillonné par une grande quantité de raies ou de bandes verticales, noires et très étroites; elles sont très inégalement répandues dans l'intérieur même des couleurs, et plus ou moins obscures. Fraünhofer a désigné par les lettres B, C, D, E, F, G, H, sept groupes de ces raies, plus faciles à reconnaître que les autres , et qui sont distribuées sur les couleurs principales du spectre. B est à peu près à l'extrémité rouge ; ce groupe comprend deux raies voisines ; la plus éloignée de l'extré mité du spectre est plus noire que l'autre. C est vers la limite du rouge près de l'orangé ; c'est une seule bande plus noire que plusieurs autres qui l'avoisinent à des distances presque égales. D est dans l'orangé et près du jaune ; ce groupe se compose de deux bandes également noires et très rapprochées. E se trouve dans le jaune, mais plus près du vert ; c'est un groupe de sept à huit raies très serrées. F est presque au milieu du vert ; ce groupe se compose principalement de trois raies équidistantes et également noires. G se trouve dans le bleu près de l'indigo ; ce sont deux groupes de raies très serrées, séparés par une ligne brillante. Enfin H est dans le violet ; c'est une suite de raies très noires et très voisines, dont la distance va en diminuant du côté de l'extrémité violette du spectre.

L'appareil imaginé par Fraünhofer pour constater le nombre et étudier la position relative des raies fixes du spectre diffère du précédent. Le prisme est placé à 8 mètres environ de la fente du volet, et le faisceau dispersé immédiatement reçu sur l'objectif d'une lunette à deux verres convexes. L'effet de cette lunette, que nous étudierons plus loin avec détails, peut se résumer ainsi : le premier verre ou l'objectif forme toujours une image réelle du spectre en un foyer conjugué ; mais les rayons qui s'y croisent, au lieu de se réfléchir irrégulièrement sur un écran, tombent après leur croisement sur le second verre appelé oculaire ; cet oculaire produit ici l'effet d'une loupe ordinaire, en transformant, pour l'œil placé derrière, l'image réelle formée par l'objectif, en une image virtuelle ampliliée, et située à une distance convenable pour la vue.

Deux fils verticaux sont tendus dans la lunette, au lieu même de l'image réelle ; un mécanisme qu'une vis micrométrique fait mouvoir permet de rapprocher plus ou moins ces deux fils, et la distance qui les sépare peut être déduite facilement, et avec une grande exactitude, du nombre de tours imprimés à la vis dont le pas est connu. Par exemple, pour mesurer au moyen de ce micromètre l'écart de deux raies déterminées sur le spectre, on établit la coïncidence de chaque fil avec une de ces raies, en tournant un peu l'instrument sur son axe vertical, et en faisant mouvoir la vis ; le nombre de tours qu'il faut imprimer au micromètre, pour opérer ensuite la coïncidence des deux fils, donne alors en fonction du pas de vis l'intervalle qui sépare les deux raies proposées au foyer de l'objectif.

Tels sont les moyens d'exploration et de mesure dont s'est servi Fraünhofer ; il a constaté dans le spectre solaire l'existence de 600 raies environ, plus ou moins noires et plus ou moins rapprochées les unes des autres. En se servant de prismes de matières différentes, il a reconnu que les raies étaient en même nombre, se succédaient dans le même ordre et sur les mêmes couleurs, mais que leurs distances relatives changeaient d'une manière sensible, dans les spectres solaires formés par ces différens prismes. En analysant, à l'aide de son appareil, la lumière des planètes, il a retrouvé les mêmes raies qu'avec la lumière venant directement du soleil. La lumière des étoiles de première grandeur, et celle des corps éclairans artificiels, lui ont offert au contraire des raies noires distribuées d'une manière toute différente ; enfin, la lumière électrique lui a présenté des bandes brillantes au lieu de raies noires.

Indices
de réfraction
des raies
du spectre.

497. Les raies occupant une position fixe et déterminée dans les spectres solaires formés par des prismes de nature différente, les indices de réfraction qui leur correspondent peuvent être mesurés sans incertitude, et les nombres obtenus en répétant les mêmes opérations sur les mêmes substances sont constans et comparables. On obtient l'indice de réfraction d'une raie particulière du spectre par le procédé général que nous avons décrit : on fait tourner le prisme jusqu'à ce que la raie proposée vue dans la lunette reste stationnaire après s'être rapprochée de la fente du volet ; on tourne ensuite la lunette de manière à amener successivement sur son axe optique, la raie noire et le milieu de la fente vu directement ; on mesure sur un limbe horizontal l'angle décrit par l'instrument pour passer d'une coïncidence à l'autre ; cet angle conduit à l'angle minimum de déviation ; et l'angle dièdre du prisme étant connu, on en déduit l'indice cherché.

Chaque bande noire du spectre indiquant l'absence de toute couleur au lieu qu'elle occupe, il est difficile de comprendre au premier abord que l'on puisse trouver l'indice de réfraction d'une lumière qui n'existe pas. Mais cette difficulté disparaît quand on considère que l'indice de réfraction d'une raie, mesuré comme il vient d'être dit, est celui qui tiendrait le milieu entre les indices des deux nuances qu'elle sépare. Fraünhofer a déterminé les indices correspondans aux sept groupes de raies qu'il avait choisis, pour un grand nombre de substances diaphanes. Nous citons ici les résultats qu'il a obtenus pour l'eau et l'huile de térébenthine, et pour deux espèces de verre, l'une de crownglass ou verre ordinaire, l'autre de flintglass ou verre à cristal.

SUBSTANCES.	B	C	D	E	F	G	H
Eau	1.3309	1,3317	1,3335	1,3359	1,3378	1,3413	1,3442
Huile de téréb..	1,4705	1,4715	1,4744	1,4784	1,4817	1,4882	1,4938
Crownglas.....	1,5258	1,5268	1,5296	1,5330	1,5361	1,5417	1,5466
Flintglas.......	1.6277	1,6297	,6350	1,6420	1,6483	1,6603	1,6711

Les nombres relatifs aux deux dernières substances peuvent varier entre des limites très étendues; les grandes différences de composition que l'analyse chimique signale dans chacune de ces deux sortes de verres, suivant les lieux et les procédés de fabrication, explique assez la diversité de leur action sur la lumière. Fraünhofer a poussé la rigueur de ses mesures jusqu'à la 6ᵉ décimale, nous n'avons conservé que la 4ᵉ; notre but était uniquement de citer quelques exemples, qui pussent servir à faire mieux comprendre les conséquences que nous déduirons par la suite du phénomène de la dispersion.

498. Des thermomètres très sensibles, exposés au milieu des faisceaux de rayons de diverses couleurs dispersés par un prisme ordinaire, indiquent des températures inégales. L'action calorifique va en augmentant du violet au rouge sur le spectre solaire; cette action s'étend même au-delà; son maximum a lieu ordinairement vers les rayons rouges. Leslie a constaté le premier que ce maximum était variable de position, suivant la substance du prisme. M. Melloni, dans ses recherches sur la chaleur rayonnante, a étudié les causes de cette variation; voici les résultats obtenus par ce physicien, et les conséquences qu'il en a déduites.

En faisant tomber sur le diaphragme de son appareil (§ 229), les différentes parties d'un faisceau de lumière solaire dispersé par un prisme, et comparant l'effet que chacune de ces parties produisait sur la pile thermo-électrique, lorsque l'ouverture du diaphragme était libre, à celui qui subsistait encore quand elle était masquée par une auge pleine d'eau, M. Melloni a trouvé que les rayons calorifiques du spectre solaire se comportent comme ceux envoyés par des sources de chaleur terrestre d'intensités différentes : les plus réfrangibles étant comparables à ceux provenant de la flamme d'une lampe, et les moins réfrangibles à ceux émis par une source de basse température. En effet, les rayons de chaleur disséminés dans la lumière bleue et la lumière violette, passent en grande abondance à travers le milieu diathermane liquide; ceux de l'espace obscur, placé plus loin que la lumière rouge, sont presque totalement arrêtés.

On peut expliquer d'après cela la variation de position du maximum de chaleur dans le spectre solaire suivant la nature du prisme qui l'a formé. Plus la substance sera diathermane, ou quand il ne s'agit que de corps non cristallisés, plus son pouvoir réfringent sera grand, et moins ce prisme fera éprouver proportionnellement de perte aux rayons de chaleur les moins réfrangibles, conséquemment plus éloignée sera la limite des rayons calorifiques qu'il éteindra tout-à-fait. Il suit de là que le maximum de chaleur du spectre, doit marcher du violet au rouge et même au-delà, lorsqu'on emploie pour le former des substances non cristallisées de plus en plus réfringentes, ou en général des substances de plus en plus diathermanes.

En effet, ce maximum est sur le jaune pour un prisme d'eau, sur l'orangé pour un prisme d'acide sulfurique,

sur le rouge pour le crownglass, enfin dans l'espace obscur un peu au-delà du rouge pour le flintglass. Il était
important de vérifier si pour le sel gemme, plus diathermane de beaucoup que le flintglass, le maximum de chaleur du spectre marchait encore dans le même sens : en
effet, M. Melloni a trouvé que, dans le spectre produit avec
un prisme de sel gemme, la ligne de plus grande chaleur
se trouve de beaucoup au-delà du rouge, et à une distance
égale à celle opposée qui sépare la dernière bande lumineuse du vert-bleu du spectre.

499. La lumière solaire exerce une action puissante dans les phénomènes chimiques; souvent c'est par les rayons calorifiques qu'elle contient, mais en d'autres circonstances ce sont les rayons lumineux eux-mêmes qui agissent, comme lors de la formation de la matière verte des végé-taux. Cette propriété ne réside pas au même degré dans les rayons de toutes les couleurs; elle a beaucoup d'intensité dans les rayons violets et ceux qui l'avoisinent; elle pa-raît nulle pour les rayons rouges, orangés et jaunes. Un des corps les plus sensibles à cette action est le chlorure d'argent : si on l'étend en couche blanche sur une feuille de papier, et qu'on projette dessus le spectre solaire, il s'y forme un tache grisâtre, qui s'étend de-puis le vert jusqu'au violet, et même au-delà de cette limite. Le chlore et l'hydrogène se combinent chimique-ment lorsqu'on expose leur mélange aux rayons violets; les rayons rouges sont encore sans action dans cette circons-tance.

500. La lumière blanche résulte de la superposition de toutes les couleurs du spectre. Ce fait, inverse de celui de

la décomposition du rayon solaire, peut être vérifié par les expériences suivantes : 1° Si l'on fait tourner avec rapidité un carton partagé en un grand nombre de secteurs, peints successivement des sept couleurs principales, et ayant des étendues proportionnelles à celles que ces couleurs semblent occuper dans le spectre, le carton en mouvement paraîtra d'une couleur uniforme et blanche. Cela tient à ce que l'impression que chaque couleur produit sur l'œil n'est pas instantanée, mais dure un certain temps ; lorsque la rapidité du mouvement de rotation du carton est telle que les secteurs successifs d'une même couleur arrivent à la même place dans le temps que dure cette impression, c'est comme si toutes les couleurs occupaient à la fois toute la surface du carton ; or puisque l'impression totale est celle de la lumière blanche, il faut en conclure que toutes les couleurs du spectre superposées produisent du blanc. 2°. Si l'on fait mouvoir avec rapidité, entre l'œil et le spectre projeté sur un écran, un carton évidé par des fentes également espacées, le spectre paraîtra blanc ; cette expérience s'explique comme la précédente, et conduit à la même conclusion.

3°. Si l'on reçoit sur une lentille convergente, ou sur un miroir sphérique concave, le faisceau dispersé par le prisme, on obtient une image blanche au centre sur un écran placé au foyer. Lorsque l'écran est plus près ou plus loin que le foyer, l'image est colorée ; mais l'ordre de succession des couleurs est différent dans les deux cas. Enfin, si l'écran étant au foyer on intercepte quelques-unes des couleurs du faisceau dispersé, l'image prend une couleur uniforme, mais variable suivant la nature et la quantité des rayons interceptés.

501. Newton a indiqué une règle empirique pour déterminer la couleur composée produite par la superposition de plusieurs couleurs prismatiques. On ignore comment il a été conduit à cette règle, mais toutes les vérifications qu'on en a faites ont réussi; voici en quoi elle consiste. On partage la circonférence d'un cercle en sept parties correspondantes aux sept couleurs principales du spectre solaire; ces arcs, de grandeurs différentes, sont de $60° 45' 34''$ pour le rouge, le vert et le violet; de $34° 10' 38''$ pour l'orangé et l'indigo; enfin de $54° 41' 1''$ pour le jaune et le bleu.

Après avoir assigné les positions des centres de gravité r, o, j, u, b, i, v, de ces différens arcs, on imagine en chacun de ces points un poids proportionnel à l'intensité de la couleur correspondante, qui doit entrer comme élément dans la teinte que l'on veut déterminer; on cherche le centre de gravité K de tous ces poids; le rayon CK est ensuite prolongé jusqu'à la circonférence en G; celui des sept arcs que cette ligne coupe indique la couleur de la teinte. Suivant que le point G se trouve au milieu, ou plus près d'une des extrémités de l'arc que de l'autre, la teinte est simplement de l'arc, ou prend la nuance d'une des couleurs voisines; l'intensité ou la force de la teinte est proportionnelle à CK.

502. Les couleurs et les apparences que les objets présentent lorsqu'ils sont vus à travers un prisme, s'expliquent facilement par la différence de réfrangibilité des couleurs et par la composition de la lumière blanche. Un carton blanc rectangulaire semble bordé de franges diversement colorées, que l'on explique par la superposition de sept images du carton, teintes des sept couleurs principales, et réfractées à des hauteurs différentes. Une bande blanche

sur un carton noir, ou une bande noire sur un carton blanc, doivent présenter des franges où les couleurs se succèdent dans un ordre inverse.

Couleurs propres des corps.

503. La couleur de la lumière réfléchie ou transmise par les corps pondérables s'explique en partant de faits et de principes analogues à ceux qui servent de base à la théorie physique de la chaleur rayonnante. Un faisceau lumineux venant du soleil, et produisant la sensation du blanc, doit être considéré comme composé d'une infinité de rayons, d'espèces ou de couleurs différentes ; le nombre ou l'intensité des rayons élémentaires varie d'une espèce à l'autre ; c'est au moins ce que l'on doit conclure de ce fait, que l'intensité de la lumière varie très sensiblement dans toute l'étendue du spectre solaire. Des expériences dues à Fraünhofer ont permis de représenter cette intensité variable par l'ordonnée d'une courbe, ayant pour axe des abscisses la ligne milieu du spectre ; cette courbe part de l'axe à l'extrémité la moins réfrangible, s'élève pour atteindre un maximum entre les raies D et E, ou sur le vert, et s'abaisse ensuite pour aboutir de nouveau sur l'axe à l'extrémité violette.

Tout corps, quelque opaque qu'il soit, transmet la lumière au moins sur une très petite épaisseur ; c'est ainsi que l'or réduit en feuilles minces paraît translucide. En partant de ce fait, on est conduit au principe suivant : Toute particule pondérable a la faculté d'absorber ou d'éteindre une fraction déterminée des rayons lumineux qui atteignent son système ou qui passent dans son voisinage ; le reste est réfléchi ou transmis ; cette fraction varie avec l'espèce ou la couleur des rayons lumineux affluens, et avec la nature de la particule.

Ce principe explique tous les faits relatifs à la couleur

des corps et à leur transparence. On peut admettre que la fraction, qui représente le pouvoir absorbant d'une particule pour les rayons affluens d'une même couleur, est constante quel que soit le nombre de ses rayons, en sorte qu'une lumière homogène, venant à traverser une couche diaphane composée de particules de même nature et équidistantes, doit diminuer d'intensité en progression géométrique, lorsque l'épaisseur traversée augmente en progression arithmétique ; cette hypothèse n'est pas indispensable, le décroissement pourrait être réellement moins rapide que celui supposé, et les phénomènes s'expliqueraient encore de la même manière. Soient : e l'épaisseur de la couche ; i le nombre des rayons d'une certaine couleur dans la lumière incidente ; enfin a la portion des rayons de cette couleur que posséderait encore un faisceau transmis, après avoir traversé le corps sur une épaisseur égale à l'unité. La série $S.i\,a^e$ pourra représenter la quantité de lumière émergeant de la couche proposée ; le nombre i et la fraction a variant d'un terme à un autre dans la série, ou pour chaque couleur.

La lumière blanche qui tombe à la surface d'un corps opaque n'est pas totalement réfléchie à cette surface même, puisqu'il n'y a aucune substance totalement opaque sur une très petite épaisseur ; une portion de la lumière incidente pénètre donc la couche superficielle, où elle subit des réflexions qui la ramènent de nouveau hors du milieu. Mais elle éprouve dans ce double trajet des pertes inégales pour les différentes couleurs, et c'est de l'ensemble de ces pertes que résulte la couleur composée des faisceaux réfléchis, ou la couleur propre du corps. Si le corps est diaphane, et d'épaisseur e, la lumière transmise, dont la quantité est représentée par la série $S.ia^e$, sera d'autant plus colorée, ou sa nuance s'éloignera d'autant plus du blanc, que les valeurs de a différeront davantage ; de plus, la couleur composée transmise sera d'autant plus foncée que l'épaisseur e sera plus considérable. C'est ainsi qu'on explique les effets produits par les verres colorés, la couleur bleue du ciel, les teintes variées des grandes masses d'eau.

Il est à remarquer que la série $S.ia^e$ s'approche d'autant plus d'être égale à $S.i$, qui représente la lumière incidente, que l'épaisseur e est plus petite. Cette conséquence est vérifiée par une multitude de faits : les milieux diaphanes réduits en lames très minces transmettent de la lumière blanche ; tous les verres colorés, étant brisés et triturés, donnent une poudre d'autant plus blanche qu'elle est plus fine. Lorsque la lumière incidente se compose d'une seule couleur homogène, la série $S.ia^e$ doit se réduire au seul terme qui lui correspond, quelle que soit d'ailleurs la couleur propre du corps quand il est exposé à la lumière blanche. L'expérience confirme cette conséquence : divers corps ne recevant que les rayons d'une couleur déterminée du spectre, paraissent tous de cette couleur ; il n'y a d'autre différence que dans la vivacité de la teinte.

Les spectres produits par les lumières artificielles diffèrent essentiellement du spectre solaire ; les couleurs sont moins nombreuses, et leurs intensités suivent une autre loi qui varie même avec la nature du corps éclairant. D'où il suit que les séries $S.i$, $S.ia^e$ doivent donner des couleurs composées différentes, suivant la source de la lumière incidente. On explique aisément, d'après cela, les couleurs souvent très dissemblables que présente un même corps pendant le jour, et le soir lorsqu'il est éclairé par une chandelle, une bougie, une lampe ou un bec de gaz.

504. Il résulte de la théorie précédente que la couleur d'un corps diaphane, vu par réflexion ou par transmission, doit être la même; c'est ce qui a effectivement lieu le plus souvent; cependant cette règle générale ne manque pas d'exceptions, mais la même théorie rend parfaitement compte de ces anomalies, ainsi que des faits analogues au suivant. Si l'on remplit un vase transparent, ayant une forme conique très évasée, d'une solution de vert de vessie, ou mieux de muriate de chrôme, le liquide vu par réfraction paraît vert près du sommet, et d'un beau rouge beaucoup plus haut. Ce phénomène résulte de ce que la suite des valeurs de a, correspondante au liquide dont il s'agit, présente deux maxima, l'un a' correspondant au rouge extrême; l'autre a'', plus petit que le premier, pour le vert. En effet, les deux termes $i'a'^e$, $i''a''^e$, étant alors de beaucoup les plus influens dans la série $S.ia^e$, la couleur composée transmise devra tirer sur le rouge si c'est le premier terme qui domine, sur le vert si c'est le second. Or i' est beaucoup plus petit que i'' (§ 503), et a' plus grand que a'', il s'ensuit donc que pour e très petit on aura $i''a''^e >$ $i'a'^e$, tandis qu'au-delà d'une certaine valeur de e, on aura toujours $i''a''^e < i'a'^e$; ce qui explique le fait énoncé.

On connaît un grand nombre de corps qui paraissent ainsi de deux ou de plusieurs couleurs différentes, suivant le trajet plus ou moins long que la lumière blanche a dû faire dans leur intérieur, pour être réfléchie ou transmise. Si l'on étudie leur influence sur le faisceau dispersé par un prisme incolore, on remarque toujours que le spectre, formé après que cette influence a eu lieu, renferme deux ou plusieurs parties dont les couleurs sont très vives, tandis que les intervalles qui les séparent sont pâles ou même tout-à-fait noirs. On constate ainsi plusieurs maxima séparés, dans la suite des valeurs de a pour chacune de ces substances; et par des considérations analogues aux précédentes, on se rend facilement compte des variations de leur couleur.

Coefficiens de dispersion.

505. La différence entre les indices de réfraction des deux couleurs extrêmes du spectre solaire, est appelée *coefficient de dispersion*. Cette différence que nous désignerons par dl est assez petite pour qu'on puisse, dans la plupart des circonstances, négliger son quarré devant sa première puissance. Le coefficient de la dispersion est variable d'une substance à une autre. Par exemple, si l'on prend pour ce coefficient la différence des indices correspondans aux deux raies fixes B et H du spectre, d'après le tableau du § 497, il sera de 0,0133 pour l'eau, de 0,0233 pour l'huile de térébenthine, de 0,0208 pour le crownglass; enfin de 0,0434 pour le flintglass.

Newton, se fondant sur une conclusion inexacte, déduite de la généralisation d'un fait qui n'était que particulier, fut conduit à considérer la dispersion comme un phénomène plus simple qu'il ne l'est en effet, et à regarder comme constans les rapports de réfrangibilité des rayons colorés, dans leur passage à travers toutes les substances transparentes, ou, en d'autres termes, à supposer la dispersion proportionnelle à la réfraction. Une conséquence nécessaire de la proportionnalité supposée était que, si la lumière traversait deux milieux diaphanes successifs pour rentrer dans l'air, l'effet de la dispersion ne pouvait disparaître qu'avec celui de la réfraction, ou qu'il fallait

que les rayons émergens fussent parallèles aux rayons incidens, pour former comme eux de la lumière blanche.
Mais la loi de la dispersion regardée comme proportionnelle à la réfraction est loin d'être vraie, quoiqu'en général
ce soient les substances les plus réfringentes qui dispersent
le plus. Par exemple, les indices de réfraction correspondans à la même raie fixe B étant 1,3309 pour l'eau, et
1,6277 pour le flintglass, les coefficiens de dispersion
0,0133 et 0,0434, de ces mêmes substances sont dans un
tout autre rapport.

Dollond, célèbre opticien anglais, montra la fausseté de
l'idée de Newton par l'expérience suivante : il fit traverser
par un rayon solaire le système de deux prismes accolés,
ayant leurs angles tournés en sens inverses; le premier était
creux, rempli de liquide et à angle variable; le second
plein et solide. En faisant varier l'angle du premier prisme
il obtint un rayon émergent de lumière blanche, avant que
la déviation fût nulle. La figure 271 fera concevoir la
possibilité de ce résultat : P est le prisme liquide; P' le
prisme solide; les rayons incidens parallèles LI divergent
de I après la première réfraction, suivant Ir pour les
rayons rouges, suivant Iv pour les rayons violets. A la
sortie du premier prisme la divergence augmente; les
rayons violets arrivent en v', les rayons rouges en r', à la
première surface du prisme solide. Là une troisième réfraction a lieu; mais le pouvoir dispersif de la seconde
substance peut être tel que les rayons violets, tout en se
rapprochant plus de la normale en v', que les rayons rouges
de la normale en r', viennent cependant rencontrer la face
de sortie du second prisme au même point r'' que ces derniers rayons, ou en un point r'' très voisin de r'. Enfin

la quatrième réfraction, qui s'opérera en cet endroit, tendant évidemment à rendre les rayons violets et rouges parallèles, le faisceau émergent pourra être blanc.

Aberration
de réfrangi-
bilité.

506. Lorsque des rayons solaires, d'abord parallèles, aboutissent au foyer d'une lentille biconvexe après l'avoir traversée, les diverses couleurs, à cause de leur différence de réfrangibilité, convergent réellement vers des points différens de l'axe, en sorte que l'image du soleil au foyer principal, blanche vers le centre est bordée d'anneaux de différentes couleurs. C'est à cette diffusion des couleurs, dans les images formées par les lentilles, qu'on a donné le nom d'*aberration de réfrangibilité*; l'achromatisme a pour but de la faire disparaître.

Achroma-
tisme.

507. La découverte de Dollond a rendu l'achromatisme possible. Cet habile opticien est en effet parvenu à achromatiser une lentille biconvexe d'une substance diaphane de crownglass, en lui superposant une lentille biconcave d'une autre substance, de flintglass, ayant à peu près le même pouvoir réfringent, mais un pouvoir dispersif plus grand, et qui sans détruire entièrement la convergence des rayons émergens pour des rayons incidens parallèles, ramenait au même point de l'axe les foyers des rayons extérieurs du spectre. On concevra la possibilité de ce résultat, en suivant la marche des rayons rouges dans les deux lentilles, comme nous l'avons fait plus haut pour deux prismes; on peut aussi obtenir une lentille composée achromatique, en réunissant deux lentilles biconvexes de crownglass, par une lentille biconcave de flintglass.

Fig. 272.

A la rigueur l'achromatisme n'est jamais parfait, c'est-à-dire que le procédé de Dollond, dont on se contente dans la pratique, rend presque insensible, mais n'annulle pas tout-à-fait l'aberration de réfrangibilité; car lors même qu'on parvient à faire coïncider les rayons émergens rouges et violets, ceux des autres couleurs peuvent bien en être encore séparés, puisque les différences de réfrangibilité ne restent pas les mêmes dans les milieux de diverse nature. Toutefois, en employant trois lentilles au lieu de deux, on peut faire coïncider le foyer d'une troisième couleur avec le foyer commun des rayons rouges et violets. M. Amici a construit des lentilles composées de sept verres différens, qui ramènent au même point les foyers des sept couleurs principales du spectre.

C'est par le tâtonnement que les opticiens déterminent les angles des prismes, ou les courbures des lentilles de différentes substances, qu'il faut accoler pour produire l'achromatisme. Ils ont trouvé que dans le système des deux prismes cités plus haut, l'achromatisme avait lieu lorsque les angles réfringens étaient en raison inverse de leurs coefficiens de dispersion, si toutefois ces angles ne comprenaient qu'un petit nombre de degrés. Ce résultat est confirmé par la théorie : soient, pour un prisme d'angle α très petit : y et y' les angles d'incidence et d'émergence, x et x' les angles de réfraction à l'entrée, et d'incidence à la sortie, d'un rayon lumineux; p l'angle de déviation; l l'indice de réfraction. Si comme on le suppose toujours, l'angle y est très petit, les angles x, x', y' le seront aussi, puisque α l'est pareillement, et l'on aura : $p = y + y' - \alpha$, $x + x' = \alpha$, $y = lx$, $y' = lx'$, et enfin $p = \alpha\,(l - 1)$. Pour un second prisme on aurait pareillement $p' = \alpha'\,(l' - 1)$. Si les deux prismes sont accolés inversement, on aura……… $\Delta = \alpha\,(l - 1) - \alpha'\,(l' - 1)$, pour la déviation totale. Cette déviation serait nulle si l'on avait $\alpha : \alpha' = (l' - 1) : (l - 1)$.

Si c'est la dispersion qui doit disparaître, il faut que Δ ne change pas, lorsqu'on y substituera à la place de l et l', indices que nous supposerons appartenir aux rayons rouges, les indices $(l + dl)$ et $(l' + dl')$ appartenant aux rayons violets; cette condition donne $\alpha\, dl = \alpha'\, dl'$. Ainsi les deux prismes seront achromatisés si leurs angles sont en raison inverse de leurs coefficiens de dispersion.

Spectres secondaires. 508. La formule $\alpha dl = \alpha' dl'$ fait voir clairement qu'il ne suffit pas que les rayons rouges et violets se confondent, après avoir traversé les deux prismes accolés, pour que toute dispersion soit nulle dans le faisceau émergent; car il faudrait pour cela que le rapport $\dfrac{dl}{dl'}$ restât constant en prenant pour dl et dl', non plus les différences des indices des deux couleurs extrêmes, mais celles des indices de deux couleurs intermédiaires quelconques; or, les nombres cités au § 497, prouvent que cette constance de valeur n'existe pas. Supposons, par exemple, que les deux prismes accolés soient l'un de crownglass, l'autre de flintglass, et que leurs angles α et α' soient déterminés par la condition que les raies fixes B et H se confondent dans le faisceau émergent. Si $\alpha = 5°$, on aura $\alpha' = \dfrac{208}{434} 5° = 2° \, 24'$, et la formule $\Delta = \alpha\,(l - 1) - \alpha'(l' - 1)$ donne pour la déviation commune des deux raies B et H, à travers le système des deux prismes, $\Delta = 1° \, 7' \, 29''$. Mais si l'on substitue successivement dans la même formule à l et l', les indices correspondans aux cinq autres raies principales du spectre, on trouve pour les valeurs de Δ, $1° \, 7'$ augmenté d'un nombre de secondes qui varie d'une raie à l'autre : au lieu de $29''$ que donnent B et H. C donne $30''$, D $35''$, E $36''$, F $37''$ et G $41''$.

On voit donc qu'en réalité les couleurs intermédiaires ne se confondront pas avec le rouge et le violet, dans le faisceau sortant du double prisme. Ce faisceau sera dispersé et donnera lieu à un genre de spectre auquel on donne le nom de *spectre secondaire*, et dont la couleur la plus déviée sera celle qui avoisine la raie F, ou le vert. Cette dispersion sera d'ailleurs peu sensible, car elle ne doit soutendre qu'un angle de 8 à 10″, tandis que la dispersion du premier ordre, qui aurait lieu avec un seul des deux prismes, serait de 0,0208. 5° ou de 6′ 14″, c'est-à-dire au moins quarante fois plus considérable.

En accolant deux prismes d'autre nature que le crown-glass et le flintglass, et déterminant les rapports de leurs angles, par la condition que les raies principales B et H se confondent à la sortie, on trouve pareillement que les raies et par suite les couleurs intermédiaires doivent en être séparées; en sorte que le double prisme donne encore un spectre secondaire, mais dans lequel la couleur verte n'est pas toujours la plus déviée. Cette dispersion du second ordre, quoique en général plus grande que celle de l'exemple choisi plus haut, est toujours négligeable devant la dispersion du premier ordre. Ces résultats numériques démontrent le grand avantage du genre d'achromatisme adopté par les opticiens, et l'on conçoit qu'il puisse suffire dans la pratique, quoique étant imparfait.

509. On peut déterminer l'angle qu'il convient de donner à un prisme, pour achromatiser un prisme donné d'une autre substance, au moyen du diasporamètre de Rochon; voici en quoi consiste cet instrument. Le prisme donné d'angle α' est placé devant une lunette, dans laquelle sont disposés deux prismes d'une même substance et du même

angle de 5°. De ces deux prismes, ayant une face commune AB, l'un est fixe, l'autre peut tourner sur la face du contact, en sorte que l'angle des faces opposées M et N de ces prismes peut varier de 0° à 10°. Un limbe qui fait partie de l'instrument indique l'angle de rotation θ pour lequel l'achromatisme a lieu; le zéro du limbe correspond au parallélisme des deux faces M et N. Enfin on peut déduire de θ, l'angle α des deux faces M et N capable d'achromatiser le prisme donné d'angle α', au moyen d'une formule trigonométrique très simple, dont voici la démonstration.

Soient O un point de la face AB; OZ′ une perpendiculaire à la face mobile N, lorsqu'elle est parallèle à la face fixe M; OZ″ la position de cette même perpendiculaire, lorsque les plans M et N font entre eux l'angle α. Les angles ZOZ′, ZOZ″ seront égaux à l'angle de l'un des deux prismes, ordinairement de 5°, et que nous désignerons par i; l'angle des deux plans ZOZ′, ZOZ″ sera évidemment l'angle θ de rotation; enfin l'angle Z′OZ″ sera égal à l'angle α des deux faces M et N. Or dans le triangle sphérique abc, on aura

$$\cos \alpha = \cos^2 i + \sin^2 i \cos \theta \quad \text{ou} \quad 1 - \cos \alpha = \sin^2 i\,(1 - \cos \theta)$$

ou enfin $\sin \dfrac{\alpha}{2} = \sin i \sin \dfrac{\theta}{2}$.

510. Le calcul indique la relation qui doit exister entre les rayons de courbure des deux lentilles accolées, citées plus haut, pour qu'elles puissent s'achromatiser mutuellement. Soient r et r' les rayons de la lentille biconvexe, r' et r'' ceux de la lentille biconcave, les distances focales principales a et a' de ces lentilles simples étant données par les équations $\dfrac{1}{a} = \dfrac{l-1}{r} + \dfrac{l-1}{r'}$ et..........

$$\frac{1}{a} = -\frac{l-1}{r'} - \frac{l'-1}{r''},$$ la distance focale principale (A) de

la lentille double sera donnée par la formule..........

$$(1)\quad \frac{1}{A} = \frac{l-1}{r} + \frac{l-1}{r'} - \frac{l'-1}{r'} - \frac{l'-1}{r''}.$$

Pour que la diffusion des couleurs soit nulle à ce foyer, il faut que A conserve la même valeur lorsqu'on substituera dans le second membre de l'équation précédente, à la place de l et l', indices que nous supposerons appartenir aux rayons rouges, les indices $(l+dl)$, $(l'+dl')$, appartenant aux rayons violets, ce qui exige que l'on ait

$$(2)\quad dl : dl' = \left(\frac{1}{r'} + \frac{1}{r''}\right) : \left(\frac{1}{r} + \frac{1}{r'}\right).$$

Lorsque les substances des deux lentilles sont données et que conséquemment leurs indices de réfraction et leurs coefficiens de dispersion sont connus; lorsque aussi la distance focale A de la lentille double achromatique doit avoir une grandeur estimée, on a deux équations (1) et (2) entre les trois rayons inconnus r, r', r'', ce qui rend le problème indéterminé. Mais il y a, outre l'aberration de réfrangibilité, un autre genre d'aberration qu'il faut corriger dans les lentilles, et qui introduit en quelque sorte une nouvelle condition, laquelle limite le nombre des solutions.

511. Cette aberration est celle de sphéricité. Elle con- siste en ce que les rayons lumineux, qui émergent d'une lentille dans le voisinage de ses bords, ne concourent réellement pas au même point que ceux qui émergent tout près de l'axe. On diminue beaucoup cette cause de confusion dans les images par réfraction, en plaçant devant la lentille un diaphragme pour arrêter les rayons venant de ces bords. Ce moyen de correction exige l'emploi de très grandes lentilles, si l'on veut en même temps ne pas affaiblir la lumière réunie au foyer.

Aberration de sphéricité.

La difficulté de construire des lentilles de verre bien ho-

mogènes, de 3 à 4 pieds d'ouverture, avait fait imaginer
de construire des lentilles creuses, formées de deux plaques de verre courbes, et qu'on remplissait d'un liquide.
Mais il était difficile de mastiquer assez parfaitement les
joints des deux plaques de verre, pour qu'ils ne laissassent
pas échapper le liquide, ce qui exigeait un entretien constant. En outre, l'inégale distribution de la chaleur, impossible à éviter dans une grande masse fluide, produisait des
courans partiels, et par suite des stries qui altéraient les
images.

Buffon a imaginé, le premier, de diminuer l'épaisseur des
verres convergens, qui affaiblit la lumière émergente, en
construisant des *lentilles à échelons*. Pour façonner une
lentille de cette espèce, il faut couper chaque face, LAL'.
par des surfaces cylindriques de rayons OK, OK', et enlever des portions cylindriques de verre, telle que *mnnm.
pqqp,...* en laissant aux nouvelles surfaces *nn*, *qq*,... le
même rayon que celui de la surface LAL'. Mais cette nouvelle forme de verre convergent est d'une construction difficile, et exige encore de grandes masses de verre sans
stries ni globules intérieurs. Fresnel, guidé par cette première idée, a eu celle de composer une lentille à échelons
de plusieurs morceaux, courbes d'un côté et plans de l'autre; les anneaux ou échelons sont construits chacun séparément de plusieurs segmens, réunis suivant des surfaces
planes méridiennes; toutes ces différentes parties sont
collées les unes aux autres, et enchâssées dans un cadre qui
les maintient dans les positions qu'elles doivent occuper.

Fresnel a déduit de ce mode de construction un moyen
très efficace de corriger l'aberration de sphéricité. Il consiste
dans une modification particulière que l'on fait subir aux

Fig. 275.

courbures des anneaux : leurs surfaces non-seulement ne sont pas prises sur la même sphère, mais encore n'ont pas une forme sphérique ; ce sont autant de surfaces de révolution autour de l'axe de la lentille, et dont la courbure dans le sens du plan méridien diffère de celle perpendiculaire à ce plan, de telle manière que le foyer principal soit un point unique. Les lentilles construites sur ce principe donnent des effets lumineux et calorifiques considérables. Fresnel les a utilisées dans le nouvel appareil d'éclairage par réfraction, que l'on substitue maintenant en France aux phares par réflexion.

512. La composition de la lumière blanche, et les différences de réfrangibilité des diverses couleurs, ont conduit Newton à une explication complète du phénomène de l'arc-en-ciel. Il convient de développer ici cette application curieuse du fait de la dispersion, et des mesures qu'a exigées son étude. Le phénomène de l'arc-en-ciel se produit toutes les fois qu'un nuage se résout en pluie, dans un lieu du ciel opposé à celui qu'occupe le soleil par rapport à l'observateur, quand cet astre est peu élevé au-dessus de l'horizon, et qu'il n'est pas caché par d'autres nuages. On aperçoit presque toujours deux arcs différens, qui offrent les couleurs du spectre solaire, mais dans un ordre inverse ; dans l'arc intérieur, qui est beaucoup plus vif en couleurs, le rouge est en haut et le violet en bas ; l'inverse a lieu pour l'arc supérieur.

La décomposition de la lumière, qui s'opère dans ces circonstances, indique que le phénomène est dû au passage de la lumière dans un milieu réfringent autre que l'air, et terminé par des surfaces non-parallèles. La présence du soleil dans une partie sereine du ciel, tandis qu'un nuage se résout en pluie, conduit à regarder les gouttes de pluie comme le milieu réfringent que traverse la lumière solaire. Enfin l'opposition du nuage au soleil fait conclure que la lumière, réfractée dans chaque goutte de pluie, doit éprouver au moins une réflexion intérieure avant d'émerger vers l'œil de l'observateur. Nous allons suivre toutes les conséquences de cette explication.

Les gouttes d'eau qui se forment dans le nuage doivent être sphériques, puisque, obéissant dans toutes leurs parties à l'action de la pesanteur, l'attraction moléculaire doit seule déterminer leur forme. Le mouvement vertical des gouttes de pluie n'a pas besoin d'être considéré ici, car à cause de l'épaisseur du nuage et du grand nombre de gouttes qui s'y forment, on peut supposer qu'à tout instant, et pour un rayon visuel quelconque dirigé vers le nuage ou vers l'ondée qu'il projette au-dessous de lui, il y a plusieurs gouttes d'eau.

Puisque le phénomène de l'arc-en-ciel n'apparaît à l'observateur que dans certaines directions, il faut en conclure que la lumière réfractée dans une des gouttes de pluie, et réfléchie intérieurement avant son émergence, ne donne la sensation nette de la décomposition qu'elle opère, que lorsque cette goutte est dans une certaine position, par rapport à l'œil; ou, ce qui revient au même, que tous les rayons lumineux qui émergent de cette goutte ne sont pas *efficaces*, ou propres à produire sur l'œil l'impression du phénomène.

Fig. 276.　Pour savoir à quoi tient cette efficacité, soient : iCM le grand cercle d'une goutte sphérique dont le plan passe par un point du soleil et l'œil de l'observateur; Si un rayon solaire tombant, suivant une incidence a, sur la goutte dans laquelle il pénètre en faisant un angle b de réfraction, lié à a par l'équation fondamentale $\sin a = l \sin b$; l est l'indice de réfraction relatif à l'eau; sa valeur est à très peu près $\frac{108}{81}$ pour la lumière rouge, et $\frac{109}{81}$ pour les rayons violets. Supposons qu'après s'être réfléchie un nombre n de fois, la portion de lumière qui aura échappé à toutes les pertes par réfraction, faites à chaque réflexion intérieure, émerge suivant la direction eL.

Le rayon émergent eL fera avec la direction constante du rayon incident, un angle eDi = D, variable avec a et b, et qu'il est facile de déterminer. Pour cela, soit OC un rayon du cercle iMe parallèle à Si; l'arc Ci aura évidemment pour mesure a; l'arc soutendu par le rayon lumineux, entre la réfraction à l'entrée et la première réflexion, ou entre deux réflexions successives, ou enfin entre la dernière réflexion et la réfraction à la sortie, sera le même, et égal à $(\pi - 2b)$. La lumière, pour arriver de i en e, se sera ainsi réfléchie plusieurs fois sur un arc total égal à $(n+1)(\pi - 2b)$, dont le milieu M sera à une distance $\frac{n+1}{2}(\pi - 2b) + a$ du point C. Or cet arc CM, diminué d'autant de fois 2π qu'il peut le contenir, est évidemment égal à π augmenté ou diminué de l'arc qui mesurerait la moitié de l'angle D de déviation des rayons incident est émergent, ce qui fera connaître cet angle.

L'arc CM $= \frac{n+1}{2}(\pi - 2b) + a = \pi \pm \frac{D}{2}$, et par suite l'angle de déviation D, varient avec l'indice a, en sorte que deux rayons incidens très voisins Si, S'i', qui sont parallèles, donneront en général deux rayons émergens non-parallèles entre eux, et leur divergence les rendra *ineffi-*

caces, ou incapables de donner à un œil, trop éloigné pour les recevoir tous les deux, l'impression du faisceau lumineux (Si, Si''). Mais il existe une certaine incidence a pour laquelle l'arc CM ne change pas lorsqu'on y change a en ($a + da$) et par suite b en (b et db); pour cette incidence les rayons solaires très voisins Si, Si', sortiront parallèles à leur émergence, et seront *efficaces*, ou propres à donner à un œil qui pourra les recevoir tous deux, quelque éloigné qu'il soit, l'impression du faisceau (Si, Si').

Les valeurs de a et b correspondantes au faisceau efficace de rayons incidens, sont ainsi données par la condition que la différentielle de CM soit nulle, ou que $da = (n+1)\,db$; l'équation $\sin a = l \sin b$, d'où $\cos a\,da = l \cos b\,db$, rapprochée de la relation précédente, fournira, pour déterminer a et b, les deux équations : $\sin a = l \sin b$, et

$$(n+1) \cos a = l \cos b; \quad \text{d'où (1)} \quad \cos a = \sqrt{\frac{l^2-1}{(n+1)^2-1}};$$

et $\cos b = \dfrac{n+1}{l} \sqrt{\dfrac{l-1}{(n+1)^2-1}}$; et a et b étant connus, l'angle de déviation sera donné par la formule. . . . .

$$\pi \pm \frac{D}{2} = \frac{n+1}{2}(\pi - 2b) + a : a, b \text{ dépendant de } l, \text{ on}$$

voit que l'angle de déviation des rayons efficaces variera avec la couleur de ces rayons, ou que ceux qui donneront les impressions des différentes couleurs arriveront à un même œil dans des directions différentes.

Il est à remarquer que des rayons lumineux émergens ne sauraient être efficaces s'il n'y avait pas de réflexion intérieure, et que la lumière ne fît que traverser la goutte d'eau; car l'hypothèse $n = 0$, dans la formule (1), donne $\cos a = $ *l'infini*, c'est-à-dire que deux rayons émergens

très voisins ne peuvent être parallèles pour aucune incidence. C'est ce qui explique la nécessité de l'opposition du
nuage et du soleil dans le phénomène de l'arc-en-ciel.
Les réflexions intérieures diminuant considérablement la
quantité de lumière émergente, on doit prévoir d'avance
que les deux arcs, observés dans le phénomène de l'arc-en-
ciel, sont dus à des rayons sortis efficaces des gouttes d'eau,
après une et deux réflexions seulement.

Soit maintenant $n = 1$, auquel cas les rayons incidens
Si, $S'i'$, se réfléchissent intérieurement au même point M, Fig. 279
pour sortir parallèles et efficaces ; on aura $\cos a = \sqrt{\dfrac{l^2-1}{3}}$,

$\cos b = \dfrac{2}{l} \sqrt{\dfrac{l^2-1}{3}}$, et $D = 4b - 2a$; si l'on fait dans ces for-

mules $l = \dfrac{108}{81}$, indice de réfraction relatif à l'eau pour la

lumière rouge, on obtient $a = 59°\ 22'\ 30''$ et $D = 42°\ 1'40''$;

si l'on y fait au contraire $l = \dfrac{109}{81}$, indice de réfraction cor-

respondant aux rayons violets, on trouve $a = 58°$, et $D =$
$40°\ 17'$.

D'après cela si l'on imagine, par l'œil de l'observateur,
des lignes parallèles aux rayons qui viennent de tous les
points du disque du soleil, et qui soutendent un angle
maximum d'environ $30'$; que l'on regarde chacune de ces
lignes comme l'axe d'un cône droit dirigé vers le nuage,
ayant un angle au centre de $42°\ 1'\ 40''$, et son sommet
dans l'œil, l'espace annulaire compris entre tous ces cônes
devra contenir tous les rayons visuels suivant la direction
desquels l'œil recevra des rayons efficaces rouges ; ce qui
donnera l'impression d'une bande rouge de $30'$ environ
d'épaisseur, $30'$ étant la valeur moyenne de l'angle sou-

tendu par le diamètre du soleil vu de la terre. Cette bande aurait encore une largeur sensible, lors même que le soleil se réduirait à un point, parce que la valeur de l change notablement pour les rayons d'une même teinte. On obtiendrait une bande violette en prenant pour angle au centre d'un des cônes dont nous venons de parler, l'angle de déviation 40° 17′ correspondant aux rayons violets, efficaces après une seule réflexion intérieure dans les gouttes d'eau. Les cinq bandes des autres couleurs principales du spectre solaire s'obtiendraient de la même manière. Toutes ces bandes se superposeront en partie, et occuperont ainsi une largeur totale de 1° 45′ augmentée de 30′, à cause du diamètre apparent du soleil.

Or l'observation a appris à Newton que l'ordre des couleurs, les angles au centre des cônes qui ont pour somme l'œil de l'observateur, et qui s'appuient sur les limites des bandes, enfin les largeurs de ces bandes elles-mêmes, sont précisément celles que nous venons d'indiquer pour l'arc intérieur de l'arc-en-ciel. On doit donc conclure de cette vérification complète que l'explication qui vient d'être donnée de ce phénomène est la véritable, et que l'arc intérieur, ou le plus vif en couleurs, est dû aux rayons réfractés dans les gouttes de pluie devenus efficaces après une seule réflexion intérieure.

Soit maintenant $n = 2$, auquel cas les rayons incidens parallèles Si, S′$i′$, se croisent d'abord après la réfraction à leur entrée dans la goutte d'eau, deviennent parallèles après la 1re réflexion intérieure, et se croisent de nouveau après la seconde, pour sortir enfin parallèles et efficaces ; on aura : $\cos a = \sqrt{\dfrac{l^2-1}{8}}$. $\cos b = \dfrac{3}{l}\sqrt{\dfrac{l^2-1}{8}}$, ...

$D = \pi - 6b + 2a$; on en déduira : $a = 71° 50'$; $b = 45° 27'$; $D = 59° 50'$, pour les rayons rouges, et $a = 71° 26'$; $b = 44° 47'$; $D = 54° 9'$, pour les rayons violets. Ainsi, pour l'arc-en-ciel qui résulterait de ces nombres, la bande rouge serait en dedans, la bande violette en dehors, et l'arc total occuperait une étendue de $3°10'$. Ces dimensions et ces conséquences sont précisément celles que l'observation indique pour l'arc extérieur, ou le plus pâle, que l'on remarque dans le phénomène de l'arc-en-ciel.

On voit une quantité plus ou moins grande de l'arc-en-ciel, suivant la hauteur du soleil. Quand cet astre est près de l'horizon, l'arc est à peu près un demi-cercle; on en voit une portion d'autant moindre que le soleil est plus élevé; lorsque son élevation est de $42°$ environ, l'arc intérieur n'existe pas, et l'on ne voit plus qu'une portion de l'arc extérieur; enfin, lorsque le soleil est à $54°$ au-dessus de l'horizon, les deux arcs disparaissent. Pour voir plus d'un demi-cercle, ou même un cercle entier, il faudrait que l'observateur fût placé au sommet d'une montagne, que le soleil fût à l'horizon, ou même un peu au-dessous, et que le nuage qui se résout en pluie fût très voisin de l'observateur.

La lumière de la lune peut aussi former un arc-en-ciel, mais dont les couleurs sont pâles et fauves. Dans le nord, on observe souvent en hiver un cercle complet, dont le soleil ou la lune occupe le centre, mais dont les couleurs ne se distinguent pas facilement; ce phénomène, connu sous le nom de *halos*, est attribué à la lumière réfractée dans des cristaux de glace, ayant la forme d'aiguilles très fines, qui sont suspendus dans l'atmosphère, et que l'on aperçoit même souvent à la surface de la terre. Le phénomène curieux des *parhélies*, dont la cause n'est pas encore bien connne, et dans lequel on distingue des arcs blancs et brillans, qui réunissent des disques figurans de faux soleils, ne saurait être attribué qu'à de la lumière réfléchie, peut-être par les mêmes cristaux en aiguille qui produisent les halos, car l'absence des couleurs doit faire rejeter toute explication fondée sur la réfraction.

TRENTE-TROISIÈME LEÇON.

De la vision. — Description de l'œil. — Ajustement de l'œil. Distance de la vue distincte. — Défauts de l'œil. Presbytisme et myopisme. — Angle visuel; grandeur apparente. Angle optique; estimation de la distance. Grandeur réelle. — Persistance des impressions sur la rétine; applications de ce phénomène. — Images et couleurs accidentelles. — Auréoles accidentelles. Influence réciproque des couleurs voisines; applications de ce phénomène. — Théorie générale des apparences accidentelles.

513. Pour étudier avec certitude les phénomènes lumi- De la vision. neux, il est indispensable de suivre la marche de la lumière dans l'œil, et d'analyser les sensations que fait naître cet organe. Car les propriétés et les imperfections du sens de la vue peuvent donner lieu à des illusions, ou à de faux jugemens, dont il importe de découvrir la cause pour les éviter. Il serait impossible, en outre, de comprendre l'utilité des instrumens d'optique, si l'on ne connaissait pas la constitution intérieure de l'œil, et les modifications éprouvées par les rayons lumineux qui le pénètrent. Telles sont les raisons puissantes qui forcent le physicien de s'occuper de la vision, quoiqu'elle paraisse appartenir spécialement à la physiologie. D'ailleurs l'œil est destiné à recevoir directement l'action de la lumière, pour les transmettre ensuite au nerf optique; or tout ce qui précède le système nerveux dans l'organisation est influencé par les agens extérieurs à la manière des corps inertes; nous

devons donc suivre ces agens dans les organes intermédiaires, tant qu'ils obéissent uniquement aux lois ordinaires de la physique, pour ne les abandonner que là où le
principe de la vie vient évidemment compliquer leurs effets.

Description de l'œil.

514. L'œil est contenu dans une cavité qu'on nomme
orbite. Son enveloppe de forme à peu près sphérique, est
une membrane épaisse et fibreuse, d'un tissu ferme et serré,
opaque dans sa plus grande partie, qui est postérieure et

Fig. 281.

prend le nom de *sclérotique* ou de *cornée opaque*, transparente au contraire vers sa partie antérieure qui a une
courbure plus grande, et que l'on appelle *cornée transparente*, ou simplement cornée. Deux membranes sont
fixées au point où la sclérotique est liée à la cornée transparente. L'une de ces membranes est l'*iris* qui donne à
l'œil sa couleur; elle est opaque, composée de fibres mus-
culaires, orbiculaires et rayonnantes, et percée vers son
centre d'une ouverture circulaire variable de grandeur,
qui est la *pupille* ou la *prunelle*. La seconde membrane placée derrière l'iris est la *couronne ciliaire*, dans
laquelle est enchâssé un corps solide diaphane, de forme
lenticulaire, appelé le *cristallin*. Sur la face interne de la
cornée opaque, est une membrane renfermant une matière
colorante assez foncée, que l'on nomme la *choroïde*. Enfin, la partie médullaire du nerf optique, qui aboutit au
fond de l'œil, s'épanouit en une dernière membrane,
mince, blanchâtre et demi-transparente, qui s'applique sur
la choroïde, et qui est appelée la *rétine*. La couronne
ciliaire et le cristallin séparent l'intérieur de l'œil en deux
chambres; dans la chambre antérieure se trouve l'*humeur
aqueuse*, dans la chambre postérieure l'*humeur vitrée*.
Le cristallin est composé de couches de densités différentes

dont le pouvoir réfringent va en croissant de la circonférence au centre. On appelle *axe optique* de l'œil la ligne suivant laquelle il dirige son axe de figure pour voir nettement les objets.

Voici quelles sont les dimensions moyennes des différentes parties de l'œil humain :

	millimètres
Rayon de courbure de la cornée opaque de. .	10 à 11
Rayon de courbure de la cornée transparente.	7 à 8
Diamètre de l'iris.	11 à 12
Diamètre de la prunelle.	3 à 7
Épaisseur de la cornée transparente.	1 » »
Distance de la pupille à la cornée.	2 » »
Rayon antérieur du cristallin.	7 à 8
Rayon postérieur du cristallin.	5 à 6
Diamètre ou ouverture du cristallin.	10 » »
Épaisseur du cristallin.	5 » »
Longueur de l'axe de l'œil.	22 à 24

On a mesuré avec soin les indices de réfraction des différentes substances diaphanes comprises dans l'œil. L'indice principal relatif à l'eau étant 1,336, l'humeur aqueuse a pour indice moyen 1,337 ; l'enveloppe extérieure du cristallin 1,377, sa partie moyenne 1,379, sa partie centrale 1,399 ; enfin l'humeur vitrée 1,339.

515. La marche de la lumière dans l'œil est analogue à celle qu'elle suit dans plusieurs lentilles réunies. Quand un faisceau de rayons lumineux, partis d'un point extérieur situé sur l'axe optique, traverse la cornée transparente et pénètre dans l'humeur aqueuse, la divergence de ce faisceau diminue par cette première réfraction ; ceux des rayons qui passent à travers la pupille éprouvent une

Marche de la lumière dans l'œil.

nouvelle réfraction à la surface antérieure du cristallin, laquelle tend encore à la convergence; enfin, lorsqu'ils sortent du cristallin pour entrer dans l'humeur vitrée dont le pouvoir réfringent est moindre, leur convergence est définitive, et si le point lumineux est suffisamment éloigné, les rayons transmis vont former une image réelle en un foyer situé sur la rétine, ou très près de cette membrane.

L'expérience et le calcul prouvent que, lorsque le point sur lequel l'œil est fixé, est placé à une distance telle que la vision s'opère avec le moins d'effort, c'est que les faisceaux lumineux incidens ont précisément le degré de divergence nécessaire pour que leurs lieux de concours soient sur la rétine même. On a conclu de là que la sensation de la vue est due à l'impression que la lumière produit sur la rétine, lorsqu'elle s'y concentre en un même point, ou dans un très petit espace. Cette analyse rapide de la marche des rayons lumineux dans l'œil, prouve que toutes les parties de cet organe se comportent à la manière des corps diaphanes inorganiques, à l'exception de la rétine qui fait partie du système nerveux.

Distance de la vue distincte. 516. La distance à laquelle un objet doit être placé, pour que l'œil voie avec moins d'effort, est une première limite appelée la *distance de la vue distincte*; mais lorsque l'objet s'éloigne au-delà, la vue conserve encore assez de netteté, jusqu'à une certaine limite, passé laquelle la vue est confuse. L'espace qui sépare ces deux limites porte le nom de champ de la vision. La distance de la vue distincte varie d'un individu à l'autre, et souvent pour chaque individu d'un œil à l'autre; elle est le plus généralement de trente centimètres: le champ de la vision présente des variations semblables. Les dimensions de l'œil étant con-

nues, ainsi que les pouvoirs réfringens de ses diverses substances, le calcul indique que les distances focales de deux
points lumineux, situés aux deux limites du champ de la
vision, diffèrent de $\frac{1}{6}$ environ du diamètre de l'œil.

517. Ainsi lorsque le point radieux se trouve à plus ou à moins de 30 centimètres, pour un œil ayant une vue ordinaire, son foyer est devant ou derrière la rétine. Dans les deux cas, le faisceau réfracté se projette sur cette membrane suivant un petit cercle, et il faut expliquer comment l'œil peut encore percevoir nettement la sensation du point lumineux. Or lorsqu'un objet est placé devant une lentille, et qu'on cherche son foyer conjugué en promenant un écran derrière le verre réfringent, l'expérience indique que l'image peut paraître encore nette, quand l'écran s'éloigne un peu en-deçà ou au-delà du foyer. Il est donc permis d'admettre que la rétine transmet au cerveau la sensation nette d'un point lumineux, non-seulement lorsque les rayons qu'elle a reçus sont tombés sur un seul de ses points, mais encore lorsqu'ils se projettent dans un petit espace circulaire, dont le rayon ne dépasse pas une certaine limite; la sensation ne serait confuse que si cette limite était dépassée.

Plusieurs faits viennent à l'appui de cette explication : lorsqu'un œil bien constitué fait effort pour voir le plus nettement possible un objet placé plus près de l'œil que la distance de la vue distincte, on remarque que l'iris se dilate de manière à rétrécir l'ouverture de la prunelle; ce qui tend à diminuer le rayon du petit cercle projeté sur la rétine par le faisceau parti de chaque point de l'objet. Lorsqu'un objet est presqu'en contact avec la cornée transparente, l'œil n'en éprouve qu'une sensation confuse, mais lorsqu'on interpose entre l'œil et l'objet une carte percée d'un petit trou, le faisceau correspondant à chaque point diminue de largeur, et l'objet est encore vu nettement.

Cette propriété que possède l'œil de percevoir des images, également nettes, d'objets placés à des distances différentes, avait fait penser que l'œil pouvait modifier les courbures et les densités de ses différentes parties, de manière à ramener le foyer du point qu'il regardait, sur la rétine elle-même. On a cru, par exemple, que la cornée transparente change de courbure lorsque l'œil contemple successivement deux points, l'un très voisin et l'autre très éloigné ; mais l'image d'un objet, vu par réflexion sur cette cornée, conserve la même grandeur dans les deux circonstances ; ce qui ne serait pas si la courbure changeait. D'ailleurs en plaçant devant l'œil un tube cylindrique, terminé par une lentille biconvexe et rempli d'eau, liquide dont le pouvoir réfringent est le même que celui de l'humeur aqueuse, l'œil conserve la propriété de voir également des objets diversement éloignés ; ce qui indique l'inutilité de la variation de courbure de la cornée transparente.

On a cru aussi que le cristallin se gonfle ou se dilate vers son centre, à la manière des muscles, pour augmenter ou diminuer son pouvoir réfringent et sa courbure, de manière à faire converger les rayons émergens, en des points plus ou moins rapprochés. Mais cette similitude du cristallin avec la substance musculaire n'existe pas : car l'électricité qui traverse un muscle frais le contracte, tandis qu'elle ne fait éprouver aucune modification au cristallin.

M. Lehot a émis une autre théorie de la vision, qui consiste à regarder les différentes parties de l'humeur vitrée, comme pouvant transmettre directement au cerveau les impressions qui y sont produites par la lumière qui converge vers chacune d'elles; les corps y formeraient alors des images à trois dimensions, et l'on se rendrait compte facilement de la propriété, dont jouit l'œil, de percevoir des sensations nettes et distinctes, d'objets très diversement éloignés. Mais outre la difficulté d'attribuer à l'humeur vitrée, vu sa nature et sa contexture, une sensibilité analogue à celle des nerfs, d'autres physiciens ont objecté à cette théorie l'impossibilité qui existait, suivant eux, d'expliquer dans cette hypothèse l'illusion complète que produisent les peintures à fresque et en grisaille, les diorama, ou des tableaux parfaitement peints et convenablement éclairés, dont on cache les cadres.

518. La composition du cristallin par couches de densités différentes, tend évidemment à diminuer l'aberration de sphéricité de ce corps lenticulaire; car les rayons traversant les parties les plus voisines des bords, qui sont moins réfringentes que les parties centrales, tendent à concourir au même foyer que les rayons qui émergent près du centre. L'iris fait d'ailleurs fonction de diaphragme pour arrêter les rayons qui tomberaient sur le cristallin trop près de ses bords; sa position dans l'intérieur de l'œil rend même son effet plus avantageux que celui des diaphragmes placés devant les lentilles des chambres obscures.

Absence des aberrations dans l'œil.

Les différentes réfractions qui s'opèrent dans l'œil ayant toutes lieu dans le même sens, cet organe ne saurait être achromatique. L'absence des bandes colorées dans les images, excepté dans des cas extrêmement particuliers, doit être attribuée au peu de largeur des faisceaux lumi-

neux qui passent par l'ouverture de la prunelle et principalement à ce que la distance focale de l'œil étant très petite, les rayons inégalement réfrangibles ne peuvent jamais
être fort écartés l'un de l'autre.

519. On emploie des verres biconvexes pour corriger
l'altération de la vue appelé *presbytisme*, due à l'apla-
tissement de la partie antérieure de l'œil ou du cristallin, et
qui recule derrière la rétine le foyer des rayons partis d'un
point placé à la distance de la vue distincte ordinaire. Le
presbytisme est commun chez les vieillards, à cause du
desséchement des organes que l'âge amène avec lui. Les
lentilles biconvexes, en diminuant la divergence des rayons
avant leur entrée dans l'œil, ramènent le foyer dont nous
venons de parler sur la rétine elle-même.

On emploie au contraire des verres biconcaves pour
remédier au défaut opposé, connu sous le nom de *myopisme*, dû à une trop grande courbure de la partie antérieure de l'œil, et qui fait converger au-devant de la rétine les faisceaux partis des objets placés à la distance de
la vue distincte ordinaire; ce genre de lentille, en augmentant la divergence des rayons lumineux avant leur entrée dans l'œil, ramène le foyer de la vue distincte sur la
rétine.

Mais les personnes qui font usage de lunettes ordinaires
ne voient distinctement que les objets ne s'éloignant pas
trop de l'axe de la vision; il y a incertitude pour les objets
dont les rayons n'arrivent à l'œil qu'en traversant les bords
des verres, où ils éprouvent une grande réfraction. Wollaston a imaginé, pour remédier à cet inconvénient, des
verres lenticulaires qu'il a appelés *périscopiques*, et qui
sont concaves vers l'œil et convexes du côté opposé: pour

les presbytes le rayon de la partie concave doit l'emporter
sur celui de la surface convexe; l'inverse doit avoir lieu
pour les myopes. La forme de ces verres est telle que les
rayons, qui arrivent obliquement à l'axe de la vision, tombent encore à peu près normalement à leur surface convexe; ce qui fait disparaître les grandes réfractions ayant
lieu sur les bords des verres ordinaires.

520. L'image d'un objet sur la rétine est évidemment
renversée par rapport à la position de l'objet lui-même.
Nous jugeons cet objet droit par la conscience des différens mouvemens que nous sommes obligés d'imprimer aux
axes optiques de nos yeux, pour regarder successivement
les différentes parties de cet objet, en les abaissant de son
sommet à sa partie inférieure. Le renversement des images
au fond de la rétine, peut être constaté avec un œil de
bœuf frais, dont on amincit la sclérotique; en promenant
devant cet œil une bougie, on voit distinctement par
derrière une image renversée de la bougie. L'expérience
est plus facile en se servant de l'œil d'un lapin albinos,
dont la sclérotique est transparente.

521. Lorsque nos deux yeux se fixent sur un même
point, les deux images transmettent au cerveau la sensation d'un point unique. Cette unité de sensation doit être
attribuée à l'habitude que nous avons acquise de rapporter
à un même objet les deux impressions faites sur les points
correspondans des deux rétines ; et en effet, si l'on presse
légèrement le coin d'un des deux yeux, de manière à dé-
ranger son axe optique, les deux images n'étant plus sur
les parties habituellement correspondantes des deux rétines, le point regardé paraît double.

522. Les lignes droites menées des extrémités d'un ob-

jet au milieu de la prunelle, forment ce qu'on appelle l'*angle visuel*. Les axes des deux faisceaux lumineux partis de ces extrémités, et réfractés à la sortie du cristallin pour entrer dans l'humeur vitrée, font un autre angle dont le sommet est vers le cristallin et dont la base est la grandeur de l'image sur la rétine. Ces deux angles ne sont pas égaux, ce qui fait que la grandeur de l'image sur la rétine, ou la véritable grandeur apparente, n'est pas réellement proportionnelle à la grandeur réelle pour une distance constante; mais on peut admettre cette proportionnalité dans le plus grand nombre de cas, et prendre l'angle visuel pour mesure de la grandeur apparente.

Angle optique.

523. Lorsque les deux axes optiques sont fixés sur un même point, ils forment entre eux un angle connu sous le nom d'*angle optique,* et qui est plus ou moins grand, suivant que le point considéré est plus ou moins voisin. La conscience du mouvement que nous imprimons à nos deux axes optiques, nous permet de juger de la distance des objets sur lesquels nous les fixons; mais lorsque ces objets sont très éloignés, l'angle optique est trop petit et trop peu variable, pour que cette estimation puisse être exacte. Il résulte de là une imperfection de l'organe de la vue, quand il s'agit de juger le véritable rapport des distances des objets éloignés; cette imperfection est la cause d'un grand nombre d'illusions. Ainsi, une longue avenue, bordée de deux rangées d'arbres égaux en grandeur, nous paraît se rétrécir au loin, et les arbres y semblent plus petits. Le plancher, le plafond, et les parois latérales d'une longue galerie semblent se rapprocher vers son extrémité la plus éloignée de nous. Une longue pièce d'eau, que nous rapportons au plan de niveau qui passe par nos yeux, semble se relever

à l'horizon. Enfin, une tour très élevée, vue d'en-bas et comparée à la verticale qui passe par un de nos yeux, lorsque nous en regardons le sommet, paraît penchée vers le haut.

L'intensité plus ou moins grande de la lumière qui nous est envoyée d'un objet, et qui décroît, toutes choses égales d'ailleurs, à mesure que cet objet est plus éloigné, est aussi un des élémens de l'estimation de la distance. Mais les changemens qui surviennent dans l'atmosphère faisant varier beaucoup la quantité de lumière absorbée par l'air, dans un même trajet, cette base de nos jugemens les rend souvent fort erronés. Lorsque des personnes, habituées à juger des distances dans des pays de plaines, et sous des latitudes où l'atmosphère est rarement exempte de brouillards et de courans, se trouvent transportées au milieu des montagnes ou près de l'équateur, elles portent des jugemens faux sur presque toutes les distances.

524. Le jugement que nous portons sur la grandeur réelle des objets, résulte d'une combinaison de la grandeur apparente et de l'estimation de la distance. Les erreurs qui accompagnent souvent cette dernière estimation, produisent des illusions lors du jugement composé de la grandeur réelle; les objets que nous rapportons à une distance trop petite ou trop grande, nous paraissent plus grands ou plus petits qu'ils ne sont réellement. Ces illusions sont fréquentes pendant la nuit, lorsque l'obscurité empêche de distinguer le lieu réel des objets et leur position relative.

525. Un fait signalé par Mariotte indique que toutes les parties de la rétine ne sont pas également sensibles à l'impression de la lumière. Si l'on colle sur un écran vertical

noir deux petits cercles de papier blanc, au même niveau et à un pied de distance l'un de l'autre, et si fermant l'œil gauche on s'éloigne de l'écran, en fixant normalement l'œil droit sur le cercle de gauche, à 4 pieds $\frac{1}{2}$ de distance le cercle de droite, qu'on n'avait pas cessé de voir jusque-là, disparaît complétement, et reparaît lorsque l'on s'éloigne encore. Le lieu où se projette l'image qui disparaît, correspond sur la rétine à l'origine du nerf optique.

Persistance des impressions sur la rétine.

526. La sensation produite par la lumière sur la rétine a une durée appréciable; comme le prouve l'arc lumineux que l'on aperçoit, quand on fait tourner rapidement devant l'œil un charbon ardent, attaché à l'extrémité d'une fronde. Il résulte évidemment de cette apparence que l'impression produite par le charbon, lorsqu'il occupe une certaine position, dure encore quelque temps après que cette position est dépassée. Cette persistance explique un grand nombre d'illusions du même genre, tels que l'augmentation du volume apparent d'une corde sonore en vibration, la disparition des rais d'une roue qui tourne avec rapidité, la traînée lumineuse qui accompagne la chute d'un météore, etc. On peut encore constater cette persistance en fixant les yeux sur un corps lumineux ou très éclairé, et les fermant ensuite subitement; presque toujours l'image de l'objet subsiste encore quelque temps sans modification; mais à cette image succède le plus souvent, et avec beaucoup de rapidité, l'apparence d'une image toute différente, et qui appartient à une autre classe de phénomènes dont nous parlerons bientôt, en sorte que la continuation de l'impression primitive est difficile à saisir.

On a essayé de mesurer la durée de l'impression preduite sur la rétine par un phénomène lumineux instantané. D'Arcy se servait à cet effet de l'expérience du charbon mobile, qu'il faisait tourner de plus en plus rapidement, jusqu'à ce ce que l'arc lumineux formât un anneau complet d'un éclat uniforme; il prenait alors le temps d'une révolution pour la durée de l'impression. Mais en réalité cette expérience ne donne que le temps pendant lequel l'impression conserve sensiblement la même intensité; celui qu'elle met à s'affaiblir avant de disparaître ne saurait être apprécié par ce procédé.

Il faut alors se servir d'un instrument imaginé par M. Aimé, et qui consiste en deux disques de carton parallèles, mobiles sur le même axe avec des vitesses égales mais de sens contraires, que l'on peut faire varier à volonté. Le premier de ces disques est percé d'un grand nombre d'ouvertures en forme de secteurs et également distantes; le second ne présente qu'une seule ouverture semblable. Lorsqu'on place cet appareil en face d'une vive lumière, telle qu'un large faisceau de rayons introduit dans une chambre obscure, l'œil placé sur l'axe commun des deux disques en mouvement aperçoit des traces lumineuses dont l'étendue varie avec la vitesse de rotation; lors d'un mouvement lent, il ne voit qu'un seul secteur lumineux, qui paraît dans une nouvelle position, chaque fois que l'ouverture unique du second carton coïncide avec l'une des ouvertures de l'autre disque; mais si la vitesse est augmentée, l'impression produite par une de ces coïncidences peut subsister encore lorsque la suivante a lieu, et l'œil aperçoit à la fois deux secteurs lumineux; il peut en voir trois ou plus encore pour de plus grandes vitesses de rotation. Dans ces circonstances, la durée totale de l'impression est au moins égale à la moitié du temps que l'ouverture unique, animée de la vitesse de rotation connue, emploierait à parcourir l'espace occupé par les secteurs aperçus, sur le second disque supposé fixe ; on a ainsi un moyen d'évaluer approximativement cette durée.

M. Plateau, à qui l'on doit plusieurs découvertes intéressantes sur la vision, a fait un grand nombre d'expériences en se servant des deux procédés précédens convenablement modifiés ; ses recherches l'on conduit aux conséquences suivantes. Il faut que la lumière agisse pendant un certain temps sur la rétine pour y produire une impression complète. Le temps pendant lequel cette impression produite peut conserver une intensité égale, après que la lumière a cessé son action, est d'autant plus grand que cette impression est moins intense ; ce temps est au plus de $\frac{1}{130}$ de seconde pour l'impression occasionée par un carton blanc qu'éclaire la lumière du jour, un peu plus grand si le carton est jaune, plus encore s'il est rouge. Au contraire la durée totale de l'impression est d'autant plus grande que la lumière est plus intense, et que son action sur la rétine s'est moins prolongée, pourvu qu'elle ait eu le temps de devenir complète. Lorsque l'impression a été occasionée par un objet lumineux tel que le soleil couchant, ou par un objet blanc très éclairé, elle passe souvent par une série de couleurs différentes ; dans d'autres circonstances, elle disparaît pour renaître après quelques secondes, disparaître de nouveau, et ainsi de suite.

527. On a fait de nombreuses applications du phénomène de la persistance des impressions sur la rétine. M. Wheatstone l'a utilisé d'une manière fort ingénieuse pour mesurer la vitesse de la lumière électrique, comme

nous le verrons plus tard. Lorsqu'un objet se meut avec
une grande vitesse, il paraît occuper un espace plus grand
que son volume réel, en sorte qu'il est impossible de distinguer sa forme à la vue simple; mais on peut détruire
cette apparence trompeuse, et apercevoir la forme réelle
du mobile par différens procédés. Le plus simple a été
imaginé par M. Plateau; l'appareil qu'il exige se compose
d'un disque opaque noirci, de $0^m,25$ de diamètre, percé
d'une vingtaine d'ouvertures semblables, distribuées à des
distances égales sur une circonférence ayant le même centre
que le disque; chacune de ces ouvertures a $0^m,002$ de largeur et $0^m,02$ de hauteur dans le sens des rayons; le disque est mobile autour d'un axe perpendiculaire à son
plan. Pour se servir de cet instrument, on se place à une
distance assez grande de l'objet mobile dont on veut distinguer la forme; l'œil doit être fixé immédiatement derrière le disque, à la hauteur d'une des fentes; on imprime
alors un mouvement de rotation rapide à l'appareil. Les
fentes qui se succèdent devant l'œil produisent une bande
lumineuse, à travers laquelle on distingue parfaitement la
forme du mobile.

Il est facile d'expliquer cet effet : lors du passage rapide
d'une des fentes, l'œil perçoit la sensation du corps dans
une certaine position, et l'intervalle opaque qui succède à
cette fente intercepte de suite les rayons lumineux avant
qu'ils puissent produire la sensation de la position voisine;
chacune des fentes qui suivent fait voir le corps dans une
nouvelle position, et il résulte alors de la persistance des
impressions que l'œil aperçoit en même temps le mobile en
plusieurs endroits séparés. On peut constater de cette manière que les grandes oscillations, qu'on observe souvent

dans la flamme d'une chandelle, sont réellement dues à des flammes partielles séparées, qui se succèdent et s'élèvent rapidement pour s'éteindre à une certaine hauteur au-dessus de la flamme principale, laquelle conserve sensiblement les mêmes dimensions. Pareillement, lorsqu'une roue tourne assez rapidement pour qu'on ne puisse distinguer ses rayons à la vue simple, si on la regarde à travers la bande lumineuse du disque mobile, elle paraît alors se mouvoir avec lenteur, de telle manière que ses rayons peuvent être facilement comptés ; il existe même plusieurs vitesses de rotation du disque pour lesquelles la roue semble immobile.

Ce dernier exemple nous conduit à un fait signalé par M. Faraday. Lorsque deux roues de même grandeur, et du même nombre de rais, sont animées sur le même essieu de vitesses très grandes, égales mais de sens contraires, l'œil placé sur leur axe commun aperçoit une seule roue immobile, d'un nombre de rais double. Pour se rendre compte de ce phénomène, il faut remarquer que chaque roue, se mouvant seule, donnerait l'apparence d'un disque de clarté uniforme, par la persistance des impressions égales produites lors du passage rapide des rais dans leurs diverses positions ; tandis que, si les deux roues tournent à la fois en sens contraires, l'œil placé sur l'axe commun reçoit une suite d'impressions qui n'ont plus toutes la même intensité : quand les rais d'un des systèmes passent dans les intervalles qui séparent ceux de l'autre, l'impression totale est égale à la somme des impressions que produiraient les deux roues séparées ; mais lorsque les rais de la roue la plus éloignée sont masqués par ceux de la roue la plus voisine, l'impression n'est plus produite que par cette dernière. Or

il résulte évidemment de l'égalité et de l'opposition des
vitesses, que les lieux de croisement, correspondans aux
impressions les plus faibles, sont fixes et en nombre double de celui des rais de chaque roue; la persistance de ces
diverses impressions doit donc faire apercevoir à l'œil un
disque clair rayonné par des rais plus obscurs, occupant
les lieux fixes de croisement. Lorsque les vitesses, toujours
contraires, ne sont pas égales mais peu différentes, l'apparence est celle d'une roue unique, encore d'un nombre de
rais doubles, mais qui se meut avec lenteur dans le sens
de la plus grande vitesse.

M. Savart a reproduit des apparences du même genre,
et qui s'expliquent de la même manière, dans le but d'étudier la forme réelle des veines liquides. Un orifice à mince
paroi était encastré dans le fond horizontal d'un réservoir
entretenu à un niveau constant; derrière la veine verticale et
de forme constante qui s'écoulait par cet orifice, M. Savart
faisait mouvoir de bas en haut un ruban sans fin, enroulé
sur deux tambours, et dont la surface était recouverte de
bandes horizontales, alternativement noires et blanches.
Lorsque la vitesse ascendante du ruban atteignait celle opposée des différentes parties de la veine, l'œil regardant ce
ruban à travers la partie trouble du liquide en mouvement
apercevait distinctement des portions plus ou moins larges
des bandes du ruban, dans des positions fixes; la largeur
de ces portions variait périodiquement avec leur hauteur.
M. Savart a conclu de cette apparence que la partie trouble,
qui suit une veine contractée, est due à la chute rapide
de gouttes séparées. subissant des changemens de forme
périodiques. La discontinuité du liquide résultait d'ailleurs
de ce fait, observé d'abord par M. Savart. que la partie

trouble d'une veine de mercure est transparente, c'est-à-dire n'empêche pas de distinguer les objets qu'elle sépare de l'œil.

Le disque mobile de M. Plateau peut servir à produire un autre genre d'illusions, pour lesquelles il convient que les fentes soient remplacées par des ouvertures circulaires et plus étroites. Sur la face du disque opposée à celle où se trouve l'œil, sont dessinées des figures de diverses formes; un miroir plan, disposé en face, permet à l'œil de voir les figures par réflexion, à travers une des ouvertures. Si dans ces circonstances on imprime au disque un mouvement rapide, tel qu'il fût impossible de distinguer les dessins vus directement, l'œil aperçoit dans le miroir, à travers la bande lumineuse produite par le passage rapide des ouvertures. des figures parfaitement distinctes, fixes ou mobiles, suivant la forme et la position relative des dessins.

Par exemple, si le dessin se réduit à des raies noires, dirigées suivant les rayons du disque qui aboutissent aux ouvertures, l'apparence est tout-à-fait semblable au dessin, et conserve une position fixe; on conçoit facilement qu'il en doit être ainsi, puisque l'œil ne reçoit que les impressions séparées qui correspondent au passage des ouvertures, lesquelles lui représentent toujours le dessin dans une même position. Supposons que chaque secteur, compris entre deux raies noires consécutives du dessin précédent, soit partagé en sept secteurs peints des sept couleurs principales du spectre; lors d'une rotation rapide du disque, l'œil qui regarderait directement la face coloriée recevrait l'impression d'une teinte grisàtre uniforme; mais cette face, vue dans le miroir à travers la bande des fentes, paraît immobile, et toutes ses couleurs restent séparées.

Lorsque la face dessinée présente des points noirs, distribués à des distances égales sur une même circonférence ayant son centre à l'axe de rotation, mais en nombre plus grand ou plus petit que celui des ouvertures, ces points vus dans le miroir à travers la bande des fentes paraissent animés d'un mouvement lent de rotation. Enfin si le dessin est composé de différens dessins partiels, occupant des secteurs égaux, et représentant les positions progressives d'un même objet mobile, l'œil recevant lors du passage de chaque ouverture l'impression d'un de ces tableaux, la conserve jusqu'à l'impression du tableau suivant, et il résulte de cette persistance le même effet que si l'objet représenté était réellement eu mouvement. Ces divers exemples suffisent pour faire concevoir tous les effets produits par le *phénakisticope*, le *fantascope*, et d'autres instrumens du même genre.

528. Les impressions que la lumière produit sur la rétine sont souvent suivies d'un phénomène d'un autre genre que celui de leur persistance; quelquefois l'image primitive se conserve pendant un temps plus ou moins court, puis elle remplacée par une autre image d'un aspect différent; mais dans la plupart des circonstances cette image transformée se montre de suite, après que la lumière a cessé d'agir sur l'organe. Lorsqu'on fixe les yeux constamment au même point d'un objet coloré, placé sur un fond noir, on remarque d'abord que l'intensité de la couleur s'affaiblit graduellement, et quand on dirige ensuite la vue sur un carton blanc, on aperçoit une image de l'objet, mais d'une couleur *complémentaire*, c'est-à-dire qui formerait du blanc si elle était réunie à la couleur de

l'objet. Pour un objet rouge l'image est verte, et réciproquement; si l'objet est jaune ou bleu, l'image paraît violette ou orange et inversement; enfin pour un objet blanc l'image est grise ou moins blanche que le carton. L'image paraît plus grande que l'objet quand le carton est plus éloigné que lui, plus petite dans le cas contraire. On observe le même phénomène quand on ferme subitement les yeux, après avoir contemplé l'objet pendant un temps suffisant; on aperçoit alors très distinctement une image de l'objet, teinte de la couleur complémentaire.

Ces apparences auxquelles on donne le nom de *couleurs accidentelles*, persistent d'autant plus long-temps, et avec d'autant plus d'intensité, que l'impression primitive s'est prolongée davantage. M. Plateau a étudié avec un soin scrupuleux toutes les circonstances qui diversifient ces apparences; il a déduit de l'ensemble de ses propres observations, et de toutes celles faites avant lui, un énoncé ou une loi générale, qui définit d'une manière simple le phénomène dont il s'agit. Voici les propriétés principales qui servent de base à sa théorie.

En général les images accidentelles ne s'éteignent pas d'une manière graduelle et continue; il arrive souvent qu'une couleur accidentelle disparaît, pour renaître ensuite avec tout son éclat; quelquefois on voit de nouveau la couleur de l'objet; et dans certaines circonstances cette alternative se reproduit plusieurs fois. M. Plateau indique l'expérience suivante comme la plus convenable pour observer ces transformations successives. On tient un œil fermé, et dans une obscurité complète en le couvrant d'un mouchoir; à l'autre œil on adapte un tube noirci. ayant $0^{m},5$ de longueur et $0^{m},03$ de diamètre, et à travers

ce tube on regarde pendant une minute au moins un carton rouge bien éclairé, assez large pour que ses bords ne
puissent être aperçus; puis, sans découvrir l'œil fermé, on
enlève rapidement le tube et le disque; on aperçoit alors
sur le mur ou le plafond blanc de l'appartement, une
image circulaire, verte d'abord, qui repasse bientôt au
rouge, redevient verte, puis rougeâtre; ces images successives vont en diminuant d'intensité. MM. Plateau et
Quetelet ont observé de cette manière jusqu'à quatre alternatives.

Les couleurs accidentelles se composent comme les couleurs réelles; on peut constater cette propriété par l'expérience suivante. On place à côté l'un de l'autre, et sur un
fond noir, deux petits carrés de papier colorés, l'un en violet, l'autre en orangé, et dont les centres sont marqués par
des points noirs; ensuite on fixe les deux yeux alternativement sur ces deux points, en passant de l'un à l'autre
après chaque seconde de temps; quand cette opération s'est
prolongée pendant deux minutes environ, on ferme les yeux.
On aperçoit alors trois carrés juxtaposés; le premier est
jaune ou complémentaire du violet, le troisième bleu ou
complémentaire de l'orangé; quant à celui du milieu, il
est vert, ou formé de jaune et de bleu. Or, il faut remarquer que les impressions primitives produites sur la rétine,
dans cette expérience, ne sont que la superposition des
deux impressions partielles qui auraient lieu si l'on con-
templait pendant une minute un seul des deux points noirs;
comme les axes optiques n'ont pas la même direction
lorsqu'on regarde successivement l'un et l'autre de ces
points, les parties de la rétine qui reçoivent ces deux impressions partielles ne sont pas les mêmes; mais il résulte

de la juxtaposition des deux carrés que l'image accidentelle de l'orangé, pour la première impression partielle, se superpose à l'image accidentelle du violet pour la seconde ; le carré du milieu, que l'on aperçoit les yeux fermés, est le résultat de cette superposition, et puisqu'il est vert, il faut conclure que le jaune et le bleu accidentels forment la même couleur composée que le jaune et le bleu réels.

Si les couleurs des deux carrés de papier sont autres que le violet et l'orangé, on arrive en général à la même conclusion. Mais si ces couleurs sont complémentaires l'une de l'autre, le carré du milieu, dans l'apparence accidentelle, n'est pas blanc comme on devait s'y attendre, il est au contraire complétement noir. C'est ce qui arrive par exemple lorsque les carrés sont l'un vert, l'autre rouge. D'où il suit que les couleurs accidentelles complémentaires se distinguent essentiellement des couleurs réelles correspondantes, puisque les premières forment du noir et les secondes du blanc.

Les couleurs accidentelles se combinent avec les couleurs réelles comme ces derniers entre elles ; par exemple, du bleu accidentel et du jaune réel forment du vert et inversement. On peut se convaincre de cette propriété en observant l'image accidentelle sur un carton coloré au lieu d'être blanc. Cependant si, l'objet étant toujours placé sur un fond noir, on projette son image accidentelle ou complémentaire sur un carton de même couleur que lui, l'image n'est pas blanche, comme on devait le présumer, elle paraît d'un gris foncé, c'est-à-dire que la sensation produite par le carton se trouve affaiblie sur le lieu de l'image ; elle est au contraire plus vive quand le carton est d'une couleur complémentaire de celle de l'objet, ou de même espèce que l'image accidentelle. Si l'objet était placé sur un fond blanc, ce serait précisément l'inverse.

Les images accidentelles sont en général précédées par la persistance de l'impression primitive; mais un fait signalé par Franklin indique un moyen de faire succéder à volonté un de ces phénomènes à l'autre. Lorsque du fond d'un appartement on regarde une fenêtre bien éclairée par la lumière du jour, et qu'après avoir fermé les yeux on couvre les paupières d'un mouchoir pour produire une obscurité complète, on observe alors la persistance de l'impression primitive, c'est-à-dire qu'on aperçoit la fenêtre avec ses panneaux brillans et son châssis obscur. Mais si les yeux étant toujours fermés, on retire le mouchoir, l'apparence se transforme de suite dans l'image accidentelle; c'est-à-dire qu'on voit, au milieu de la clarté introduite par la translucidité des paupières, une fenêtre ayant ses panneaux obscurs et son châssis brillant. En recouvrant les paupières l'obscurité ramène l'impression primitive; l'image accidentelle revient encore avec la clarté, et ainsi de suite. Si l'on tient les paupières constamment couvertes, l'impression primitive ne tarde pas cependant à se transformer dans l'image accidentelle, puis l'image réelle revient, et cette alternative se renouvelle plusieurs fois avec un décroissement d'intensité.

529. Il est un autre genre de couleurs accidentelles qui paraissent entourer les objets que l'on regarde fixément, au lieu de succéder à cette contemplation, comme celles que nous avons considérées jusqu'ici. Buffon, qui a le premier signalé le phénomène des images accidentelles, indique à

Auréoles accidentelles.

ce sujet le fait suivant : Si l'on regarde long-temps un objet coloré placé sur un fond blanc, on finit par distinguer autour de l'objet une auréole teinte de la couleur complémentaire. Rumford a fait remarquer qu'un objet éclairé par une lumière colorée produit une ombre de couleur complémentaire. Quand un appartement n'est éclairé que par la lumière qui pénètre à travers un rideau coloré, si un faisceau de rayons solaires ou de lumière blanche est introduit par une petite ouverture pratiquée dans le rideau, il projette sur un carton blanc une trace lumineuse, teinte d'une couleur complémentaire de celle du rideau. Si l'on place entre une fenêtre et l'œil un papier coloré translucide, et sur ce papier une bande de carton blanc, cette bande paraît teinte d'une couleur complémentaire de celle du papier. Ces faits prouvent évidemment que toute impression produite sur la rétine est entourée d'une auréole accidentelle.

Le fait très connu de l'irradiation indique que cette auréole accidentelle est précédée d'une autre auréole plus étroite et qui a la même couleur que l'objet. L'irradiation consiste en ce que les objets blancs ou d'une couleur très vive, paraissent plus étendus que les objets noirs ou peu colorés de mêmes dimensions. On doit conclure de cette apparence que l'impression produite par un objet très vif en couleur s'étend un peu au-delà de l'image projetée sur la rétine. Ce fait est principalement sensible sur deux disques égaux, l'un blanc vu sur un fond noir, l'autre noir vu sur un fond blanc ; le premier paraissant être d'un diamètre plus grand de beaucoup que le second.

Influence mutuelle des couleurs voisines.

530. Les auréoles accidentelles s'étendent à une assez grande distance autour des objets. C'est du moins ce que

l'on doit conclure des expériences entreprises par M. Chevreul, pour apprécier l'influence réciproque de deux couleurs différentes voisines, et desquelles résulte cette conclusion générale, qu'à chacune des deux couleurs s'ajoute la complémentaire de l'autre. Voici le procédé dont s'est servi M. Chevreul pour constater cette influence.

Sur une même carte on colle parallèlement quatre bandes d'étoffes ou de papiers colorés, ayant chacune $0^m,012$ de largeur $0^m,06$ de longueur ; les deux bandes de gauche sont de la même couleur, rouges par exemple. Celles de droite sont aussi d'une même couleur mais différente de la première, nous les supposerons jaunes. Les deux bandes intermédiaires sont seules contiguës, les deux extrêmes doivent en être séparées d'un millimètre environ. Or si l'on regarde obliquement et pendant plusieurs secondes la carte ainsi préparée, les deux bandes de gauche, quoiqu'en réalité de la même nuance rouge, paraissent différer l'une de l'autre, celle qui appartient au groupe du milieu semble tirer davantage sur le violet, et sa couleur apparente peut être regardée comme composée du rouge réel, et de l'auréole accidentelle de la bande jaune voisine, laquelle doit être violette. Pareillement, des deux bandes jaunes de droite, celle près du centre paraît tirer sur le vert ; sa couleur résulte ainsi du jaune réel, et du vert accidentel qui forme l'auréole de la bande rouge voisine.

D'autres couleurs que le rouge et le jaune donnent des résultats analogues, qui rentrent tous dans la loi énoncée plus haut. Si les couleurs qui s'influencent mutuellement sont complémentaires l'une de l'autre, elles s'avivent par cette influence et acquièrent un éclat remarquable. Si l'on rapproche une bande blanche et une bande colorée, la première se teint de la couleur complémentaire de la seconde, qui de son côté prend une nuance plus brillante et plus foncée. Si les deux bandes sont l'une noire et l'autre colorée, la première paraît se couvrir d'une teinte complémentaire de la seconde, et celle-ci devient encore plus brillante, mais plus claire. Enfin le blanc et le noir s'influencent aussi, le premier paraît plus brillant, le second plus foncé. Toutes ces influences subsistent encore, quoiqu'avec moins d'énergie, lorsque les bandes sont éloignées l'une de l'autre et non juxtaposées.

Toutes ces expériences prouvent l'existence d'une auréole accidentelle, qui entoure chaque objet, et qui s'étend même assez loin, toutefois en décroissant rapidement d'intensité à mesure que la distance augmente. Ce fait étant établi en principe, on expliquera facilement les apparences que nous avons citées, et celles-ci qui sont du même genre. Lorsque les murs d'un appartement sont recouverts d'une tenture éclatante, les meubles qui ne reçoivent pas directement les rayons solaires paraissent se teindre d'une couleur complémentaire de celle des murs. Les ombres produites sur un mur blanc sont bleues ou vertes, au lever ou au coucher du soleil, c'est-à-dire lorsque la lumière de cet astre est orangée ou rougeâtre. Lorsqu'on imprime des dessins sur une étoffe, leur couleur est modifiée par la complémentaire du fond, et l'on ne peut juger de leur couleur réelle qu'en masquant le fond par un papier convenablement découpé.

Applications des influences réciproques des couleurs. 531. Il est facile de concevoir les applications que l'on peut faire du principe qui résume la seconde classe des apparences accidentelles, dans les arts et les manufactures qui exigent un assortiment convenable des couleurs. En général on doit rapprocher des couleurs complémentaires, qui s'avivent et augmentent d'éclat sans changer de nuance, par leur influence réciproque. Il faut éviter au contraire de mettre à côté l'une de l'autre des couleurs de même espèce, qui s'affaiblissent et se dénaturent mutuellement. Ainsi, suivant M. Chevreul, des meubles d'acajou ne doivent pas être couverts d'étoffes rouges, qui modifient par une nuance verte accidentelle la couleur que l'on estime dans le bois d'acajou. Pour que les fleurs d'un parterre paraissent dans tout leur éclat, elles doivent être distribuées avec choix : les fleurs bleues à côté des orangées, les violettes à côté des jaunes, les rouges et roses à côté des blanches et au milieu d'une touffe de verdure. Les tableaux, les tapis, les étoffes imprimées, les papiers peints, les décorations, et même les toilettes, présenteraient souvent des effets faux et en quelque sorte discordans, si l'influence réciproque des couleurs voisines avait été négligée lors de leur composition.

532. M. Plateau a observé plusieurs faits qui semblent prouver que l'auréole accidentelle d'un objet coloré, après s'être affaiblie jusqu'à une certaine distance, est entourée d'une autre auréole très pâle, de même couleur que l'objet ; en sorte que la seconde classe des apparences accidentelles présenterait, relativement à l'espace, des alternatives analogues à celles que présente la première classe, par rapport au temps. Il serait difficile en effet de ne pas reconnaître l'existence d'une auréole secondaire dans les expériences suivantes. Une bande de carton blanc, vue derrière un papier rouge et translucide qu'on interpose entre une fenêtre et l'œil, se teint d'une couleur

Auréoles
secondaires.

II. 16

verte, complémentaire de celle du papier, comme cela résulte d'un fait déjà cité ; mais si la largeur de cette bande de carton dépasse $0^m,012$, on aperçoit une teinte rougeâtre au milieu, les bords seuls prennent la coulenr verte. Derrière un papier jaune, une bande de carton blanc suffisamment large présente des bords violets, tandis que l'intérieur est d'un jaune pâle.

Anciennes explications des apparences accidentelles

533. Plusieurs théories différentes ont été proposées pour expliquer les deux classes des apparences accidentelles. La plus généralement admise pour la première classe est celle de Scherffer. Elle admet que la sensibilité de la rétine s'émousse ou s'affaiblit lors de la contemplation prolongée d'un objet coloré, en sorte que les parties qui ont reçu l'impression d'une couleur, restent pendant quelque temps incapables de transmettre la sensation de cette même couleur dans toute son intensité. Ainsi, lors de l'image accidentelle d'un objet rouge projetée sur un fond blanc, la sensation du rouge étant en partie détruite, la lumière blanche réfléchie par le fond doit produire l'effet de la couleur complémentaire du rouge.

Mais il est impossible de concevoir, dans cette théorie, l'existence de la couleur accidentelle lorsque les yeux sont fermés et maintenus dans une obscurité complète ; les apparences alternatives de l'impression primitive et de l'image accidentelle sont pareillement inexplicables ; enfin, on ne peut comprendre comment l'image accidentelle d'une des couleurs homogènes du spectre, se combine avec toute autre couleur pareillement homogène et réelle sur laquelle on la projette, car dans ces circonstances il n'existe pas de lumière blanche.

Les apparences accidentelles de la seconde classe sont

généralement attribuées au contraste, c'est-à-dire à une
cause morale, qui fait ressortir ce que des impressions
voisines ont de dissemblables, en diminuant le sentiment
de ce qu'elles ont de commun. Cette théorie, imaginée par
Prieur de la Côte-d'Or, ne peut soutenir un examen approfondi ; elle expliquerait difficilement, par exemple,
l'auréole qui entoure un objet coloré disposé sur un fond
noir, et les influences réciproques de deux couleurs, soit
homogènes, soit composées mais n'ayant aucune partie
commune.

534. M. Plateau vient de créer une théorie qui em- Théorie nou-
velle des
apparences
accidentelles
brasse à la fois la persistance des impressions primitives,
leurs images accidentelles, l'irradiation, et les influences
réciproques des couleurs voisines. Il établit d'abord en
principe que les apparences accidentelles sont directement
contraires aux impressions réelles ; c'est-à-dire que la
rétine se constitue pour les deux cas dans des états opposés. Ainsi, il y a opposition entre les effets du blanc et du
noir, et plus généralement entre les effets produits par deux
couleurs complémentaires ; cette dernière généralisation se
trouve vérifiée d'une manière remarquable, par ce fait
que deux couleurs accidentelles complémentaires produisent du noir ou un effet nul en se superposant.

On peut admettre qu'une impression ayant été produite
sur une partie de la rétine, cette partie se trouve dérangée
de son état normal, et tend à y revenir quand la cause
extérieure cesse d'agir. D'abord il y a persistance de l'impression primitive, qui s'affaiblit graduellement. Lorsque
l'état normal est atteint, le repos n'existe pas encore ; en
vertu de certaine propriété analogue à la vitesse acquise
la partie de l'organe affectée se constitue dans un état

opposé, et l'image accidentelle apparaît. Puis cet état nouveau s'affaiblit, l'impression primitive lui succède; et ainsi de suite. Tous les faits relatifs à la persistance des impressions et aux images accidentelles sont compris dans cet énoncé.

Quant à la seconde classe des apparences accidentelles, tout porte à croire que la portion de la rétine sur laquelle se projette l'image d'un objet fortement éclairé, n'est pas seule dérangée de son état normal par l'action de la lumière, mais que les parties voisines subissent de proche en proche certaines modifications. D'abord les points les plus voisins de ceux qui reçoivent l'image sont affectés de la même manière, d'où résulte l'irradiation. Plus loin cet effet s'affaiblit et devient nul; mais les parties de l'organe plus éloignées encore, sont forcées de se constituer dans un état opposé, par une propriété analogue à la succession des ondes condensante et dilatante lors de la propagation du son dans l'air, ou à l'état opposé des vitesses de vibration de deux concamérations voisines dans un corps sonore. Il y a donc une auréole accidentelle; puis quelquefois, et par la même propriété, une auréole secondaire de même couleur que l'objet.

En un mot, une partie de la rétine étant dérangée de son état normal, elle revient au repos par une série d'oscillations, qui varient de sens et d'intensité avec le temps; et son état dynamique ne cesse autour d'elle qu'après avoir passé, dans les parties les plus voisines, par une série d'oscillations, qui varient de sens et d'intensité avec la distance au lieu de l'impression directe.

TRENTE-QUATRIÈME LEÇON.

Instrumens d'optique. — Chambre obscure. Chambre claire. — Mégascope. Lanterne magique. Fantasmagorie. Microscope solaire. — Microscopes simples et composés. — Lunette astronomique. Lorgnettes. Lunette terrestre. — Télescopes.

535. Le but général des instrumens d'optique est de produire des images nettes et fidèles, d'objets trop petits ou trop éloignés pour que la vue simple puisse en percevoir la sensation distincte. Dans le premier cas, il s'agit d'abord de concentrer sur des objets très petits une grande quantité de lumière, par des miroirs concaves ou des verres convergens; il faut ensuite disposer d'autres appareils du même genre qui, recevant la plus grande partie possible des rayons réfléchis par les différens points de ces objets devenus lumineux, les fassent concourir à former des images suffisamment agrandies, et encore assez brillantes pour que l'œil puisse voir clairement et sans effort leurs diverses parties. Dans le second cas, il s'agit de réunir de larges faisceaux de rayons parallèles, et souvent peu intenses, partis des différens points d'objets très éloignés, et de les concentrer par l'effet des miroirs courbes ou des lentilles en des faisceaux assez étroits, suffisamment lumineux, et convenablement divergens, de telle sorte que l'œil qui les

But général
des
instrumens
d'optique.

reçoit puisse éprouver la sensation nette d'une image virtuelle de ces objets.

Les physiciens et les artistes ont imaginé et construit des appareils qui remplissent ces diverses conditions avec une perfection admirable, et qui sont devenus l'origine d'une foule de découvertes en histoire naturelle et en astronomie. Avant de développer la théorie de ces appareils, il ne sera pas inutile de décrire quelques instrumens moins parfaits, qui serviront d'exemples et en quelque sorte de lemmes, pour faire concevoir d'une manière simple les effets produits par les différentes parties des instrumens plus compliqués.

536. La *chambre obscure* se compose essentiellement d'une lentille biconvexe, adaptée à la paroi verticale d'une caisse en bois, et qui reçoit les rayons lumineux partis d'objets très éloignés tels que *ab*. A leur émergence, les faisceaux de rayons réfractés convergent un peu au-delà du foyer principal, et tendent à former en cet endroit une image renversée *a'b'*. Un miroir *mn*, incliné de 45° sur l'axe de la lentille, dévie ces rayons, et transporte en quelque sorte l'image en *a''b''*, sur la face inférieure d'une plaque horizontale de verre dépoli *vm*. Un observateur regarde au-dessus de cette plaque, y voit cette image, et peut la dessiner ou la calquer. Il faut que la plaque de verre et les yeux de l'observateur soient garantis, par des écrans opaques, de toute lumière étrangère. La paroi qui porte la lentille est mobile, et permet d'augmenter la netteté des images, en amenant, autant que possible, le foyer de chaque objet sur la plaque de verre. On donne quelquefois à la chambre obscure une autre disposition : le miroir, toujours incliné à 45°, est extérieur à la caisse, reçoit directe-

ment les rayons partis des objets, les dévie et les projette sur une lentille horizontale ; un tableau ou un carton, placé à peu près au foyer, reçoit l'image.

L'usage a appris que la netteté des images dans la chambre obscure était d'autant plus grande que l'ouverture de la lentille était plus petite. On conçoit facilement ce résultat en considérant que le tableau correspond seulement aux foyers conjugués d'un ou de plusieurs points lumineux, tandis que les foyers conjugués de tous les autres points sont en avant ou en arrière ; en sorte que le faisceau conique réfracté, formé par les rayons partis d'un de ces derniers points, projette une image circulaire sur le tableau. C'est l'étendue plus ou moins grande de ces projections circulaires qui rend les images des objets plus ou moins confuses ; or cette étendue diminue évidemment avec l'ouverture de la lentille. La diminution de cette ouverture remédierait encore à la confusion due à l'aberration de sphéricité, dans le cas où tous les points de l'objet seraient à la même distance de la lentille. Un diaphragme placé de manière à intercepter les rayons émergens des bords d'une plus grande lentille, produit le même effet que l'emploi d'une lentille de moindre ouverture ; il est vrai que c'est toujours aux dépens de la quantité de lumière introduite, mais on doit préférer la netteté des images à leur intensité. L'aberration de réfrangibilité étant aussi une cause de confusion dans les images de la chambre obscure, on obtient plus de netteté avec des lentilles achromatiques.

On construit maintenant des chambres obscures dans lesquelles le miroir extérieur est remplacé par un fort prisme isocèle à angle droit ; les rayons lumineux y entrent par la face verticale, se réfléchissent totalement sur celle qui correspond à l'hypoténuse, et sortent par la face horizontale. Ce prisme peut même remplacer aussi la lentille : il suffit, pour cela, que la face de sortie soit taillée de manière à former une portion de surface sphérique convexe. Cette modification est à l'avantage de l'intensité des images, ou de la quantité de lumière introduite dans la chambre obscure.

Chambre claire.

537. La *chambre claire* a été imaginée par Wollaston pour tracer l'image d'un objet ou d'un paysage. Elle consiste essentiellement dans un prisme quadrilatère, dont un des angles dièdres est droit, les deux adjacens de $67° \frac{1}{2}$, et l'angle opposé de $135°$ environ. L'une des faces qui forment l'angle droit est verticale ; c'est par elle que les faisceaux partis des objets pénètrent dans le prisme, où, après s'être réfléchis totalement sur les deux faces de l'angle obtus, ils vont sortir par la face horizontale, à peu près verticalement, et très près de l'angle aigu. L'œil de l'observateur reçoit ces faisceaux et voit en même temps la pointe d'un crayon, avec lequel la main peut suivre les images sur un carton horizontal, placé à la distance de la vue distincte. L'œil doit être fixé dans une position telle que le plan vertical, mené par l'arête aiguë de la face horizontale, coupe la prunelle en deux parties à peu près égales. Comme les rayons partis de l'objet n'arriveraient pas à l'œil avec le même degré de divergence que ceux partis de la pointe du crayon, il faut placer devant le prisme une lentille biconcave, ou une lentille biconvexe devant le carton, pour augmenter ou diminuer convenablement la divergence d'une partie des rayons.

Fig. 285.

M. Amici a modifié cet instrument de manière à diminuer l'inconvénient des petits dérangemens de l'œil, qui

peuvent l'empêcher d'apercevoir l'objet ou le crayon. La
chambre claire qu'il a imaginée se compose d'une lame de Fig. 286.
glace inclinée, et d'un prisme triangulaire à angle droit,
dont l'hypoténuse est tournée vers le bas, et dont une des
autres faces est perpendiculaire à la lame de verre. Les
faisceaux lumineux partis des objets entrent par une des
faces latérales du prisme. se réfléchissent totalement sur
l'hypoténuse, sortent du prisme par la troisième face, et
deviennent à peu près verticaux après une nouvelle réflexion sur la face supérieure de la lame de verre. L'œil
qui reçoit ces faisceaux, voit en même temps, et dans la
même direction, à travers la lame, la pointe du crayon qui
trace l'image. Pour éviter les réflexions sur la seconde face.
elle est dépolie, excepté dans la partie qui doit transmettre
les rayons partis de la pointe du crayon. Dans toutes les
chambres claires qui doivent servir à dessiner des objets
réels, on dispose l'instrument de manière que les rayons
soient réfléchis successivement deux fois, afin que l'image
soit droite. Cette précaution est inutile quand on applique
la chambre claire aux instrumens d'optique, on doit même
préférer dans ce cas une seule réflexion.

538. La loupe ou le *microscope simple* a pour but de
faire voir distinctement de très petits objets, qui, s'ils
étaient placés à la distance de la vue distincte, de 3o centimètres environ, enverraient sur la rétine une lumière trop
faible, et circonscrite dans une trop petite étendue de cet
organe, pour y produire une image suffisamment distincte
dans toutes ses parties. S'il s'agissait seulement de voir
l'objet sous de plus grandes dimensions. on pourrait le
placer très près de l'œil, ce qui augmenterait l'angle visuel;
mais l'image serait confuse, parce que la divergence des rayons

Loupe ou
miscroscope
simple.

partis de l'objet serait trop grande à l'entrée dans l'œil, pour que chaque faisceau, à sa sortie du cristallin, eût son point de concours sur la rétine ou très près de cette membrane.

Une loupe ou une lentille d'un très court foyer, placée entre l'œil et l'objet, donne aux faisceaux qui en émergent le degré de divergence nécessaire pour que l'objet soit vu distinctement. L'objet est alors placé à une distance x de la lentille, moindre que la distance focale f de la loupe ; l'image virtuelle est agrandie, et reculée à une distance a qui diffère peu de la distance de la vue distincte. Le lieu de l'image et celui de l'objet sont deux foyers conjugués ; étant situés du même côté, leurs distances à la lentille satisfont à l'équation $\dfrac{1}{x} - \dfrac{1}{a} = \dfrac{1}{f}$, d'où $x = \dfrac{af}{a+f}$. Le grossissement est égal à $\dfrac{a}{x} = 1 + \dfrac{a}{f}$; ainsi, avec une même loupe, le grossissement sera plus grand pour un presbyte que pour un myope ; pour un même observateur il sera d'autant plus grand que la distance focale de la loupe sera plus petite.

On se procure des lentilles d'un grand pouvoir grossissant, en fondant un fil de verre très mince, par une de ses extrémités, pour former une gouttelette qui peut n'avoir que $\frac{1}{4}$ de millimètre d'épaisseur ; on moule cette gouttelette refroidie, ou on l'enchâsse dans une petite ouverture pratiquée dans une plaque de plomb ; il est bon que ses bords soient recouverts en partie par le métal, qui sert ainsi de diaphragme. On obtient encore une loupe très grossissante au moyen d'une simple goutte d'eau fermant une petite ouverture pratiquée dans une feuille mince de métal, mais l'évaporation la détruit assez promptement.

Wollaston a construit des loupes qu'il a encore appelées *périscopiques*, parce que le champ de la vision nette y est beaucoup plus grand que dans les loupes ordinaires ; elles consistent en deux segmens sphériques de verre, séparés par une feuille très mince de platine percée d'un trou. La petitesse de la distance focale, l'existence et la position du diaphragme métallique donnent à ce genre de loupe un pouvoir grossissant considérable.

539. Le *mégascope* a été imaginé par Charles pour se procurer des images, réduites ou agrandies, d'un tableau ou d'un bas-relief. Il se compose d'une lentille devant laquelle on place l'objet au-delà de son foyer principal, et d'un tableau sur lequel l'image est reçue. Des miroirs plans convenablement disposés projettent la lumière du soleil sur l'objet. Le meilleur tableau consiste en une glace dépolie ; l'observateur, placé derrière elle, en voit distinctement l'image et peut la calquer ; on renverse l'objet pour que l'image soit droite. La position du tableau et la grandeur de l'image dépendent de la distance a de l'objet à la lentille, et de la distance focale f de ce verre ; si b représente la distance du tableau à la lentille on devra avoir :

$$\frac{1}{a} + \frac{1}{b} = \frac{1}{f}, \quad \text{d'où } b = \frac{fa}{a-f} ;$$

la grandeur de l'image sera à celle de l'objet, comme b est à a, ou comme f est $a-f$. Ainsi l'image sera d'autant plus grande que l'objet sera plus près du foyer principal. Souvent dans le mégascope, pour augmenter le grossissement, on rapproche l'objet de la lentille, et on interpose entre ces deux corps une seconde lentille qui fait l'office d'une loupe, en substituant à l'ancienne position de l'objet une image déjà très agrandie.

La *lanterne magique* n'est qu'un mégascope portatif.

ou des objets transparens sont éclairés au moyen d'une lumière artificielle, réfléchie par un miroir sphérique, et réfractée par un ou plusieurs verres lenticulaires; le tableau est en papier ou en toile, et les images y sont vues pan devant. La lampe, le réflecteur, les verres qui concentrent la lumière, les objets peints sur des plaques de verre, et enfin la lentille objective, sont renfermés dans une boîte; le tableau seul est extérieur, et le spectateur placé dans l'obscurité ne reçoit d'autre lumière que celle du champ circulaire projeté sur ce tableau.

L'appareil qui sert à produire les illusions de la *fantasmagorie* est un mégascope dans lequel on fait varier les distances de l'objet et du tableau à la lentille convergente, de manière à faire varier la grandeur de l'image, qui d'abord très petite s'agrandit peu à peu, ou qui d'abord très grande se rapetisse ensuite. L'objet transparent est éclairé comme dans la lanterne magique; la tableau est en taffetas gommé, ou en toile enduite de cire; tout l'appareil est caché aux yeux du spectateur, qui placé dans l'obscurité et derrière le tableau, croit voir un objet qui s'approche ou s'éloigne de lui. L'illusion serait plus complète, si l'on faisait varier la clarté de l'image, de manière qu'elle semblât diminuer, quand elle paraît offrir un objet qui s'éloigne.

Microscope solaire.

540. Le *microscope solaire* diffère du mégascope en ce que l'objet transparent, extrêmement petit, est placé très peu au-delà du foyer principal de la lentille objective, et au foyer même d'une autre lentille placée derrière lui, et sur laquelle un miroir plan, incliné convenablement, projette parallèlement à son axe les rayons solaires. Par cette disposition, l'objet fortement éclairé, et l'image qu'il

projette sur un tableau opaque disposé dans une chambre
obscure, quoique considérablement agrandie, est suffisamment distincte. Si l'objet était opaque, on l'éclairerait de
la même manière, mais de côté, en sorte que la lumière
s'y projetât sur la surface antérieure. On se sert du miscros-
cope solaire pour obtenir des images très grandes d'animaux très petits, qu'on appelle microscopiques ; si l'on
substitue à l'objet une petite masse liquide dans laquelle
cristallise une substance saline, on distingue sur le tableau
la marche des cristaux qui se forment et se réunissent.

541. Le *microscope composé* consiste essentiellement
en deux verres lenticulaires convergens, dont les axes sont
sur la même droite ; l'un O d'un très court foyer est placé
vers l'objet, et porte le nom d'*objectif* ; l'autre O' d'une
ouverture plus grande, et derrière lequel est placé l'œil
de l'observateur, porte le nom d'*oculaire*. L'objet est placé
un peu au-delà du foyer K de l'objectif ; le lieu de l'i-
mage réelle très agrandie K', produite par ce premier verre
convergent, se trouve un peu en-deçà du foyer principal
de l'oculaire, qui lui substitue une nouvelle image virtuelle
K'', encore plus grande, située à la distance de la vue distincte, pour l'œil recevant les faisceaux qui en émergent.

Il résulte de là que le grossissement $\dfrac{a''b''}{ab}$ est d'autant plus

grand que l'objectif et l'oculaire ont de plus courts foyers,
et que l'observateur a la vue plus longue ; mais ce grossissement a une limite qu'on ne peut dépasser, à cause
de la difficulté de construire de très petits objectifs, et de
la nécessité de conserver à l'oculaire des dimensions assez
grandes, pour qu'il puisse recevoir tous les faisceaux qui
se croisent dans les différens points de l'image a' b'. Le

champ de l'instrument est le cône formé par les rayons qui divergent du centre optique de l'objectif et rasent les bords de l'oculaire; ce champ est ordinairement diminué par un diaphragme intérieur, arrêtant les rayons dont les dernières réfractions s'opéreraient trop près des bords de l'oculaire, et qui rendraient confuse l'image $a'' b''$.

Le microscope composé est ordinairement formé de trois tuyaux emboîtés les uns dans les autres; le tuyau P, qui porte le nom de porte-oculaire, glisse dans le tuyau Q, et celui-ci dans le tube fixe R, à l'extrémité duquel se trouve l'objectif. Un diaphragme est fixé en D dans le tube Q. L'observateur élève ou abaisse le tuyau P, jusqu'à ce qu'il voie distinctement ce diaphragme; ensuite il soulève ou abaisse le système des deux tuyaux P et Q, jusqu'à ce qu'il voie aussi distinctement l'image de l'objet; dans cette position l'image $\overline{a' b'}$ se trouve au lieu même du diaphragme D. Au-dessous de l'objectif est le porte-objet S, que l'on peut élever ou abaisser à volonté au moyen de la vis V. En M se trouve un miroir sphérique ou plan, qui réfléchit de la lumière sur l'objet s'il est transparent; quelquefois aussi un second miroir sphérique plus petit m, renvoie encore vers lui la lumière qui a traversé les plaques de verre du porte-objet; ce dernier miroir est alors percé d'une ouverture égale à celle de l'objectif. Si l'objet est opaque, on l'éclaire de côté par une lentille convergente; un prisme incliné, et à faces courbes, peut aussi servir à concentrer la lumière solaire sur la face supérieure : le miroir m est alors inutile.

Pour mesurer le grossissement dû à l'objectif, on place sur le porte-objet un micromètre objectif, c'est-à-dire, une lame de verre, qu'on éclaire de côté comme pour les

objets opaques, et sur laquelle sont tracées au diamant des
lignes de division parallèles, très ténues et très rapprochées; on compte le nombre n de ces divisions qu'on
aperçoit très noires dans l'instrument, à la hauteur de
l'ouverture du diaphragme dont le diamètre N est connu,
et où se trouve l'image réelle $a'\,b'$; on aura ainsi $\dfrac{N}{n}$ pour le
grossissement dû à l'objectif. Le grossissement dû à l'oculaire se mesurera comme celui d'une loupe, en divisant la
distance de la vue distincte, par la distance connue du diaphragme à l'oculaire. En multipliant entre eux ces deux
grossissemens partiels, on aura le grossissement total de
l'instrument.

On place souvent un troisième verre lenticulaire, entre
l'objectif et l'oculaire, qui rassemble les faisceaux émergens
de l'objectif, et agrandit ainsi le champ de l'instrument,
en rendant l'image offerte à l'oculaire plus petite, il est
vrai, mais plus nette et plus distincte. Cette lentille a encore pour objet de corriger le défaut d'achromatisme, et
voici de quelle manière. La dernière image, obtenue par
un système de lentilles convergentes non achromatiques,
est composée d'autant d'images qu'il y a de couleurs dans
la lumière blanche, placées à des distances et ayant des
grandeurs différentes; si l'appareil pouvait être tellement disposé que l'œil se trouvât au sommet d'un cône,
qui envelopperait à peu près toutes les images, on ferait
ainsi disparaître, ou au moins on diminuerait beaucoup,
les bandes irisées qui résultent de l'aberration de réfrangibilité. Or, en déterminant convenablement la position de
la lentille intermédiaire, on parvient à produire sensiblement cet effet.

On se convaincra facilement de la possibilité d'obtenir ce résultat : les faisceaux de rayons partis de l'objet *m*, après leur réfraction dans l'objectif simple et non achromatique OB, concourent vers des images colorées situées entre le foyer conjugué *r* correspondant aux rayons rouges, et celui *v* des rayons violets ; toutes ces images ainsi que l'objet soutendent le même angle au centre optique ω de OB. La lentille IN reçoit les faisceaux réfractés par l'objectif avant leur concours ; les nouvelles réfractions qu'elle leur fait subir déterminent la formation d'autres images *r′*, *v′* plus petites et plus rapprochées de l'objectif que celles *r*, *v* ; chaque image *r′* ou *v′* soutend le même angle au centre optique ϖ du verre intermédiaire, que l'image *r* ou *v* correspondante ; mais cet angle varie d'une couleur à l'autre : il est plus grand pour les rayons les plus réfrangibles. D'après cela, quoique l'image *r* dût être plus grande que *v*, la nouvelle image *r′* peut devenir plus petite que *v′*, et soutendre conséquemment le même angle que cette dernière au centre optique α de l'oculaire CE ; en sorte que les images virtuelles *r″*, *v″*, soient vues sous le même angle, et à la distance de la vue distincte, par l'œil placé sur l'axe de l'oculaire et très près de sa surface.

Les distances *r* ϖ, *r′* α, les courbures des deux verres IN et CE, sont autant de grandeurs dont on peut disposer pour atteindre ce but, et le calcul indique que ces indéterminées sont plus que suffisantes. Dans les microscopes où l'on fait usage de ce moyen de corriger l'aberration de réfrangibilité, le diaphragme est placé en DP, à la hauteur de l'image réelle *r′ v′*, le verre intermédiaire est fixé au porte-oculaire, et l'on mesure le grossissement de la même manière que pour tout autre microscope.

Dans les microscopes composés que l'on construit actuellement, on n'emploie que des objectifs et même des oculaires achromatiques, composés le plus ordinairement chacun de deux verres, l'un biconvexe et l'autre biconcave ou plan-concave. M. Amici de Modène emploie même des lentilles composées de sept substances différentes, qui détruisent la diffusion de toutes les couleurs principales de la lumière blanche, tandis que les lentilles achromatiques composées de deux verres seulement ne détruisent la diffusion que des deux couleurs les plus différemment réfrangibles.

542. Le plus parfait de tous les microscopes composés récemment inventés, est sans contredit celui de M. Amici; voici la description de cet instrument. Les faisceaux lumineux partis de l'objet s'élèvent d'abord verticalement, pour traverser l'objectif qui est horizontal; mais au moyen d'une réflexion totale sur l'hypothénuse d'un prisme rectangle, ils sont réfléchis horizontalement vers l'oculaire. Par cette disposition les effets de la pesanteur sont détruits comme dans les microscopes composés ordinaires, puisque le porte-objet est horizontal; mais en même temps l'observateur prend une position plus commode, et peut même, comme nous le verrons, dessiner les images qu'il aperçoit.

L'objectif se compose d'une, de deux ou trois lentilles achromatiques plan-convexes, dont les distances focales sont de 8 à 10 millimètres, et dont on peut visser successivement les boîtes les unes aux autres, de manière à obtenir des grossissemens de plus en plus forts, mais en même temps des images de plus en plus rapprochées du système de l'objectif. Au-dessus de ces diverses lentilles, on visse un diaphragme plan, percé d'une ouverture circulaire; au-dessous un autre diaphragme également percé, mais courbé vers le

Miscrocope d'Amici.

bas en miroir sphérique concave, peut renvoyer à l'objet la lumière qu'il reçoit.

Pour chacune des combinaisons de l'objectif, on peut visser sur l'instrument, l'un ou l'autre de six oculaires achromatiques différens. Quatre sont composés chacun de deux verres plan-concaves ; un diaphragme est fixé entre ces deux verres, au point précis où vient se former l'image réelle de l'objet ; dans l'ouverture circulaire de ce diaphragme on place ordinairement deux fils très fins à angle droit. Les deux autres oculaires sont de simples lentilles à court foyer. Un écran noir, qui entoure l'oculaire, arrête toute lumière étrangère.

Les objets sont toujours placés entre deux lames de verre. Il y a de l'avantage à les mouiller d'une goutte d'eau qui les entoure. Les lames sont placées sur l'ouverture du porte-objet, et pressées contre lui par des pièces métalliques que l'on peut soulever ou abaisser à volonté. Un miroir concave inférieur réfléchit de la lumière sur les objets s'ils sont transparens ; un diaphragme mobile intermédiaire sert à modérer sa vivacité ; il est percé d'ouvertures circulaires de différentes grandeurs, que l'on peut présenter successivement à la lumière réfléchie pour en régler la quantité. Au-dessous de ce diaphragme est un verre dépoli, pareillement mobile, que l'on peut interposer encore dans le trajet de la lumière, lorsqu'elle vient du soleil ou d'une forte lampe. Si les objets sont opaques, on les place sur un disque de verre noir, collé sur une plaque de verre transparente ; ils sont alors éclairés, ou par une lentille mobile sur le côté, ou par le réflecteur et le petit miroir vissé au-dessous de l'objectif.

Tout le système du porte-objet peut glisser sur la tige

verticale de l'instrument ; un pignon et une crémaillère servent à régler ce mouvement et à amener l'objet au foyer de l'objectif. Le porte-objet peut se mouvoir horizontalement dans deux directions perpendiculaires entre elles ; deux vis micrométiques à boutons gradués, et à repères fixes, servent à régler et à mesurer ces mouvemens. Le tube du microscope est mobile autour d'un axe vertical ; il peut s'allonger ou se raccourcir au moyen d'un emboîtement, d'un pignon et d'une crémaillère.

Pour mesurer le grossissement de ce microscope, on se sert d'une chambre claire composée d'une simple lame de verre à faces parallèles, que l'on fixe au-delà de l'oculaire, et que l'on incline sur l'axe de cette lentille, de manière à ce qu'elle réfléchisse verticalement par sa face supérieure, les faisceaux lumineux émergeant de l'instrument. L'œil qui les reçoit voit ainsi, d'une part les objets agrandis, et de l'autre, à travers la lame de verre, et à une certaine distance, une règle horizontale bien divisée, où les images lui semblent situées. Si l'objet est lui-même divisé, tel que le micromètre objectif dont nous avons parlé plus haut, l'observateur lira directement l'espace occupé sur la règle par l'image d'une des divisions de ce micromètre ; il sera facile ensuite d'en conclure le grossissement. Les grossissemens du microscope de M. Amici, que l'on obtient en combinant les différens systèmes d'objectifs et d'oculaires qui en font partie, varient entre 80 et 4000 ; la netteté des images n'est pas également parfaite pour tous, mais celle qui correspond aux grossissemens compris entre 400 et 600 ne laisse rien à désirer.

Connaissant ainsi le pouvoir grossissant de chaque combinaison d'oculaire et d'objectif, il est facile de déterminer les dimensions absolues d'un objet quelconque, en dessinant son image amplifiée sur le carton horizontal, au moyen de la chambre claire décrite plus haut; on mesure les dimensions du dessin, qu'on divise ensuite par le grossissement. On peut mesurer ces dimensions d'une autre manière, au moyen des vis micrométriques qui règlent et mesurent les mouvemens horizontaux du porte-objet, en amenant successivement chaque extrémité d'une des dimensions cherchées sous le fil micrométrique de l'oculaire; les têtes des vis micrométriques étant divisées et leurs pas connus, on déduira facilement de ce mode d'expérience les grandeurs cherchées.

Outre le microscope dioptrique, ou uniquement par réfraction, que nous venons de décrire, on doit encore à M. Amici un microscope *catadioptrique*, où la réfraction et la réflexion sont utilisées. L'objectif est *catoptrique*, ou uniquement par réflexion : les faisceaux de lumière partis verticalement de l'objet, vont se réfléchir sur un miroir plan incliné à 45°, et arrivent à peu près horizontaux sur un plus grand miroir qui est concave; ils s'y réfléchissent, et vont former auprès de l'oculaire une image réelle et agrandie de l'objet. Le reste de l'instrument est comme dans le précédent.

Lunette astronomique.

543. La *lunette astronomique* est destinée particulièrement à l'observation des corps célestes; elle consiste, comme le microscope composé, en deux lentilles convergentes, l'objectif et l'oculaire. Mais pour cet instrument l'objet est extrêmement éloigné, et envoie des rayons qu'on peut regarder comme parallèles, en sorte que l'image, réelle et renversée, est au foyer principal de l'objectif. Ce premier verre doit avoir une grande ouverture pour réunir

plus de lumière ; quant à l'oculaire, sur lequel viennent
tomber les faiscaeux qui ont formé l'image réelle , et qui fait
diverger ces faisceaux à leur émergence, d'une image virtuelle située à la distance de la vue distincte, ce verre lenticulaire remplit encore l'office d'une loupe, comme dans
le microscope composé, et doit être rapproché ou éloigné
de l'image réelle, toujours plus proche de lui que son foyer
principal, suivant que l'observateur a une vue plus courte
ou plus longue.

Le grossissement ne peut plus se mesurer ici par les rapports de grandeur des images aux objets, à cause de l'éloignement de ces derniers ; on compare alors l'angle visuel
sous lequel l'œil verrait directement l'objet, à celui que
lui présente l'image virtuelle. lorsqu'il est placé derrière
l'oculaire ; ces angles sont égaux à ceux (O et C) sous
lesquels on verrait, des centres optiques de l'objectif et
de l'oculaire, l'image réelle, que l'on peut regarder
comme placée à très peu près aux foyers principaux de
ces deux lentilles. **D'où** il suit que le rapport des tangentes des moitiés de ces angles seront en raison inverse
des distances focales :

$$\left(\frac{\operatorname{tang} \frac{1}{2} C}{\operatorname{tang} \frac{1}{2} O} = \frac{RF}{FC} : \frac{RF}{FO} = \frac{FO}{FC} \right).$$

Ainsi le grossissement de la lunette astronomique sera d'autant plus grand que l'objectif aura un plus long foyer, et
que l'oculaire en aura un plus court. La difficulté de construire de grands objectifs exempts de défauts, et la nécessité de conserver l'image suffisamment brillante. assignent
une limite à ce grossissement, qui ne dépasse pas 1000 à
1200. dans les meilleures lunettes astronomiques connues.

Autrefois on visait les corps célestes au moyen de deux
pinnules. placées à une certaine distance l'une de l'autre;

ce mode d'observation avait le même défaut que la vision simple, pour laquelle deux rayons qui font un angle de $\frac{1}{5}$ minute semblent se confondre. Dans la lunette astronomique, l'angle visuel étant considérablement agrandi, ces rayons se séparent trop pour être confondus; l'avantage de cet instrument est donc évident, et l'on ne doit pas s'étonner des grands progrès que sa découverte a fait faire à l'astronomie.

Il existe un moyen expérimental de mesurer le grossissement des lunettes formées de verres biconvexes, qui a l'avantage de s'appliquer à toutes les modifications de ces instrumens. Voici en quoi il consiste : après avoir ajusté la grandeur du tube de manière à ce que la lunette fasse voir distinctement les objets éloignés, on ôte l'objectif; le cercle d'ouverture de la lunette forme alors une image réelle en dehors, derrière l'oculaire; on mesure, au moyen d'un micromètre, le diamètre de cette image; son rapport au diamètre connu de l'ouverture sera le grossissement cherché. En effet, ce grossissement est $\frac{F}{f}$ ou à peu près; F et f étant les distances focales de l'objectif et de l'oculaire; mais lorsque l'objectif est ôté, l'image du cercle d'ouverture est derrière l'oculaire, à une distance x donnée par la formule $\frac{1}{F+f} + \frac{1}{x} = \frac{1}{f}$; d'où l'on déduit : $\frac{F+f}{x} = \frac{F}{f}$ pour le rapport de grandeur de l'ouverture à son image, lequel est conséquemment égal au grossissement de l'instrument.

Pour diminuer la diffusion des couleurs dans les lunettes astronomiques, l'objectif est ordinairement achromatique, ou composé de plusieurs lentilles de substances différentes et juxta-posées. Quelquefois l'oculaire est composé de deux lentilles biconvexes, placées à une distance convenable l'une de l'autre, qui font disparaître ou diminuent les bandes colorées de l'image virtuelle, comme le verre intermédiaire du microscope composé.

On tend ordinairement au foyer de l'objectif, ou au lieu même de l'image réelle, deux fils très fins, faisant entre eux un angle droit, et dont le point d'entrecroisement est sur l'axe de la lunette. Pour fixer particulièrement un point de l'objet, on dirige vers lui la lunette, de manière que son image soit successivement au-dessus et au-dessous, ou à droite et à gauche du point d'entrecroisement des deux fils, à des distances presque égales ; en cherchant ensuite à diriger l'axe de la lunette au milieu de ces différentes positions, on parvient, par tâtonnement, à placer l'image du point fixe au point d'entrecroisement ; on dit alors que ce point est dans *l'axe optique de l'instrument.*

Le champ de l'instrument est la portion de l'espace qui peut être aperçue au moyen de la lunette ; c'est le cône dont le sommet est au centre optique de l'objectif, et qui a pour base le grand cercle de l'oculaire ; si R est le rayon de l'ouverture de cette dernière lentille, et D la distance de l'objectif à l'oculaire, la fraction $\frac{R}{D}$ sera la tangente de l'angle au centre de ce cône, ou de la moitié de l'angle du champ, et pourra être prise pour sa mesure. Pour faire concevoir que l'œil peut être placé derrière l'oculaire de manière à recevoir des rayons lumineux partis de tous les points du champ, soit RR′ une image réelle, ayant à peu près la largeur de ce champ à l'endroit qu'elle occupe. Le point R de cette image sera formé par un faisceau LRL′

Fig. 296.

de rayons émergés de toute la surface de l'objectif, et qui tombant en faisceau conique divergent sur la surface antérieure de l'oculaire, émergera de la surface postérieure de cette lentille, suivant un autre faisceau conique beaucoup moins divergent $nlR''em$ qui devra entrer en partie dans la prunelle, pour que l'œil aperçoive le point R'' de l'image virtuelle. Le faisceau émergent $n'l'R'''e'm'$ devra pareillement entrer en partie dans la prunelle, pour que le point R''' soit vu. L'œil étant placé dans l'espace compris à la fois dans les deux cônes $nlem$, $n'l'e'm'$, apercevra donc les points R'' et R''', et à plus forte raison tous les autres points de l'image virtuelle.

544. La lunette astronomique donne des images renversées, ce qui la rend impropre à l'observation des objets terrestres. Galilée a imaginé une lunette qui ne présente pas le même inconvénient. Dans cet instrument l'oculaire est biconcave, et placé entre l'objectif et son foyer principal; il reçoit ainsi les faisceaux qui iraient former l'image due à l'objectif, et les rend divergens; de telle manière qu'ils semblent partis de points situés à la distance de la vue distincte. Il est évident que, par cette disposition, l'image virtuelle vue par l'oculaire biconcave est dans la même position que l'objet; elle est d'ailleurs agrandie, car son angle visuel est plus grand que celui sous lequel on verrait directement l'objet; on a en effet : . . . .

$$\frac{\tan\frac{1}{2}C}{\tan\frac{1}{2}O} = \frac{RF}{CF} : \frac{RF}{FO} = \frac{FO}{CF}.$$

Ce grossissement sera d'autant plus grand que la distance focale de l'objectif sera plus longue, et que l'oculaire aura un plus court foyer.

L'œil ne pouvant recevoir qu'une partie des rayons compris dans l'angle rs', le champ des objets visibles au moyen

de la lunette de Galilée est peu étendu. Pour qu'il soit le
plus grand possible, il faut que l'œil soit placé le plus près
possible de l'oculaire. On concevra facilement que l'étendue
du champ dépend ici de la position de l'œil, en examinant,
comme nous l'avons fait pour la lunette astronomique, la
marche des faisceaux lumineux qui forment à leur émergence les points extrêmes de l'image virtuelle; leurs axes, au
lieu de converger vers un même espace, où la prunelle
pourrait être placée, divergent au contraire, en sorte que
l'œil apercevant un des points R'' et R''', pourra ne pas
apercevoir l'autre.

Pour trouver la distance qui doit séparer l'oculaire biconcave de l'objectif, soient : x cette distance; F la longueur focale de cet objectif; f celle de l'oculaire; D la distance de la vue distincte; rappelons-nous en outre la
formule générale $\dfrac{1}{p} + \dfrac{1}{p'} = \dfrac{1}{a} = \dfrac{l-1}{r} + \dfrac{l-1}{r'}$ que nous
avons démontrée précédemment, et qui donne la relation
existante entre les rayons de courbure r et r' d'une lentille biconvexe, l'indice l de réfraction de la substance
diaphane dont elle est composée, et les distances p et p'
qui séparent la lentille du point lumineux et de son foyer
conjugué. Pour une lentille biconcave il faut changer dans
cette formule les signes de r, et de r' et par suite de a. Il faut
pareillement changer le signe de p', si les rayons émergens
doivent être divergens. Ainsi, dans le cas dont il s'agit,
il faudra faire : $p = -(F - x)$, $p' = -D$, $a = -f$, d'où

$$\frac{1}{F-x} + \frac{1}{D} = \frac{1}{f}, \quad F - x = f : \left(1 - \frac{f}{D}\right), \quad x = F - \frac{f}{1 - \dfrac{f}{D}}$$

Ainsi $F - x$ ou CF est plus grand que f, et la grandeur de

x marche dans le même sens que celle de D. Il suit de là que les presbytes devront éloigner l'oculaire de l'objectif, et les myopes le rapprocher au contraire. Les emboîtemens des tuyaux des lorgnettes de spectacle sont ainsi destinés à les approprier à différentes vues.

L'objectif des lorgnettes est ordinairement achromatique. L'oculaire est toujours simple; on affaiblirait trop la lumière en le composant de plusieurs verres; d'ailleurs en ayant soin de p'acer la pupille sur l'axe même de la lorgnette, les bandes colorées dues à la lentille biconcave sont trop peu étendues pour être sensibles. Dans ce genre de lunette les deux réfractions se faisant en sens contraire, l'achromatisme peut être obtenu par une combinaison convenable d'un oculaire simple biconcave, avec un oculaire biconvexe, simple aussi et d'une substance différente; alors la distance entre les deux verres doit rester invariable.

Lunette terrestre.

545. La *lunette terrestre* est essentiellement composée de quatre verres biconcaves; son but est de faire voir les objets droits, et d'obtenir en même temps un champ plus étendu que celui de la lunette de Galilée. On y parvient en plaçant dans la lunette astronomique, entre l'oculaire et l'image due à l'objectif, deux autres verres biconvexes; l'un d'eux a son foyer principal au lieu même de l'image réelle; l'autre placé derrière le premier reçoit les faisceaux

Fig. 298. de rayons parallèles qui en émergent, et les fait converger de manière à former, à son foyer principal, une nouvelle image réelle évidemment renversée par rapport à la première, et conséquemment droite relativement à l'objet. Après avoir formé cette seconde image, les faisceaux lumineux en divergent et tombent sur l'oculaire, qui les fait diverger de points situés à la distance de la vue distincte:

pour cela la seconde image doit être placée un peu plus
près de l'oculaire que son foyer principal, comme dans la
lunette astronomique et le microscope composé.

Le grossissement de la lunette terrestre sera évidemment
donné par la même formule que celui de la lunette astronomique, si, comme cela a lieu ordinairement, les deux
lentilles interposées ont la même distance focale, c'est-à-
dire, si $\overline{OF} = \overline{O''F'}$, d'où $\overline{RF} = \overline{rF'}$; le grossissement aura
donc pour mesure $\dfrac{FO}{FC}$. Quelquefois on emploie dans la lu-
nette terrestre plus de deux verres intermédiaires, afin de
détruire ou de diminuer la diffusion des couleurs sur les
bords des images, sans se servir de verres achromatiques.
Il est facile de voir, en examinant la marche des faisceaux
lumineux qui vont former, à leur émergence de l'oculaire,
les points extrêmes de l'image virtuelle, comme nous l'a-
vons fait pour les lunettes précédentes, que le champ n'est
pas diminué dans la lunette terrestre par l'interposition de
deux verres lenticulaires, et qu'il peut même en être augmenté.

546. Les télescopes sont composés de miroirs courbes, Télescopes.
combinés de manière à former, par la réflexion de la lumière, des images réelles que l'on regarde ensuite au moyen
d'un oculaire. Si l'on suppose un objet très éloigné, placé
sur l'axe d'un miroir sphérique concave M, les faisceaux
de rayons qu'on doit considérer comme parallèles, et qui
seront envoyés par les différens points de l'objet, iront for- Fig. 277.
mer après leur réflexion une image réelle RR, au foyer
principal F de ce miroir, ou au milieu de son rayon CM;
l'image et l'objet seraient ainsi vus sous le même angle du
centre du miroir. Le miroir courbe est ordinairement placé

au fond d'un long tube cylindrique dont les arètes sont parallèles à l'axe de ce miroir, et dont la surface interne est noircie, afin d'éloigner autant que possible toute lumière étrangère, et d'éviter la confusion que pourraient causer les rayons irrégulièrement réfléchis par les parois. C'est dans le moyen d'observer l'image avec l'oculaire, de manière à ne pas intercepter une trop grande partie des rayons incidens, que les télescopes diffèrent. Dans l'instrument de cette espèce dont se servait Herschel, il faisait dévier un peu l'axe de son miroir, dont la distance focale était à 40 pieds; en sorte que l'objet et l'image n'étaient plus situés sur cet axe, mais de deux côtés différens de cette ligne.

Télescope de Newton.

547. Newton pour remplir le même but, dans le télescope qui porte son nom, a imaginé d'intercepter les rayons réfléchis, un peu avant leur concours à l'image, par un petit miroir plan, incliné à 45° sur l'axe du télescope, et qui transporte l'image sur le côté, en sorte qu'elle peut être observée au moyen d'un oculaire dont l'axe est perpendiculaire à celui du miroir courbe. Le miroir plan ayant l'inconvénient d'affaiblir la lumière qu'il réfléchit, Newton lui substitua un prisme à angle dièdre droit, sur l'hypothénuse duquel s'opère la réflexion totale des faisceaux lumineux, qui entrent et sortent à peu près perpendiculairement aux deux faces de ce prisme. Pour placer le télescope de Newton dans la direction de l'objet, on se sert d'une petite lunette astronomique, fixée parallèlement à l'axe du miroir courbe, et à laquelle on donne le nom de *chercheur*: on fait tourner, on soulève ou on abaisse le tube de l'instrument, jusqu'à ce que l'objet que l'on veut considérer soit dans l'axe optique du chercheur

Le grossissement des télescopes se mesure, comme dans les lunettes, par le rapport qui existe entre la tangente de la moitié de l'angle i que soutend l'image virtuelle de l'oculaire, et la tangente de la moitié de l'angle O, sous lequel l'objet est vu directement, angle qui est égal à celui que soutend l'image réelle vue du centre. Dans le télescope de Newton, soient F la distance focale du miroir, ou la moitié de son rayon, et φ la distance à l'oculaire de l'image réelle, un peu plus petite que la longueur focale de cet oculaire, on aura évidemment $\tang\frac{1}{2}O = \frac{\mathrm{R}F}{F}$, ...

$\tang\frac{1}{2}i = \frac{\mathrm{R}'F'}{\varphi}$ et $\tang\frac{1}{2}i : \tang\frac{1}{2}O = F : \varphi$. Ainsi le grossissement sera d'autant plus grand que le miroir courbe aura un plus grand rayon, et l'oculaire un peu plus court foyer. L'inconvénient principal du télescope de Newton, comme de celui d'Herschell, est de donner des images qui ne sont pas placées pour l'observateur de la même manière que l'objet.

518. Le télescope imaginé par Grégori ne présente pas cet inconvénient. Le miroir sphérique principal M est percé en son milieu d'une ouverture, où se trouve fixé le porte-oculaire. Pour renvoyer vers lui les rayons réfléchis qui se sont croisés de manière à former l'image réelle FR, on les reçoit sur un autre petit miroir sphérique m placé au-delà de cette image. La distance $\overline{m\mathrm{M}} = \mathrm{D}$ des deux miroirs, surpasse la distance focale $\mathrm{FM} = \mathrm{F}$ du grand, d'une quantité $m\mathrm{F}$, un peu plus grande que la longueur focale f du petit miroir, ou que la moitié de son rayon m. Après leur réflexion sur le miroir m, les faisceaux lumineux vont former en avant de l'oculaire une nouvelle image réelle R'F'.

conjuguée de la première, à laquelle cet oculaire substitue
enfin une image virtuelle placée à la distance de la vue
distincte. Il est évident que, par cette disposition, l'image
virtuelle, ainsi que la seconde image réelle R'F', inverse
par rapport à la première image, sont directes relativement à l'objet.

Pour trouver le grossissement de ce télescope, on a
$\tang \frac{1}{2} O = \frac{FR}{F}$, $\tang \frac{1}{2} i = \frac{F'R'}{\varphi}$, d'où $\frac{\tang \frac{1}{2} i}{\tang \frac{1}{2} O} = \frac{F'R'}{FR} \frac{F}{\varphi}$
$= \frac{F'O'}{FO'} \frac{F}{\varphi}$; or on a $mF = D - F$ et par suite $FO'\ldots$
$= 2f - (D - F) = F + 2f - D$; de plus F et F' étant
deux foyers conjugués du miroir m, on aura : $\frac{1}{D - F} + \frac{1}{mF'}$
$= \frac{1}{f}$, d'où : $\overline{mF'} = 2f + \overline{F'O'} = \frac{f(D - F)}{D - F - f}$, et $\overline{F'O'}\ldots$
$= f \cdot \frac{F + 2f - D}{D - F - f}$. On a donc pour le grossissement cherché
$\frac{\tang \frac{1}{2} i}{\tang \frac{1}{2} O} = \frac{fF}{\varphi(D - F - f)}$. On peut disposer de la distance
D des deux miroirs, de manière que $\frac{F}{f} = \frac{f}{D - F - f}$, d'où
$D - F = \frac{F + f}{F} f$, ce qui exige que l'on ait: $Fm : f :: F + f : F$
condition facile à remplir; alors le grossissement sera...
$\tang \frac{1}{2} i : \tang \frac{1}{2} O = F : f\varphi$.

Dans tous les télescopes que nous venons de décrire,
l'achromatisme des bords de l'image virtuelle est ordinairement obtenu par un oculaire composé de deux verres
biconvexes, placés à une certaine distance l'un de l'autre.
Quant à l'image réelle, étant formée par réflexion, elle ne

donne lieu à aucune diffusion de couleurs. Les petits télescopes sont rarement employés; on leur a toujours pré-
féré des lunettes astronomiques construites avec soin. Mais
les grands télescopes donnant beaucoup de lumière, ont
été employés au contraire pour observer les astres qui ont
peu d'éclat, de préférence aux lunettes, dont les objectifs
les plus parfaits et les plus grands ont encore des dimensions assez petites; il paraît cependant que les bonnes lunettes de Fraünhofer, qui ont 8 à 10 pouces d'ouverture,
égalent et surpassent même les plus grands télescopes, qui
ne sont plus guère en usage aujourd'hui.

549. Les télescopes peuvent être transformés en très Microscopes
bons microscopes catadioptriques; il suffit pour cela de catadioptriques.
placer l'objet très petit, à peu près au lieu de la dernière
image réelle du télescope, mais au-delà du foyer, et de
disposer l'oculaire sur l'axe du tube, au-delà du centre
du miroir principal, et de l'image agrandie qui se forme
en un point de cet axe. Les objets opaques devant être
fortement éclairés de côté dans les microscopes, leur position, très voisine de l'objectif dans les microscopes diop-
triques, empêche souvent de réunir sur eux une lumière
suffisante; cet inconvénient est évidemment moindre dans
les microscopes catadioptriques, tel que celui dont nous
avons déjà parlé, et qui est dû à M. Amici. L'expérience a
appris à cet habile physicien que l'on diminuait l'aberration de sphéricité, en substituant aux miroirs sphériques,
des miroirs elliptiques qu'il est parvenu à construire avec
une rare perfection.

La théorie des instrumens d'optique n'est, comme on le
voit, qu'une suite de conséquences géométriques, déduites
de trois principes généraux, qui sont : la marche linéaire

de la lumière dans un milieu homogène, la loi de la réflexion et celle de la réfraction simple; cette théorie résume
en quelque sorte une partie de la physique que l'on pourrait appeler l'optique géométrique. Mais il se produit, dans
des circonstances particulières, des phénomènes lumineux
pour lesquels les trois principes précédens sont plus ou moins
en défaut; il importe d'étudier de près ces cas exceptionnels, qui ont fait découvrir la véritable cause de la lumière;
tel est le but des quatre leçons suivantes.

TRENTE-CINQUIÈME LEÇON.

Phénomènes de la double réfraction. — Axes de double réfraction.
Cristaux à un et à deux axes. — Lois de la double réfraction dans
les cristaux à un axe. Construction d'Huyghens. — Micromètre à
double image. — Phénomènes de la polarisation. — Lumière
polarisée par réflexion. Angle de polarisation. — Lumière polarisée par réfraction. Pile de glaces. Propriété de la tourmaline.

550. La réfraction simple, dont les lois ont été trouvées Substances
bi-réfrin-
gentes.
par Descartes, s'opère à l'entrée de la lumière dans les
milieux transparens homogènes et présentant la même élasticité dans toutes les directions; mais lorsque la lumière
atteint un corps solide diaphane et cristallisé, elle s'y réfracte généralement suivant des lois différentes. Une masse
cristalline offrant toujours des clivages plus faciles dans
certains sens que dans d'autres, on doit en conclure que
l'élasticité varie dans cette masse avec la direction autour
de chaque point; et cette conclusion fait concevoir que la
réfraction, dont les lois doivent dépendre de la disposition
des molécules du milieu où la lumière pénètre, peut ne
plus avoir le même degré de simplicité pour les substances
cristallisées, que pour celles qui ne le sont pas.

Toutefois cette simplicité subsiste encore lorsque la
forme primitive du cristal est un polyèdre régulier (§. 127),
c'est-à-dire un cube, ou un octaèdre dont toutes les faces

sont des triangles équilatéraux, et les lois de la réfraction sont toujours celles que nous avons données au § 468.

Mais quand la forme primitive diffère du cube ou de l'octaèdre régulier, ces lois changent et se compliquent; un rayon lumineux, en pénétrant dans le milieu cristallisé, se divise alors en deux faisceaux distincts. L'un de ces faisceaux suit la loi ordinaire de la réfraction simple, et l'autre une loi toute différente, si la forme primitive est un polyèdre semi-régulier, tel qu'un rhomboïde, un octaèdre isocèle à base carrée, ou un parallélépipède rectangle dont deux côtés sont égaux. Les deux faisceaux réfractés suivent tous les deux des lois nouvelles, quand la forme primitive est un polyèdre tout-à-fait irrégulier.

*Axes de dou-
ble
réfraction.*

551. Les cristaux dans lesquels on observe la double réfraction forment ainsi deux classes distinctes. Si l'on taille une face plane quelconque dans un cristal de l'une ou de l'autre classe, un rayon lumineux qui y tombera perpendiculairement se divisera en général en deux faisceaux. Mais pour un cristal de la première classe, il existe une direction particulière et unique de la face plane, pour laquelle le rayon incident normal pénètre sans se diviser; pour un cristal de la deuxième classe, il y a deux directions qui paraissent jouir de cette propriété. La normale à la section d'un cristal bi-réfringent, pour laquelle cette propriété est observée, ou la direction suivie par le rayon incident normal non divisé, est appelée *axe de double réfraction.* C'est pour cela qu'on donne aux deux classes différentes des cristaux, donnant lieu au phénomène de la double réfraction, les noms de *cristaux à un seul axe,* et de *cristaux à deux axes.*

552. Parmi les cristaux à un seul axe, nous considérerons particulièrement le carbonate de chaux cristallisé, connu sous le nom de *spath d'Islande,* et dont la forme primitive est un rhomboïde, ou un parallélépipède ayant six faces losanges, et deux angles trièdres opposés, formés chacun de trois angles plans obtus égaux entre eux. L'axe de figure de cette forme primitive est la ligne qui joint les deux angles solides obtus, et cet axe est précisément celui de double réfraction. Dans une masse régulièrement cristallisée de spath d'Islande, on doit considérer chaque point comme pouvant devenir, par des coupes parallèles aux trois clivages, le sommet d'un rhomboïde semblable à la forme primitive. Il suit de là, que toute droite parallèle à l'axe peut être considérée comme étant cet axe lui-même, quand on veut étudier la marche de la lumière suivant sa direction, ou autour d'elle. On appelle *section principale* du cristal, un plan parallèle à son axe, et perpendiculaire à une face plane quelconque par laquelle la lumière pénètre.

553. Si l'on place un rhomboïde de spath d'Islande assez épais sur un carton où se trouvent tracés des points et des lignes, on aperçoit, en regardant à travers le cristal, deux images séparées de chaque objet. Lorsqu'on fait tourner le cristal autour d'une verticale, une des images reste fixe, la seconde tourne autour de la première. Si le plan d'émergence des rayons qui arrivent à l'œil est une section principale, les deux images sont dans ce plan ; pour toute autre direction du plan d'émergence, l'image fixe ou ordinaire s'y trouve seule, l'image mobile ou extraordinaire est à droite ou à gauche.

554. Quand on fait tomber sur une des faces du rhom-

Cristaux à un axe.
Section principale

Fig. 301

Doubles images.

Rayons ordinaire et extraordinaire.

boïde un rayon solaire, introduit par un trou pratiqué dans le volet d'une chambre obscure, on distingue deux rayons émergeant de la face opposée parallèlement au rayon incident, mais qui ne sont tous les deux dans le plan d'incidence, que lorsque ce plan est parallèle à l'axe. Le rayon constamment réfracté dans le plan d'incidence, l'est suivant la loi de Descartes, et est appelé *rayon ordinaire;* l'autre, dont les lois sont plus compliquées, est nommé *rayon extraordinaire.*

Malus a imaginé un moyen très simple pour déterminer la position relative des rayons ordinaire et extraordinaire, pour une incidence quelconque. Le cristal étant taillé de manière à présenter deux faces parallèles, on place l'une d'elles sur un carton où se trouve tracé en lignes très fines un triangle rectangle BAC, dont le côté $\overline{AC}$ est beaucoup plus petit que le côté $\overline{AB}$ sur lequel sont marquées, ainsi que sur l'hypothénuse BC, et à partir du sommet B, des divisions égales entre elles. Si dans l'image extraordinaire A'B'C' de ce triangle, le côté $\overline{A'B'}$ coupe en F l'hypothénuse $\overline{BC}$ de l'image ordinaire, et si $\overline{BF'}=\overline{BF}$, on devra conclure que le rayon extraordinaire du point F' coïncide, à la sortie du cristal, avec le rayon ordinaire du point F. On vise le point F par réfraction au moyen d'une lunette mobile, et munie d'un quart de cercle qui donne l'angle ICN que l'axe de cette lunette fait avec une verticale CN, située dans le plan d'émergence, et dont la position est donnée relativement au triangle BAC. Connaissant en outre l'épaisseur du cristal entre les deux faces parallèles, on pourra déterminer aisément la position respective des rayons réfractés ordinaire et extraordinaire, qui émergent tous les

Fig 302.

deux dans l'axe IC de la lunette, ou à cause de l'identité de marche de la lumière lorsqu'elle rebrousse chemin, la dosition relative des rayons ordinaire et extraordinaire IF' et IF, que produirait un rayon incident CI.

555. Si la face sur laquelle la lumière est reçue est perpendiculaire à l'axe, ou également inclinée sur les trois plans de clivage du rhomboïde : 1º le rayon incident normal pénètre aussi normalement dans le cristal et ne s'y divise pas ; 2º pour toute autre incidence sur la même face, il y a bifurcation, mais les deux rayons réfractés sont dans le plan d'incidence ; le rayon extraordinaire s'éloigne plus de l'axe que le rayon ordinaire ; 3º pour une même incidence, l'angle de réfraction extraordinaire reste le même dans tous les azimuts autour de la normale ; c'est ce qui arrive d'ailleurs pour l'angle de réfraction ordinaire, d'après la loi de Descartes. Il y a donc symétrie complète dans la marche de la lumière autour de l'axe de double réfraction. Lorsque, la face d'émergence étant quelconque, le plan d'incidence est une section principale, le rayon extraordinaire est situé dans ce plan, mais s'éloigne toujours plus de la parallèle à l'axe, menée par le point d'incidence, que le rayon ordinaire. Le rayon réfracté extraordinaire se conduit donc comme s'il existait, pour la lumière qu'il transmet, une force répulsive émanant de l'axe, et qui se combinerait pour cette portion de lumière seule, avec la cause qui produit la réfraction ordinaire.

On appelle toujours section principale d'un cristal à un axe, quelle que soit sa substance, le plan parallèle à l'axe de double réfraction, et perpendiculaire à la face quelconque sur laquelle la lumière tombe. Si le plan d'incidence est une section principale, le rayon réfracté extraordinairement est toujours dans ce plan ; mais pour certaines substances comme le cristal de roche. par exemple, il se rapproche plus de la parallèle à l'axe menée par le point d'incidence que le rayon ordinaire. Il semble alors, contrairement à ce qui a lieu dans le spath d'Islande, que de cet axe émane une force attractive qui agit sur le rayon extraordinaire. C'est par cette raison que l'on distingue les cristaux à un seul axe, en cristaux à *double réfraction répulsive*, comme la chaux carbonatée, et en cristaux à *double réfraction attractive*, comme le quartz.

Lois de la double réfraction dans les cristaux à un axe.

Fig. 303.

556. Pour étudier les lois de la double réfraction dans un cristal à un axe, il faut se procurer un prisme de cette substance, taillé de telle manière que ses arêtes soient parallèles à l'axe. Ce prisme recevant un rayon solaire diversement incliné sur une de ses faces, et dans un plan perpendiculaire aux arêtes, on reconnaît facilement que les deux faisceaux réfractés suivent alors la loi de Descartes ; c'est-à-dire qu'ils sont tous les deux dans le plan d'incidence, et que si l représente l'indice de réfraction pour le rayon ordinaire, le rapport l' du sinus de l'angle de réfraction extraordinaire au sinus de l'angle d'incidence, est aussi constant quelle que soit l'incidence, mais différent de l. l' et plus petit que l, pour les cristaux à double réfraction répulsive ; pour le spath d'Islande on a, d'après Malus, $l = 1,654295$, $l' = 1,4833015$. l' est au contraire plus grand que l pour les cristaux à double réfraction attractive ; pour le quartz on a, d'après M. Biot, $l = 1,547897$ et $l' = 1,557106$. Il faut remarquer que l et l' ont des valeurs différentes pour les rayons diversement colorés du spectre solaire, et que les valeurs précédentes appartiennent aux rayons jaunes, qui se projettent sur le milieu du spectre.

On a déduit de ce premier fait un moyen géométrique très simple, pour déterminer la position des rayons ordinaire et extraordinaire, lorsque la face du cristal est parallèle à l'axe, et que le plan d'incidence lui est perpendiculaire. Il faut décrire dans ce dernier plan, au-dessous de la face réfringente, et du point d'incidence comme centre, deux demi-cercles ayant pour rayons $\frac{1}{l}$ et $\frac{1}{l'}$, me- Fig. 304. ner une perpendiculaire IP au rayon lumineux incident IL, inscrire dans l'angle PIT, formé par IP avec la face du cristal, une droite $\mathrm{TP} = 1$, parallèle à IL, et enfin mener, du point T, des tangentes TO, TE, aux deux cercles. Cela fait, les droites IO, IE, sont les rayons réfractés ordinaire et extraordinaire, correspondant au rayon incident IL. En effet l'angle ITP est évidemment égal à l'angle d'incidence $\mathrm{LIN} = i$, et l'on a $\frac{1}{\mathrm{TI}} = \sin i$; $\mathrm{OTI} = \mathrm{OIN'}$;

$\mathrm{ETI} = \mathrm{EIN'}$; d'où : $\dfrac{1}{\mathrm{TI}} = \dfrac{\sin \mathrm{OIN'}}{\mathrm{IO}} = l \sin \mathrm{OIN'},\ \ldots\ $

et $\dfrac{1}{\mathrm{TI}} = \dfrac{\sin \mathrm{EIN'}}{\mathrm{IE}} = l' \sin \mathrm{EIN'}$; d'où enfin : $\sin i = l \sin \mathrm{OIN'}$ $= l' \sin \mathrm{EIN'}$.

Quand la lumière est reçue sur une face quelconque dans le plan de la section principale, ou quand on se sert d'un prisme taillé dans le cristal de telle manière que sa base soit parallèle à l'axe, les deux faisceaux réfractés sont encore dans le plan d'incidence perpendiculaire aux arêtes du prisme ; mais le sinus de l'angle de réfraction extraordinaire n'est plus dans un rapport constant avec le sinus de l'angle d'incidence. L'expérience indique alors que les deux rayons réfractés peuvent encore se déterminer géométriquement, en modifiant ainsi qu'il suit la construction précédente : par le point I et dans le plan d'incidence, on mène AIA′ parallèle à l'axe, et sa perpendiculaire BIB′ ; on prend $\overline{IA} = \overline{IA'} = \frac{1}{l}$, $\overline{IB} = \overline{IB'} = \frac{1}{l'}$; on construit le cercle ayant I pour centre et $\overline{IA}$ pour rayon, et l'ellipse dont $\overline{IA}$ et $\overline{IB}$ sont les demi-axes ; on mène ensuite à ces courbes les deux tangentes TO et TE, par le point T déterminé comme dans le cas précédent. Cela fait, IO et IE sont les deux rayons réfractés correspondant à l'incidence IL.

557. Enfin Huyghens a découvert la construction suivante, pour le cas général d'un plan incident quelconque, sur une face quelconque d'un cristal à un axe. Le point T étant déterminé par le même moyen que dans les cas précédens, on mène du point I une parallèle à l'axe AIA′, qui se trouve en général en dehors du plan d'incidence ; sur cette ligne on prend $\overline{IA} = \overline{IA'} = \frac{1}{l}$, on construit ensuite la sphère dont AA′ est le diamètre, et l'ellipsoïde de révolution autour de $\overline{AA'}$ ayant $\overline{IA}$ pour demi-axe, et $\left(\frac{1}{l'}\right)$ pour diamètre de son équateur ; on mène à ces deux surfaces des plans tangens passant par le point T, et perpendiculaires au plan d'incidence ; si l'on joint enfin les points de contact O et E au point I, on obtient les rayons réfractés ordinaire et extraordinaire, correspondant à l'incidence IL. Les résultats fournis par cette construction sont constamment vérifiés par l'expérience. L'axe de révolution de l'ellipsoïde est plus petit que le diamètre de son équateur, pour la chaux carbonatée et tous les cristaux à double réfraction répulsive ; il est plus grand au contraire pour le

quartz et tous les cristaux à double réfraction attractive.

558. La construction d'Huyghens, toujours d'accord avec les faits, est en quelque sorte une loi générale qui résume d'une manière simple et complète toutes les propriétés optiques des cristaux bi-réfringens à un axe. Dans la théorie de l'émission cette loi ne pouvait être regardée que comme empirique ; dans celle des ondulations, au contraire, elle se présente comme une conséquence rationnelle de l'explication de la réfraction, appliquée au cas où la lumière pénètre dans un milieu dont l'élasticité varie d'une direction à une autre. La dépendance qui existe entre l'élasticité variable d'un milieu diaphane, et la propriété dont il jouit de doubler les images, est établie d'une manière incontestable par les faits suivans.

Tous les corps diaphanes où la lumière se réfracte toujours dans une seule direction, et d'après la loi de Descartes, offrent la même tenacité, la même élasticité en tout sens ; leurs dilatations linéaires produites par la chaleur sont identiques sur toutes les directions. On a constaté, au contraire, que dans les substances cristallisées, dont la forme primitive n'est pas un polyèdre régulier et qui doublent les images, la dilatation linéaire correspondante à une même élévation de température change avec le sens suivant lequel on la mesure ; ce résultat prouve directement que les cristaux bi-réfringens possèdent une élasticité variable avec la direction ; d'ailleurs l'existence des clivages indique une tenacité inégale, et par suite des différences d'élasticité.

Fresnel a démontré qu'un milieu solide diaphane dans lequel on trouble l'élasticité, primitivement constante, de telle manière qu'elle n'ait plus une énergie égale en tout sens, acquiert par cela même la propriété de doubler les images.

Voici l'expérience qu'il a imaginée à cet effet. On prend quatre prismes de verre ayant pour bases des triangles rectangles isocèles, et parfaitement égaux, que l'on place à côté les uns des autres, de telle sorte que leurs faces hypothénuses soient sur le même plan horizontal ; deux bandes de carton, et ensuite deux lames d'acier, sont appuyées contre les bases de ces prismes et servent à maintenir le système entre les mâchoires d'un étau, au moyen duquel on exerce sur lui une forte compression. On intercale ensuite entre les quatre prismes a, qui sont ainsi fortement pressés dans le sens de leurs axes, trois autres prismes rectangles b, de même base mais moins longs, et enfin deux derniers prismes c de moitié plus petits, de manière à former un parallélépipède rectangle allongé ; les faces de contact des prismes sont collées avec du mastic en larmes, pour éviter les réflexions partielles. Or si l'on regarde à travers ce parallélépipède, et dans le sens de sa longueur, une mire très étroite disposée à quelques pieds de distance, on aperçoit deux images distinctes, placées à un ou deux millimètres l'une de l'autre, et jouissant des mêmes propriétés que celles qu'aurait produites un cristal de spath calcaire, dont l'axe eût été parallèle à celui de compression.

Chaque prisme a étant comprimé dans le sens de sa longueur, les molécules sont plus rapprochées suivant l'axe que sur une direction parallèle aux bases ; on en conclut facilement que l'élasticité varie autour de chaque point du solide. La double image aperçue à travers le parallélépipède prouve qu'un seul prisme de verre a, comprimé suivant son axe, devient bi-réfringent. En se servant de quatre prismes a au lieu d'un, on rend le phénomène plus sensible ; les prismes b et c n'ont d'autre but que de faire disparaître la déviation de l'image ordinaire, et de rendre la dispersion presque nulle dans l'image extraordinaire.

Ce fait indique que le rapprochement des molécules d'un milieu diaphane homogène, dans une direction particulière, trouble non-seulement l'élasticité de la matière, mais aussi celle de l'éther comprise entre les molécules, et qui transmet la lumière par ses vibrations. Nous verrons dans la trente-huitième leçon, comment Fresnel a déduit de ce fait et de ses conséquences une théorie mathématique complète de la double réfraction, non-seulement dans le cas des cristaux à un axe, mais dans le cas plus général où aucun des deux rayons, réfractés dans le milieu cristallisé, ne suit la loi de Descartes. Toutes les propriétés optiques des cristaux à deux axes, qui sont très compliquées quand on les énonce comme résumés empiriques d'une série d'observations, se démontrent très simplement à l'aide de cette théorie, et n'en sont que des corollaires. Sous ce point de vue, il convient pour abréger de ne décrire celles de ces propriétés, qui sont depuis long-temps constatées par l'expérience, qu'après avoir expliqué la double réfraction dans le système des ondes. La marche de la lumière dans les cristaux à un axe, entièrement représentée par la construction d'Huyghens, suffit d'ailleurs pour faire concevoir les phénomènes généraux de la polarisation, dont il importe de parler avant d'aborder cette explication.

559. Le phénomène de la double réfraction a été utilisé dans un instrument appelé micromètre à double image, ou lunette de Rochon, du nom de son inventeur. A l'aide de cet instrument, on peut mesurer exactement de très petits angles, déterminer la distance d'un objet dont on connaît la grandeur, ou inversement. La partie principale de l'ap-

pareil se compose de deux prismes de cristal de roche, collés l'un sur l'autre de telle manière que leur ensemble présente deux faces parallèles; dans l'un de ces prismes ABC, la face AB, que l'on tourne vers l'objet, est perpendiculaire à l'axe de double réfraction; dans le second prisme ACD, au contraire, les faces et les arêtes latérales sont parallèles à cet axe.

Il suit de cette disposition, qu'un rayon lumineux, normal à AB, pénètre dans le premier prisme sans se diviser ni se briser, mais qu'arrivé en I' sur AC, il se divise dans le second prisme; la réfraction ordinaire s'opère suivant I'O, prolongement de LII', et la réfraction extraordinaire suivant I'K, plus rapproché de la normale I'N à AC, puisque pour le cristal de roche, l' est plus grand que l. En rentrant dans l'air en K, le rayon extraordinaire se réfracte suivant KE, en s'éloignant encore de la normale LII'O, ou de la direction constante du rayon ordinaire.

L'angle EMO formé par les deux rayons émergens, et que nous désignerons par M, est facile à déterminer; car on a $\sin \gamma : \sin A :: l : l'$, ce qui donne l'angle γ, et par suite $\gamma' = A - \gamma$; γ étant connu on a l'équation : $\sin M = l' \sin \gamma'$, pour calculer M. Cet angle est très petit, à cause de la faible différence qui existe entre les indices l et l' pour le cristal de roche; il augmente avec l'angle réfringent des prismes, mais il atteint à peine 1° lorsque l'angle réfringent A est de 60°; il n'est que de 19' $\frac{1}{2}$ pour $A = 30°$.

Le système des deux prismes est placé dans une lunette astronomique, entre l'objectif et l'image réelle, qui est doublée par cette interposition. A cause de la petitesse de l'angle M, et de la grandeur de la distance focale F de l'objectif, l'image réelle extraordinaire est à peu près égale à l'image réelle ordinaire. Ces deux images sont éloignées l'une de l'autre, ou se superposent en partie, suivant les différentes positions des prismes dans la lunette. Mais il y a une position particulière du double prisme pour laquelle les deux images sont en contact, ou juxta-posées; c'est celle que l'on choisit pour l'observation. Alors si h est la grandeur de chaque image et p la distance des prismes au foyer de l'objectif, l'image réelle ordinaire soutendra l'angle M à la distance p, et l'on aura : $h = p$ tang M. Si V représente en outre l'angle visuel de l'objet à l'œil nu, ou celui que soutend l'image réelle au centre optique de l'objectif, on pourra poser aussi : $h = $ F tang V; d'où tang $V = \dfrac{\text{tang } M}{F} p$.

La fraction $\left(\dfrac{\text{tang } M}{F}\right)$ étant constante pour une même lunette et un même double prisme, on voit que la tangente de l'angle visuel V ou de la grandeur apparente d'un objet, est proportionelle à p, ou à la distance du double prisme au foyer de l'objectif. Il est évident que l'oculaire de la lunette, placé entre les images et l'œil, ne fait qu'agrandir ces images, sans rien changer aux conditions ni aux équations précédentes.

Le rapport $\dfrac{\text{tang } M}{F}$ peut être déterminé une fois pour toutes, en visant un objet dont la grandeur H et la distance D sont connues, d'où tang $V = \dfrac{H}{D}$ et par suite. . . . $\dfrac{\text{tang } M}{F} = \dfrac{H}{Dp}$; en sorte qu'il suffit de connaitre la valeur de p correspondante. Pour cela, on amène les prismes dans la lunette, qui est visée sur cet objet, à un point de son axe tel que les deux images soient en contact; des divisions tracées sur une arête du cylindre extérieur du tube font connaître p, ou le chemin parcouru par le prisme, depuis le point où les deux images se superposaient complétement, et qui est le zéro de l'échelle; un pignon mobile, une crémaillère fixe et une fente latérale servent à opérer le mouvement du micromètre. Le rapport $\dfrac{\text{tang } M}{F}$, que nous désignerons par α, sera ainsi connu.

Si H désigne la hauteur d'un objet de grandeur connue, on a pour la distance D à laquelle il se trouve : $D = \dfrac{H}{\alpha p}$; l'observation, au moyen de l'instrument, pouvant donner p, on en conclura D. On peut ainsi déterminer par la lunette de Rochon la distance d'un corps d'armée, en prenant pour H la hauteur moyenne de l'homme; pareillement pour évaluer en mer la distance d'un bâtiment, on substitue à H dans la formule précédente la grandeur d'un objet connu qu'on aperçoit sur le pont, et la valeur de p qui résulte de l'observation de cet objet à travers la lentille.

L'instrument est ordinairement gradué de manière à dispenser de faire aucun calcul, pour déduire à chaque observation la donnée que l'on cherche. S'il s'agit par exemple de connaître l'angle visuel ou la grandeur apparente V, on écrit au-dessous de chaque division de l'échelle, ou de chaque valeur de p, la valeur de V correspondante, que l'on calcule au moyen de l'équation tang $V = \alpha p$, dans laquelle α est un nombre constant et connu. Si l'instrument doit servir dans les armées, on écrit au-dessous des mêmes divisions, les distances D correspondantes à la hauteur moyenne de l'homme H, et qui sont données par l'équation : $D = \dfrac{H}{\alpha p}$.

La lunette de Rochon a l'inconvénient de donner des bandes colorées sur les bords de l'image réelle extraordinaire, qui empêchent de se servir de cet instrument pour déterminer exactement le diamètre apparent de la lune ou du soleil; car le défaut d'achromatisme est d'autant plus sensible que la distance p est plus grande, et pourrait donner conséquemment de grandes erreurs pour les deux astres dont il s'agit. Mais M. Arago a modifié ce genre d'observation micrométrique de manière à détruire toute cause d'erreur. Il place le double prisme derrière la lunette entre l'oculaire et l'œil, alors il n'y a pas de diffusion sensible dans les couleurs, parce que la dispersion est très faible près des prismes, dans l'endroit même où l'œil est placé. L'oculaire doit être alors composé de deux verres que l'on éloigne ou rapproche l'un de l'autre, jusqu'à ce que les deux images virtuelles, vues à travers le double prisme, soient en contact; si G est le grossissement de l'oculaire multiple, et A le diamètre apparent de l'objet, on pourra poser $M = GA$, d'où $A = \dfrac{M}{G}$; ainsi l'angle M étant donné, il suffira de connaître G pour avoir A. Le grossissement G, correspondant à chaque valeur de l'intervalle des deux verres de l'oculaire, indiqué sur une échelle latérale, doit avoir été déterminé d'avance.

M. Arago se sert encore du double prisme pour mesurer le grossissement des instrumens d'optique: en le plaçant devant l'oculaire, il vise avec la lunette un disque de grandeur connue, qu'il fait éloigner ou rapprocher, jusqu'à ce que les deux images paraissent en contact; connaissant la distance et la grandeur réelle du disque, il en déduit facilement son diamètre apparent A, et l'équation

$$G = \frac{M}{A}$$ donne le grossissement. Enfin pour avoir l'angle de bifurcation M, on peut se dispenser de le calculer, en le déduisant de l'expérience suivante : on vise directement sans lunette et à travers le double prisme, un disque d'un diamètre connu B, et l'on s'en éloigne à une distance L, telle que les deux images soient en contact ; on a alors

$$\tan M = \frac{B}{L}.$$

De la polari-sation.

560. Le phénomène de la double réfraction a conduit à la découverte d'une classe de faits, qui indiquent que les rayons de lumière peuvent acquérir, par la réfraction et la réflexion, des propriétés particulières qui les distinguent des rayons venus directement des sources lumineuses. Ces faits nouveaux sont peut-être les plus importans de l'optique, en ce qu'ils paraissent dépendre plus que tout autre de la constitution intérieure des corps, ou de la disposition relative des atomes pondérables. Tout porte à penser qu'une étude approfondie de ces faits doit conduire à des découvertes importantes sur les actions moléculaires, physiques et chimiques. Les résultats curieux obtenus récemment par M. Biot, et que nous aurons l'occasion de citer par la suite, donnent une grande probabilité à cette prévision. Mais ce qui surtout rend très importante cette classe de faits, dans l'état actuel de la science, c'est le parti que Fresnel a su en tirer, pour découvrir la cause et les lois d'une multitude de phénomènes, tels que la variation d'intensité de la lumière réfléchie, la double réfraction, les teintes colorées que présentent dans certaines circonstances les lames cristallisées, etc. On ne possédait sur tous ces phénomènes que des lois empiriques et discordantes. Fresnel

les a groupées sous une même théorie, dont les principes
sont simples et peu nombreux. Nous n'exposerons d'abord
dans cette leçon que les premiers faits découverts sur cette
partie de l'optique.

561. Quand un seul rayon solaire pénètre dans un cristal bi-réfringent, et à faces parallèles, les deux rayons réfractés sont d'égale intensité. Lorsque les deux rayons qui
émergent de ce premier cristal sont reçus sur un autre cristal pareillement bi-réfringent, chacun d'eux s'y bifurque
encore en deux autres; c'est-à-dire qu'il y a quatre rayons
émergeant du second cristal; mais ces rayons ont en général des intensités différentes. Autrement, si l'on regarde
un objet à travers l'ensemble des deux cristaux, on voit en
général quatre images de cet objet; mais si l'on fait tourner le second cristal, en laissant le premier fixe, on n'aperçoit plus que deux images dans quatre positions rectangulaires, pour lesquelles les deux sections principales sont
parallèles ou perpendiculaires entre elles.

Lorsque d'abord les deux sections principales sont parallèles, l'image ordinaire ou extraordinaire, à la sortie du
premier cristal, ne donne qu'une image ordinaire ou extraordinaire, à la sortie du second. Les deux sections principales s'écartant l'une de l'autre, les quatre images repa-
raissent. Lorsque l'angle des deux sections principales est
droit, l'image ordinaire ou extraordinaire, à la sortie du
premier cristal, ne donne qu'une image extraordinaire ou
ordinaire à la sortie du second. Les mêmes phénomènes se
reproduisent lorsque l'angle des deux sections principales
est égal à deux droits, plus grand, et égal à trois droits.
L'intensité de la lumière pour les quatre images est différente; elle ne devient la même que lorsque les sections

Propriétés
des rayons
ordinaire et
extraordi-
naire.

principales font entre elles un angle de 45°. Ces phénomènes subsistent pour deux cristaux bi-réfringens de substances différentes, à un ou à deux axes.

Ainsi la lumière qui a traversé un cristal bi-réfringent, a
acquis des propriétés nouvelles, et qui la distinguent de la
lumière naturelle. Lorsqu'après avoir éprouvé la réfraction
ordinaire dans un premier cristal, elle tombe sur un second, elle s'y divise en deux faisceaux d'inégale intensité,
ou bien se réfracte en un seul faisceau, ordinaire ou extraordinaire, si la section principale du second cristal est
parallèle ou perpendiculaire à celle du premier. La lumière qui a éprouvé la réfraction extraordinaire dans un
premier cristal, se divise aussi en deux faisceaux d'inégale
intensité, quand elle pénètre dans un second cristal, ou
bien elle n'y subit qu'une seule réfraction extraordinaire
ou ordinaire, lorsque les sections principales des deux
cristaux sont parallèles ou perpendiculaires.

Lumière po-
larisée par
réflexion.

Fig. 309.

562. La lumière naturelle peut aussi acquérir ces propriétés nouvelles après une simple réflexion sur des corps
polis, sous de certaines incidences. Par exemple, si l'on
fait tomber un rayon lumineux sur une plaque de verre
poli, sous un angle de 35° 25′ avec la surface, en ayant
soin de noircir la deuxième surface de la lame, pour éviter
la seconde réflexion, la lumière réfléchie, reçue perpendiculairement sur un cristal de spath d'Islande, y produit les
mêmes phénomènes que la lumière qui se serait réfractée
ordinairement, dans un cristal ayant sa section principale
parallèle au plan de réflexion. En effet : 1° le rayon réfléchi produit généralement deux faisceaux d'inégale intensité, en pénétrant normalement dans le spath d'Islande ;
2° il n'y subit qu'une seule réfraction, ordinaire ou extraor-

dinaire, quand la section principale du cristal est parallèle ou perpendiculaire au plan de réflexion ; 3° enfin les deux rayons réfractés n'ont la même intensité, que lorsque la section principale fait un angle de 45° avec le plan de réflexion.

On donne le nom de *polarisation* à la propriété que la lumière réfléchie acquiert dans ces circonstances, parce que pour l'expliquer, dans le système de l'émission, on admet que les molécules lumineuses ont deux pôles ou centres d'action analogues aux pôles des aimans, et que la réflexion sur le verre, sous l'angle 35° 25′, fait tourner toutes les molécules lumineuses du rayon réfléchi suivant une même direction, de telle manière que l'axe de chacune d'elles, ou la ligne qui joint ses pôles, soit parallèle au plan de réflexion. De cette hypothèse sont nées plusieurs dénominations. La lumière qui jouit des propriétés énoncées dans l'article précédent est dite *polarisée* ; on appelle *plan de polarisation* celui de la réflexion qui donne à la lumière les propriétés dont il s'agit, ou dans l'hypothèse de l'émission, le plan auquel les axes des molécules de la lumière sont parallèles ; on dit alors que la lumière est polarisée suivant ce plan. Ainsi le rayon ordinaire, dans le spath d'Islande, est polarisé suivant le plan de la section principale, et le rayon extraordinaire l'est suivant un plan perpendiculaire à cette même section.

563. Quand on reçoit un rayon polarisé, c'est-à-dire réfléchi par une lame de verre sous l'angle de 35° 25′, sur une seconde glace faisant le même angle avec ce rayon, on peut constater de grandes variations d'intensité dans le faisceau doublement réfléchi. En effet, si l'on fait tourner la seconde glace autour du rayon polarisé, sans changer l'an-

Propriétés de la lumière polarisée par réflexion.

gle qu'elle fait avec lui, on remarque : 1° que l'intensité de la lumière réfléchie par cette nouvelle glace varie sans cesse, et atteint son maximum quand le second plan de réflexion est parallèle au premier; 2° qu'il n'y a au contraire aucune lumière réfléchie, lorsque ces deux plans de réflexion sont perpendiculaires entre eux, c'est-à-dire que, dans ce dernier cas, toute la lumière polarisée pénètre dans la seconde glace.

Pour répéter commodément cette expérience, on se sert d'un tube ou tuyau de cuivre noirci intérieurement, et supporté par une colonne verticale sur laquelle il peut prendre diverses inclinaisons. Deux tambours ou cylindres s'emboîtent sur les extrémités libres de ce tuyau; à chaque tambour sont adaptées deux tiges de cuivre parallèles à son axe et diamétralement opposées; un anneau portant une plaque de verre, peut tourner autour d'un axe transversal maintenu par ces tiges; ce mouvement est réglé et mesuré sur un limbe latéral. Le mouvement de rotation de chaque tambour est également mesuré par des divisions tracées sur le tube principal. Un diaphragme, placé dans l'intérieur de ce dernier tube, limite l'étendue du faisceau qui doit être polarisé par réflexion sur une des lames, afin qu'il ne contienne, en tombant sur la seconde, que des rayons primitivement réfléchis sous des angles peu différens les uns des autres.

S'il s'agit de vérifier avec cet appareil les variations d'intensité d'un faisceau lumineux polarisé et doublement réfléchi, on donne aux lames de verre, encastrées dans les anneaux, des positions telles qu'elles fassent avec l'axe du tube le même angle de 35° 25'. L'appareil étant placé devant une fenêtre, on incline le tube sur la colonne qui lui sert de pied, de manière qu'une des lames réfléchisse sui-

FIG. 310.

vant l'axe de ce tube la lumière des nuées, venant d'un point du ciel suffisamment clair. On fait ensuite tourner lentement le tambour qui porte la seconde lame ; et si l'on suit de l'œil l'image réfléchie du diaphragme intérieur, on reconnaît facilement dans cette image les variations d'intensité énoncées ci-dessus.

On rend cette expérience plus commode en ajoutant à l'instrument un écran de verre dépoli, joint par une tige de forme convenable au tambour de la seconde lame, et qui suit les mouvemens de ce tambour de manière à toujours recevoir le faisceau doublement réfléchi ; si la chambre est suffisamment obscure, on aperçoit sur cet écran une trace lumineuse, qui éprouve les variations d'intensité énoncées. Lorsque la lumière incidente vient directement du soleil ou d'une source artificielle, ces variations sont beaucoup plus sensibles ; mais la vive intensité de cette lumière augmente l'influence des rayons obliques sur l'axe du tube, et l'image aperçue sur l'écran, quoique considérablement affaiblie, ne disparaît pas complétement quand les deux plans de réflexion sont perpendiculaires.

L'appareil étant convenablement disposé, on peut enlever le tambour supérieur, et recevoir directement le faisceau polarisé sur un rhomboïde de spath d'Islande, pour observer les variations d'intensité des deux rayons réfractés qu'il produit. On reconnaît alors facilement qu'il n'existe qu'un seul faisceau émergent, provenant du rayon ordinaire ou extraordinaire, lorsque la section principale du rhomboïde est parallèle ou perpendiculaire au plan de polarisation du rayon incident.

564. Supposons que le cristal soit fixé de manière que la section principale reste parallèle au plan de réflexion sur

Angle de polarisation.

la lame de verre; l'œil placé derrière ce cristal n'apercevra qu'une seule image. Mais si, dans ces circonstances, on change l'inclinaison de la lame de verre sur l'axe du tube, en modifiant aussi l'inclinaison du tube principal pour que la lumière réfléchie traverse toujours le diaphragme, la seconde image reparaît; elle augmente d'intensité à mesure que l'incidence s'éloigne de 35° 25′, dans un sens ou dans l'autre. On conclut de cette expérience que la lumière naturelle, réfléchie par une lame de verre, ne se polarise complétement que sous l'incidence de 35° 25′; et que le faisceau réfléchi sous toute autre incidence contient une portion de lumière naturelle, d'autant plus grande que cette incidence s'éloigne plus, dans un sens ou dans l'autre, de l'angle de la polarisation totale.

Si dans l'expérience précédente on substitue, à la lame de verre, une lame d'une autre nature suffisamment polie, dont on fait varier de la même manière l'inclinaison sur l'axe du tube, l'œil regardant à travers le cristal bi-réfringent, fixé dans la position indiquée, aperçoit deux images inégalement intenses, desquelles la plus vive est toujours celle qui correspond au faisceau réfracté ordinairement; mais il existe en général une certaine incidence, variable avec la nature de la lame, pour laquelle l'image extraordinaire disparaît, ou au moins atteint un minimum d'intensité comparativement à l'autre image. Ainsi l'on peut dire que tout faisceau lumineux qui a subi une réflexion régulière à la surface d'un milieu pondérable, contient une certaine proportion de lumière polarisée suivant le plan de cette réflexion.

On appelle *angle de polarisation* d'une substance, l'angle que doit faire un rayon lumineux incident, avec une surface plane et polie de cette substance, pour que le rayon réfléchi correspondant soit polarisé le plus complétement possible. MM. Arago et Biot ont déterminé les valeurs de cet angle pour un grand nombre de corps solides et liquides, par des procédés différens. Les résultats de ces observations indiquent que l'angle de polarisation est celui pour lequel le rayon réfléchi est perpendiculaire au rayon réfracté. Cette loi, d'une simplicité remarquable, a été signalée par Brewster. Elle donne un moyen facile de retrouver l'angle de polarisation A, lorsqu'on connaît Fig. 311. l'indice de réfraction l de la substance que l'on considère, car on doit avoir, d'après cette loi, $\cos A = l \sin A$, ou

$\operatorname{tang} A = \dfrac{1}{l}$. Cette loi n'est pas applicable à la lumière réflé-

chie par les cristaux bi-réfringens; pour ces substances, l'angle de polarisation varie avec la position relative du plan de réflexion et de la section principale, suivant des lois qui sont encore inconnues.

L'expérience indique que la lumière n'est presque jamais complétement polarisée par réflexion sous aucune incidence; c'est-à-dire que l'image extraordinaire, quoique s'affaiblissant extrêmement pour l'angle de polarisation, lorsque l'on reçoit le rayon réfléchi sur un cristal dont la section principale est parallèle au plan de réflexion, ne disparaît cependant pas complétement. Mais la quantité de lumière polarisée, ou l'affaiblissement de l'image extraordinaire, augmente à mesure que l'incidence approche de celle qui correspond à l'angle de polarisation. Pour le verre, la lumière réfléchie sous l'angle de $35° 25'$, est presque totalement polarisée; on obtient cependant une polarisation plus complète encore, par la réflexion sur une plaque polie d'*obsidienne,* sous l'angle de polarisation de 33° $\frac{1}{2}$.

565. La lumière naturelle qui tombe sur une lame de verre à faces parallèles, sous l'angle de polarisation, n'est qu'en partie réfléchie, une autre portion traverse la lame en s'y réfractant. Malus, à qui l'on doit la découverte des phénomènes de la polarisation, a reconnu aussi le premier que la lumière réfractée à travers la lame était polarisée en partie, suivant un plan perpendiculaire au plan de réflexion. On peut s'en assurer en recevant le rayon émergent sur un rhomboïde de spath d'Islande, les deux images sont inégalement intenses; l'image ordinaire a son minimum d'intensité, lorsque la section principale du cristal est parallèle au plan de réflexion, l'image extrordinaire a alors au contraire son maximum d'éclat; l'inverse a lieu lorsque la section principale du cristal est perpendiculaire au plan de réflexion. On peut encore vérifier le même fait en recevant le rayon émergent sur une nouvelle glace, sous l'angle de polarisation; si l'on fait tourner cette glace sans changer cet angle, on remarque qu'elle réfléchit un minimum de lumière lorsque son plan de réflexion est parallèle au premier, et un maximum quand il lui est perpendiculaire.

M. Arago a fait voir que la portion de lumière, polarisée dans le rayon réfracté, était toujours égale en intensité à la lumière polarisée du rayon réfléchi; en sorte que par l'acte de la réflexion une portion de la lumière est polarisée suivant deux plans, desquelles l'un est parallèle et l'autre perpendiculaire au plan de réflexion; la lumière polarisée dans le premier sens se réfléchit, et l'autre se réfracte. La portion de lumière réfractée dans une lame de verre sous l'angle de polarisation, n'émerge pas en totalité; une portion se réfléchit à la seconde surface; Malus a fait voir que cette nouvelle portion est polarisée dans le même sens que la lumière réfléchie, en la faisant sortir perpendiculairement à une face taillée en biseau dans la lame, et l'analysant au moyen d'un cristal bi-réfringent ou d'une nouvelle glace.

566. Ces faits divers indiquent un moyen simple d'obtenir, par une suite de réfractions, un faisceau lumineux complétement polarisé. On se sert pour cela d'une pile de lames de verre, parallèles entre elles, que l'on présente sous l'angle de polarisation à un faisceau de lumière naturelle. A l'entrée dans la première lame, une portion du faisceau incident se réfléchit, polarisée suivant le plan d'incidence; une portion égale se réfracte, polarisée suivant un plan perpendiculaire au premier, mais en outre il y a de la lumière naturelle réfractée. A la surface de la seconde lame, toute la portion de lumière polarisée transmise se réfracte, mais en même temps une nouvelle portion de lumière naturelle se divise, en lumière réfléchie polarisée suivant le plan d'incidence, et en lumière réfractée polarisée dans un sens perpendiculaire; et ainsi de suite. La quantité de lumière polarisée perpendiculairement au plan d'incidence doit donc augmenter, tandis que la quantité de lumière naturelle doit diminuer, avec le nombre croissant des lames traversées.

L'expérience confirme cette conséquence, car après avoir traversé plusieurs lames de verre, sous l'angle de polarisation, la lumière réfractée se trouve entièrement polarisée suivant un plan perpendiculaire au plan d'incidence. On explique très bien, d'après cela, comment il se fait qu'une pile d'un nombre suffisant de glaces que l'on présente, sous l'angle de polarisation, à un faisceau lumineux polarisé, laisse traverser ce faisceau avec tout son éclat, ou jouit d'une très grande transparence, lorsque son plan d'incidence est perpendiculaire au plan de polarisation du faisceau incident ; tandis que si ces plans sont parallèles, la même pile ne donne aucun signe de lumière transmise, ou paraît tout-à-fait opaque. La propriété dont jouit une pile de glaces parallèles de polariser complétement la lumière qui la traverse, n'est pas restreinte au cas de l'angle de polarisation ; elle a lieu pour toute autre incidence, puisqu'il y a toujours une portion de lumière polarisée, mais il est nécessaire alors d'employer un plus grand nombre de lames.

Propriété de la tourmaline.

567. Ce phénomène de polarisation complète par réfraction, ou d'absorption de la lumière polarisée suivant le plan d'incidence, s'observe dans certains cristaux, que l'on suppose par cette raison devoir être formés de lames superposées et peu adhérentes ; la lumière qui les traverse, en émerge totalement polarisée perpendiculairement au plan d'incidence ; en sorte que si cette substance est douée de la double réfraction, et en plaque suffisamment épaisse, elle ne donnera qu'un rayon émergent, réfracté extraordinairement. C'est ce qui a lieu pour la tourmaline : si l'on regarde un objet mince à travers un prisme de cette substance, dont les arêtes sont parallèles à l'axe de double réfraction, l'œil étant placé près de l'angle dièdre réfringent, on aperçoit deux images ; mais à mesure qu'on approche l'œil de la base du prisme l'image ordinaire s'affaiblit, et finit par disparaître.

Il résulte de ce fait curieux un moyen simple, et souvent

utilisé, de reconnaître suivant quel sens un rayon lumineux est polarisé. On le reçoit sur une plaque de tourmaline parallèle à l'axe, et suffisamment épaisse, que l'on fait tourner. Si le faisceau incident est totalement polarisé, on trouve une position particulière pour laquelle aucune lumière n'est transmise à travers la plaque ; l'axe de la tourmaline est alors parallèle au plan de polarisation cherché. Lorsque la lumière incidente n'est qu'en partie polarisée, la seule image aperçue à travers la plaque de tourmaline ne disparaît pour aucune position, mais atteint un minimum d'intensité. Quand la lumière est naturelle, cette image unique conserve une clarté constante.

La loi de la réfraction simple est en défaut lorsque la lumière pénètre dans les cristaux bi-réfringens ; le fait de la réflexion se complique quand il s'agit de la lumière polarisée, puisqu'il existe, pour cette espèce de lumière, des circonstances où elle échappe à la réflexion, et se réfracte en totalité ; enfin nous citerons bientôt des phénomènes pour lesquels la lumière semble se propager en ligne courbe. Ainsi les trois principes qui servent de base à l'optique géométrique ne peuvent être adoptés d'une manière absolue. L'ancienne théorie de l'émission était totalement impuissante pour rendre compte de ces exceptions ; les hypothèses subsidiaires, dont il fallait étayer l'idée fondamentale, étaient aussi nombreuses que les phénomènes nouveaux qu'il s'agissait d'expliquer ; en sorte que ces hypothèses ne faisaient que transformer l'énoncé des faits, sans établir entre eux aucune liaison nécessaire. Toutes ces exceptions sont au contraire des conséquences naturelles de l'idée primitive des ondulations, et tendent même à la simplifier.

Dans la lutte récente qui s'est établie, au milieu du monde savant, entre les défenseurs des idées de Newton sur la lumière, et les partisans de la théorie des ondes, les succès obtenus par ces derniers ont d'abord été contestés. Mais quand, parmi eux, Fresnel fut parvenu à déduire, d'un petit nombre de principes simples et féconds, un enchaînement rigoureux de tous les faits de l'optique, et leur explication complète, jusque dans leurs moindres variétés, il fallut se rendre à l'évidence, ou reconnaître au moins que l'idée des vibrations était *plus heureuse* que celle de l'émission. Nous laisserons le parti réduit au silence chercher une excuse de sa défaite dans le *rare bonheur* de ses adversaires, et nous adopterons complétement les idées de Fresnel, comme offrant un guide certain, pour décrire et expliquer les phénomènes d'optique dont il nous reste à parler.

TRENTE-SIXIÈME LEÇON.

Théorie des ondulations lumineuses. Principes. — Vitesse de propagation. Inégales vitesses des ondes lumineuses de différentes largeurs. — Vitesses de vibration. Direction. Intensité. Phase. — Composition des mouvemens vibratoires. Définition d'un rayon de lumière homogène. Trajectoire de la molécule vibrante. — Principe des interférences. Expérience de Fresnel. Franges. Mesure des longueurs d'ondulation de la lumière. — Explication de la réflexion, de la réfraction, de la dispersion, par la théorie des ondes. — Mesure de l'épaisseur des lames minces transparentes.

—————

568. Tous les phénomènes lumineux que nous avons décrits, se groupent autour d'un petit nombre de faits principaux dont ils sont les conséquences. Pour compléter la théorie de l'optique, il nous reste à chercher le lien qui doit exister entre ces faits. Il était impossible d'établir cette liaison sans adopter une idée particulière sur la cause générale de la lumière. Nous avons discuté, dans plusieurs circonstances, les motifs irrécusables qui doivent faire rejeter l'idée de l'émission ; il faut prouver maintenant que l'hypothèse d'un fluide vibrant conduit à des conséquences rationnelles, complétement d'accord avec les faits.

Théorie des ondes lumineuses.

La théorie des ondulations a été imaginée par Descartes ; Huyghens et Euler s'en servirent pour expliquer plusieurs des phénomènes principaux de l'optique ; plus tard, les recherches de Young ont mis hors de doute les faits qui lui servent de base ; mais c'est surtout aux travaux plus récens de Fresnel, qu'elle doit ses progrès les plus importans. Les principes de cette théorie se réduisent aux deux suivans.

Principes
de la théorie
des ondes
lumineuses.

569. 1°. Il existe dans tout l'espace, et même entre les particules des corps, un fluide éminemment élastique, auquel on donne le nom *d'éther*. Son état statique dépend de la répulsion qu'il exerce sur lui-même, et des actions qu'il éprouve de la part des atomes pesans. En vertu de ces forces, l'éther est répandu uniformément dans tout espace vide de matière pondérable, sa densité est constante, et son élasticité est la même en tout sens. Dans un espace occupé par un corps solide, liquide ou gazeux, l'éther peut avoir une densité plus grande ou plus petite que dans le vide, et son élasticité suit les mêmes variations que celle des corps pondérables, c'est-à-dire qu'elle est constante dans les gaz, les liquides et les solides homogènes non cristallisés, mais varie avec la direction dans les cristaux dont la forme primitive n'est pas un polyèdre régulier.

2°. Les corps lumineux vibrent comme les corps sonores, mais avec beaucoup plus de rapidité. Les vibrations de leurs particules sont communiquées à l'éther, se propagent dans ce fluide, et donnent lieu à des ondes qui produisent la sensation de la lumière. Des vibrations plus ou moins rapides occasionent des ondes lumineuses plus ou moins larges, d'où résulte la sensation des différentes couleurs.

Ces principes conduisent aux conséquences suivantes. Les ondes lumineuses sont sphériques dans le vide, et dans les corps homogènes dont l'élasticité est la même en tout sens ; c'est-à-dire qu'un ébranlement, occasionné dans un lieu quelconque du fluide, se transmet avec la même vitesse dans toutes les directions, de telle sorte qu'il se trouve à chaque instant sur une surface sphérique, dont le centre est à l'origine du mouvement, et qu'on peut regarder comme plane à une grande distance de cette origine. Dans les corps homogènes où l'élasticité varie autour de chaque point, mais de la même manière sur toute leur étendue, les ondes lumineuses cessent d'être sphériques; c'est-à-dire qu'une onde plane s'y propage avec une vitesse variable suivant sa direction. Pour l'un et l'autre cas, les ébranlemens successifs qui constituent une série de vibration isochrones, à l'origine du mouvement, se transmettant suivant chaque direction à la suite les unes des autres, dans le même ordre et avec la même vitesse, toute molécule d'éther atteinte par le premier de ces ébranlemens exécute nécessairement une suite de vibrations de même durée que celles qui ont eu lieu à l'origine.

570. Pour déduire des deux principes précédens l'explication des faits généraux de l'optique, nous ne considérerons d'abord que les ondes lumineuses sphériques ou planes, qui se propagent dans le vide, ou dans les milieux diaphanes d'élasticité constante; nous étudierons plus tard la marche de la lumière dans les substances cristallisées. Les détails dans lesquels nous sommes entrés, pour expliquer la propagation du son dans un gaz, font également concevoir le mode de transmission de la lumière dans le fluide éthéré. La longueur d'une ondulation est toujours la distance qui sépare, sur un même rayon, deux molécules vibrantes animées de la même vitesse de vibration, et telles que celle en avant soit en retard sur l'autre d'une oscillation complète.

Quand on suppose, comme dans la théorie mathéma-

Vitesse de propagation.

tique des ondes sonores, que les forces qui agissent sur les molécules vibrantes de l'éther, s'éteignent à des distances assez petites pour être négligeables relativement aux longueurs d'ondulation, les calculs fondés sur les principes de la mécanique rationnelle, qui donnent la vitesse du son et la loi que suivent les vibrations de l'air, conduisent à des formules analogues pour la vitesse de la lumière et les vibrations de l'éther.

Dans cette hypothèse, si l'on représente par u la vitesse uniforme et constante avec laquelle un ébranlement se transmet, dans l'éther de densité d et d'élasticité e, on aurait $u = \sqrt{\dfrac{e}{d}}$. On ne peut mesurer directement par aucun moyen ni d, ni e; mais la lumière parcourant 70,000 lieues environ par seconde de temps, on conclurait de la formule précédente que l'élasticité de l'éther est très grande, ou que sa densité est très petite.

571. Une autre conséquence de la même hypothèse, c'est que les ondes lumineuses correspondantes à des vibrations plus ou moins rapides, devraient se propager toutes avec la même vitesse dans le même milieu. Mais le fait de la dispersion ou de la variation des indices de réfraction pour des rayons diversement colorés, prouve la fausseté de cette conclusion. On est donc conduit à reconnaître que le rayon d'activité des forces, qui agissent sur les molécules du fluide éthéré, est comparable aux longueurs des ondulations lumineuses; d'où résulte, d'après des calculs faits par Fresnel, que des ondes de différentes espèces, se propageant dans le même milieu, doivent éprouver des retards d'autant plus grands que ces ondes sont plus courtes.

Inégales vitesses des ondes de différentes largeurs.

D'ailleurs M. Cauchy est parvenu aux lois mathématiques des mouvemens vibratoires d'un milieu quelconque,
sans faire aucune hypothèse sur la limite des forces, et il
résulte rigoureusement de ces lois que des vibrations plus
rapides doivent se propager avec une moindre vitesse. On
ne doit pas s'étonner que l'hypothèse qui assigne des distances négligeables aux actions moléculaires, conduise à des
résultats confirmés par l'expérience dans la théorie du son,
et à des résultats inexacts dans celle de la lumière : car
les ondes sonores les plus courtes, parmi celles que l'oreille
humaine peut percevoir, ont au moins 2 à 3 centimètres de
longueur; tandis que la plus grande longueur d'ondulation
de la lumière sensible, celle du rouge, dépasse à peine un
demi-millième de millimètre.

572. Cette différence entre les deux théories n'est pas
la seule. Lors de la propagation du son le calcul démontre
qu'à une distance finie et très petite du centre d'ébranlement, les molécules de l'air exécutent toujours leur mouvement vibratoire normalement à la surface des ondes,
c'est-à-dire sur la direction même du rayon sonore. Mais
les vibrations de l'éther, qui produisent la lumière, sont
d'une tout autre nature : Fresnel a démontré rigoureusement, en partant des faits généraux de la polarisation,
et des phénomènes d'interférence dont nous parlerons
bientôt, que pour la lumière les molécules du fluide éthéré
oscillent sur la surface même des ondes, ou perpendiculairement au rayon lumineux, dans les milieux diaphanes
non cristallisés.

Ces deux directions du mouvement vibratoire diffèrent
essentiellement, en ce sens que la première, celle qui correspond au son, est toujours accompagnée de dilatations, et

de condensations, se succédant périodiquement comme les vitesses de vibration; tandis que la seconde, celle qui caractérise la lumière, peut avoir lieu sans que l'éther éprouve aucun changement de densité. Les équations aux différences partielles qui représentent, d'une manière générale, les petits mouvemens intérieurs d'un milieu élastique homogène, non-seulement indiquent l'existence de ces deux espèces de vibrations, mais en outre leur assignent des vitesses très différentes, qui sont entre elles dans un rapport incommensurable, tel que celui de $\sqrt{3}$ à l'unité, la plus grande vitesse étant celle des ondes condensantes et dilatantes, et la plus petite celle des ondes sans changement de densité.

Il peut se faire qu'un trouble quelconque, apporté dans l'équilibre d'une petite masse d'air, détermine dans l'atmosphère les deux genres de vibrations qui viennent d'être définis, mais l'organe de l'ouïe, n'étant affecté que par le système d'ondes accompagné de dilatations et de condensations, reste sourd pour le second système, qui s'il existe doit correspondre à d'autres phénomènes que le son. Pareillement lorsque l'éther est agité près des sources lumineuses, il en résulte très probablement les deux systèmes d'ondes, mais la rétine n'étant affectée que par celui des vibrations transversales, le premier, celui où l'éther éprouve des changemens de densité, reste inaperçu, ou correspond à d'autres phénomènes que ceux de la lumière.

Imaginons toutes les molécules du milieu élastique homogène distribuées sur des plans parallèles, et perpendiculaires à la direction suivant laquelle se propagent des ondes planes, nées d'un ébranlement dont le centre est très éloigné. L'état vibratoire, correspondant au son, sera représenté par des oscillations de ces couches, normales à leurs surfaces ; elles se rapprocheront et s'éloigneront successivement les unes des autres ; il y aura des périodes de dilatation et de condensation ; et les résultantes des forces élastiques seront normales aux couches. Quant à l'état vibratoire correspondant à la lumière, il sera représenté par des oscillations parallèles aux plans des couches, et d'une amplitude incomparablement plus petite que l'intervalle des molécules ; les couches resteront aux mêmes distances, la densité du milieu n'éprouvera pas d'altération, et la résultante des forces élastiques développées sera parallèle aux ondes.

On peut encore se figurer d'une autre manière les deux espèces de mouvemens vibratoires, en considérant isolément celles des molécules du milieu élastique qui étaient situées, lors du repos, à des distances égales sur une même droite passant par le centre d'ébranlement. Les molécules de cette file, à une époque quelconque de l'état vibratoire correspondant au son, seront distribuées de la même manière que celles d'une corde infiniment mince vibrant longitudinalement, au moment où elle termine une demi-vibration. Tandis que pour le genre de mouvement qui appartient à la lumière, les molécules primitivement en ligne droite se trouveront disposées comme celles de la corde vibrant transversalement. La distance entre les nœuds de vibration représente, dans les deux cas, la demi-largeur de l'onde.

573. Le caractère principal des ondulations lumineuses est ainsi parfaitement défini ; mais pour démontrer que ce caractère est une conséquence nécessaire des faits, il importe de considérer ici les vibrations de l'éther dans toute leur

généralité, ou d'admettre qu'elles peuvent avoir lieu sur toutes les directions, non situées nécessairement sur le plan de l'onde. Nous supposerons d'abord que les molécules du fluide, voisines du corps lumineux, ne soient sollicitées à se mouvoir que sur une seule direction, et qu'elles n'exécutent qu'une seule espèce de vibration. Dans ce cas particulier, la loi du mouvement de l'éther, soit près du corps lumineux, soit à la surface d'une onde, peut être exprimée par une formule très simple, dont voici la démonstration.

L'amplitude des vibrations étant nécessairement très petite relativement à l'intervalle des molécules de l'éther, on peut supposer que la force accélératrice, qui sollicite la molécule vibrante, est constamment proportionnelle à la distance qui la sépare de sa position d'équilibre. Soient : γ cette distance ; t le temps ; $v = -\dfrac{d\gamma}{dt}$, la vitesse à cette époque ; e un coefficient proportionnel à l'élasticité du fluide. On pourra poser $-\dfrac{dv}{dt} = e\gamma$, ou $\dfrac{d^2\gamma}{dt^2} + e\gamma = 0$; l'intégrale générale de cette équation aux différences ordinaires peut être mise sous la forme $\gamma = \alpha \cos(t\sqrt{e} + c)$; α et c étant les deux constantes arbitraires. Le coefficient α représente la demi-amplitude de l'oscillation, ou l'écart maximum. Si l'on prend pour origine du temps l'époque où la molécule commence une vibration, on doit avoir $\gamma = \alpha$ pour $t = 0$, ce qui donne $c = 0$; la valeur de γ devient $\gamma = \alpha \cos t\sqrt{e}$. La durée d'une oscillation complète sera évidemment donnée par la relation $t\sqrt{e} = 2\pi$; soit τ cette durée, on peut poser $\sqrt{e} = \dfrac{2\pi}{\tau}$, et prendre enfin pour valeur de y : $(1)\ y = \alpha \cos 2\pi\, \dfrac{t}{\tau}$. On déduit de cette

équation $v = -\dfrac{dy}{dt} = \dfrac{2\pi}{\tau}\, \alpha \sin 2\pi\, \dfrac{t}{\tau}$, ou en posant $\dfrac{2\pi}{\tau}\alpha = a$:

$(2)\ v = a \sin 2\pi\, \dfrac{t}{\tau}$.

C'est par cette dernière formule que nous exprimerons la vitesse de vibration au centre de l'ébranlement ; il est facile d'en conclure que celle de l'éther, à une distance x de la source lumineuse, et rapportée à la même origine du temps, aura pour expression : $v = \dfrac{a}{x} \sin 2\pi \left(\dfrac{t}{\tau} - \dfrac{x}{u\tau}\right)$; u étant la vitesse de propagation de l'espèce de lumière caractérisée par la durée τ, dans le milieu homogène et d'élasticité constante que l'on considère. A une grande distance de la source, ou dans le cas des ondes planes, on peut négliger les variations du coefficient $\dfrac{a}{x}$, c'est-à-dire prendre simplement $v = a \sin 2\pi \left(\dfrac{t}{\tau} - \dfrac{x}{u\tau}\right)$. Enfin si l est la longueur d'ondulation, on aura, d'après sa définition, $u\tau = l$, et par suite $(3)\ v = a \sin 2\pi \left(\dfrac{t}{\tau} - \dfrac{x}{l}\right)$.

574. Dans la théorie des ondes, l'intensité d'une même espèce de lumière doit varier comme la force vive que possède une même masse du fluide vibrant, ou comme le carré de la vitesse dont cette masse est animée, à la même époque du mouvement vibratoire. On pourra donc prendre, pour représenter cette intensité, le carré du coefficient qui multiplie le sinus du temps, dans l'expression générale de la vitesse de vibration ; c'est-à-dire a^2 dans le cas des ondes planes, et $\dfrac{a^2}{r^2}$ dans celui des ondes sphériques. D'où l'on

Intensité
de la
lumière.

conclut, comme pour le son, que l'intensité de la lumière rayonnée d'une même source varie en raison inverse du carré de la distance.

Phase de la
vitesse
de vibration.

575. Lorsque les ondes qui se succèdent sont en nombre indéfini, on peut substituer à la distance x, dans la formule (3), le reste de sa division par l; car si l'on pose $x = nl + \varphi$, n étant un nombre entier, la valeur (3) se réduit à (4) $\nu = \sin 2\pi \left(\dfrac{t}{\tau} - \dfrac{\varphi}{l} \right)$ en diminuant l'arc total de $2n\pi$, ce qui ne change rien à la valeur du sinus. Cette longueur φ, que nous appellerons *phase* de la molécule vibrante, est comprise entre o et l. Mais afin de ne négliger aucune circonstance, il faut remarquer qu'elle peut ne pas être égale au résidu de la division de x par l, car la complication des causes de l'ébranlement doit occasioner souvent des retards dans les vibrations (§ 584).

Lumière
composée.

576. Il résulte du principe de Bernouilli sur la coexistence des petits mouvemens, ou de la forme même des équations différentielles qui les représentent, qu'une molécule d'éther, atteinte en même temps par plusieurs ébranlemens venant de la même source ou de sources différentes, obéit à la fois à toutes ces impulsions, en sorte que les ondes lumineuses se superposent sans se nuire comme les ondes sonores. En général un même corps lumineux doit être considéré comme l'origine d'une infinité d'ondes lumineuses d'espèces différentes, qui se propagent simultanément dans l'éther environnant.

Si pour toutes ces espèces de lumière les vibrations s'exécutaient dans la même direction, la vitesse générale de l'éther, à une grande distance de la source, serait représentée par une série de termes semblables au second membre de l'équation (4); z, τ, l et φ, variant d'un terme à l'autre. On simplifie beaucoup l'explication des phénomènes de l'optique en les considérant d'abord comme produits par une seule espèce de lumière, ou par une seule couleur; il est facile ensuite d'expliquer les effets de la lumière blanche et composée, qui ne sont que le résultat de la superposition des effets partiels dus aux couleurs élémentaires.

577. Mais pour considérer dans toute sa généralité le mouvement partiel de l'éther, auquel on doit attribuer une lumière homogène ou d'une seule couleur, il faut imaginer que sur un même rayon venant de la source, il se propage une infinité de mouvemens vibratoires, de directions différentes autour de ce rayon, et qui, bien qu'ayant la même durée de vibration, ou la même longueur d'ondulation, peuvent varier d'intensité et de phase d'une direction à l'autre en un même point.

Lumière homogène.

578. Quelque compliqué que soit l'ensemble de ces mouvemens isochrones, on peut toujours le ramener à trois systèmes de vibrations, parallèles à des axes coordonnés. Il est plus commode de prendre, pour ces axes, la direction du rayon lumineux, et deux droites orthogonales situées dans un plan parallèle aux ondes planes qui se propagent suivant ce rayon. Il résulte de l'indépendance des mouvemens rectangulaires que tout système de vibration, ayant une direction quelconque, est décomposable en trois autres, dirigés suivant les axes choisis, ayant la même durée, la même phase, et pour amplitudes les projections de l'amplitude du mouvement décomposé. Le mouvement le plus général donne ainsi suivant chaque axe plusieurs systèmes de vibrations parallèles, de même durée,

Composition des mouvemens vibratoires.

dont les phases sont différentes, et qu'il s'agit de remplacer par un seul.

Soient, à cet effet, $a, a', a'', \ldots$ les coefficiens de la vitesse de vibration dans les mouvemens composans, ou $a^2, a'^2, a''^2, \ldots$ leurs intensités relatives, $\varphi, \varphi', \varphi'', \ldots$ leurs phases. La vitesse de vibration totale sera$\ldots\ldots\ldots$

$$V = a \sin 2\pi\left(\frac{t}{\tau} - \frac{\varphi}{l}\right) + a' \sin 2\pi\left(\frac{t}{\tau} - \frac{\varphi'}{l}\right) + a'' \sin 2\pi\left(\frac{t}{\tau} - \frac{\varphi''}{l}\right) + \ldots$$

ou $V = \Sigma a \sin 2\pi\left(\frac{t}{\tau} - \frac{\varphi}{l}\right)$. Cette expression de V est évidemment périodique, et la durée de sa période est encore τ; on peut donc poser $V = A \sin 2\pi\left(\frac{t}{\tau} - \frac{\Phi}{l}\right)$, et le problème proposé se réduit à trouver les valeurs du coefficient A et de la phase Φ.

Or, l'équation $A \sin 2\pi\left(\frac{t}{\tau} - \frac{\Phi}{l}\right) = \Sigma a \sin 2\pi\left(\frac{t}{\tau} - \frac{\varphi}{l}\right)$,

donne, $A \cos 2\pi\,\frac{\Phi}{l}.\,\sin 2\pi\,\frac{t}{\tau} - A \sin 2\pi\,\frac{\Phi}{l}.\,\cos 2\pi\,\frac{t}{\tau}$

$= \left(\Sigma a \cos 2\pi\,\frac{\varphi}{l}\right).\,\sin 2\pi\,\frac{t}{\tau} - \left(\Sigma a \sin 2\pi\,\frac{\varphi}{l}\right)\cos 2\pi\,\frac{t}{\tau}$;

équation qui doit être identique pour toute valeur du temps; on a donc nécessairement : $A \cos 2\pi\,\frac{\Phi}{l} = \Sigma a \cos 2\pi\,\frac{\varphi}{l}$,

$A \sin 2\pi\,\frac{\Phi}{l} = \Sigma a \sin 2\pi\,\frac{\varphi}{l}$; d'où l'on déduit facilement :

$$A = \sqrt{\left(\Sigma a \cos 2\pi\,\frac{\varphi}{l}\right)^2 + \left(\Sigma a \sin 2\pi\,\frac{\varphi}{l}\right)^2}, \text{ et}\ldots\ldots$$

$\text{tang } 2\pi\,\frac{\Phi}{l} = \left(\Sigma a \sin 2\pi\,\frac{\varphi}{l}\right) : \left(\Sigma a \cos 2\pi\,\frac{\varphi}{l}\right)$. Ainsi, il est toujours possible de remplacer par un seul plusieurs systèmes de vibrations parallèles, et conséquemment de réduire à trois systèmes de vibrations orthogonales le mouvement de l'éther auquel on doit attribuer une lumière homogène, quelque compliqué qu'on le suppose.

579. D'après ces considérations théoriques, un rayon simple, ou d'une seule couleur, sera défini de la manière la plus générale, en le regardant comme le lieu de la propagation simultanée de trois systèmes de vibration, de même durée τ, de même longueur d'ondulation l, de phases diverses $\varphi, \varphi', \varphi''$, et d'intensités différentes a^2, a'^2, a''^2, l'un parallèle au rayon, les deux autres normaux à cette direction et perpendiculaires entre eux. Les vitesses de vibration v, v', v'', de ces trois systèmes sont données par les formules : $v = a \sin 2\pi \left(\dfrac{t}{\tau} - \dfrac{\varphi}{l} \right)$, $v' = a' \sin 2\pi \left(\dfrac{t}{\tau} - \dfrac{\varphi'}{l} \right)$, $v'' = a'' \sin 2\pi \left(\dfrac{t}{\tau} - \dfrac{\varphi''}{l} \right)$. Pour un même point du rayon $\varphi, \varphi', \varphi''$, restent constans, t seul varie. Lorsque l'on passe d'un point à un autre, les phases $\varphi, \varphi', \varphi''$, augmentent ou diminuent toutes les trois de la distance qui sépare ces deux points, diminuée du plus grand multiple de l qu'elle contient.

Définition
d'un rayon
de lumière
homogène.

580. Dans le mouvement composé, résultant des trois vitesses de vibration v, v', v'', chaque molécule du fluide doit décrire, en général, une trajectoire fermée et à double courbure, intersection de deux cylindres à base elliptique. En effet, considérons les vibrations d'une seule molécule d'éther sur le rayon qui vient d'être défini ; $\varphi. \varphi', \varphi''$, seront constans. Si $\alpha, \alpha', \alpha''$, respectivement proportionnels à a, a', a''. représentent les amplitudes des trois vibrations orthogonales, et z, y, x, les écarts de la molécule pour

Trajectoire
de la
molécule vi
brante.

ces trois mouvemens, on aura : $z = \alpha \cos 2\pi \left(\dfrac{t}{\tau} - \dfrac{\varphi}{l} \right)$,

$y = \alpha' \cos 2\pi \left(\dfrac{t}{\tau} - \dfrac{\varphi'}{l} \right)$, $x = \alpha'' \cos 2\pi \left(\dfrac{t}{\tau} - \dfrac{\varphi''}{l} \right)$, pour

les coordonnées du lieu occupé par la molécule vibrante à l'époque t. Si donc on élimine le temps entre ces trois formules, les deux équations résultantes seront celles de la trajectoire décrite. Or, en effectuant cette élimination, successivement entre la première et l'une des deux dernières formules, on obtient pour équations finales

$$\left(\frac{z}{\alpha} \right)^2 + \left(\frac{y}{\alpha'} \right)^2 - 2\, \frac{z}{\alpha}\, \frac{y}{\alpha'} \cos 2\pi\, \frac{\varphi' - \varphi}{l} = \sin^2 2\pi\, \frac{\varphi' - \varphi}{l},$$

$$\left(\frac{z}{\alpha} \right)^2 + \left(\frac{x}{\alpha''} \right)^2 - 2\, \frac{z}{\alpha}\, \frac{x}{\alpha''} \cos 2\pi\, \frac{\varphi'' - \varphi}{l} = \sin^2 2\pi\, \frac{\varphi'' - \varphi}{l};$$

ce qui démontre le théorème énoncé.

Conséquence générale de la théorie des ondulations.

581. Les vitesses de vibration v, v', v'', peuvent être regardées comme les projections de la vitesse totale dont la molécule est animée, sur la tangente à la trajectoire, au point dont les coordonnées sont z, y, x. D'après cela, pour la même molécule, cette vitesse totale aura évidemment deux directions parallèles, mais opposées, à deux époques différant de $\dfrac{\tau}{2}$, ou de la demi-durée d'une vibration, puisqu'à ces deux époques les projections v, v', v'', auront les mêmes valeurs absolues, mais affectées de signes contraires. Pareillement, deux molécules du rayon considéré, séparées d'une demi-ondulation, seront à toute époque animées de vitesses totales parallèles, égales, mais opposées; car les projections v, v', v'', de ces vitesses ne diffèrent que par les phases, qui augmentent de $\dfrac{l}{2}$ en passant d'une molécule à l'autre, ce qui change leurs signes sans troubler leurs valeurs absolues.

Ces conséquences généralisées conduisent aux deux théorèmes suivans. Deux molécules d'éther situées sur un même rayon, ou sur deux rayons provenant de la même source, sont animées à tout instant de vitesses de vibration égales et de même signe, lorsque leurs phases sont les mêmes, ou quand leurs distances à la source diffèrent d'un nombre entier d'ondulations. Elles sont animées de vitesses égales mais de sens contraire, quand leurs phases diffèrent de $\frac{1}{2}$ l, ou lorsque leur distance à la source diffère d'un nombre impair de demi-ondulations. Ces deux théorèmes résument en quelque sorte toute la théorie des ondes lumineuses, appliquée au cas d'un milieu homogène d'élasticité constante. Il importe de constater par l'expérience les conséquences qui doivent s'ensuivre.

582. Considérons généralement deux systèmes d'ondes, ou deux rayons d'une lumière homogène, agissant en même temps sur une même molécule de l'éther, et qui suivent la même direction de propagation, ou deux directions faisant entre elles un très petit angle. Supposons que ces deux systèmes, de même longueur d'ondulation, soient en retard l'un sur l'autre d'un certain nombre entier ou fractionnaire d'ondulations; soit qu'émanés du même centre d'ébranlement, ils y aient eu leur origine à deux époques différentes, soit que partis en même temps ils aient parcouru des chemins différens avant d'atteindre le point considéré.

Si le retard est d'un nombre pair de demi-ondulations, ils tendront à imprimer à chaque instant à la molécule fluide des vitesses de vibration égales et de même signe; l'effet de leur superposition sera donc en quelque sorte d'augmenter l'intensité de la lumière. Mais si le retard est d'un nombre impair de demi-ondulations, les deux systèmes d'ondes tendant à imprimer au même instant à la même molécule des vitesses égales, mais de signes contraires, l'effet de leur superposition sera le repos de la molécule, et *la lumière de l'un des rayons, ajoutée à celle de l'autre, produira de l'obscurité.*

Cette conséquence de la théorie des ondulations est confirmée par l'expérience. Le docteur Young qui l'a fait connaître le premier, lui a donné le nom de *principe des interférences.* Ce phénomène constitue la plus forte objection à la théorie de l'émission, qui ne peut expliquer, ni même faire concevoir, que de la lumière ajoutée à de la lumière puisse produire de l'obscurité.

583. Fresnel a imaginé le mode d'observation qui suit, pour vérifier le phénomène des interférences. On concentre les rayons solaires avec une lentille sphérique ou cylindrique d'un très court foyer, enchâssée dans un trou pratiqué au volet d'une chambre obscure, en sorte qu'il se forme au foyer une image fort étroite et très brillante, qu'on regarde comme la source des rayons lumineux. Pour obtenir une lumière homogène, on place devant la lentille, au-delà du foyer, une lame de verre coloré à faces parallèles ; nous supposerons que ce soit un fragment de certains vitraux des anciennes églises, qui ne laissent passer qu'une lumière rouge sensiblement homogène. On présente aux rayons divergens qui émanent de la source, deux petits miroirs plans métalliques, ou de verre à faces postérieures noircies, légèrement inclinés l'un sur l'autre, en sorte que les faisceaux réfléchis sur ces deux petits miroirs, se croisent dans l'espace sous un très petit angle.

Expérience
de
vérification.

Soient : S la source lumineuse, MN, MN', les intersections des surfaces planes réfléchissantes par un plan passant en S et perpendiculaire à leur intersection commune. Les rayons réfléchis sur les deux miroirs sembleront partis de deux points I et I', symétriques de S par rapport à leurs surfaces ; soit en O, milieu de II', la normale OME, à cette droite. On place en E un écran KEK' perpendiculaire à OE. Voyons quels seront les phénomènes que devra présenter la lumière reçue sur cet écran, d'après le principe des interférences.

Les ondes que propagent les deux rayons réfléchis GE, G'E, arrivant en E après avoir parcouru deux chemins égaux , $\overline{SGE} = SG'E = \overline{EI} = \overline{EI'}$, à partir de la source, imprimeront à l'éther, dans tous les instans, des vitesses de vibration égales et de même signe, lesquelles donneront une vitesse de vibration résultante presque égale à leur somme, à cause de la petitesse de l'angle IEI'; le point E sera donc doublement éclairé ou brillant.

En tout autre point P de l'écran, les ondes réfléchies seront en retard l'une sur l'autre d'une distance égale à PI'—PI$=p$; si cette différence p est égale à une demi-ondulation de la lumière homogène employée, les molécules de l'éther en P seront à chaque instant sollicitées à prendre des vitesses égales, mais presque directement opposées ; leur vitesse résultante sera donc presque nulle, et il devra y avoir en P un minimum de lumière ; c'est-à-dire que le point P semblera noir, comparativement au point brillant E.

Si la différence p est égale à une ondulation entière, il y aura concordance nouvelle entre les vibrations apportées par les deux ondes réfléchies, puique l'une sera en retard sur l'autre de deux demi-ondulations; le point P sera donc brillant, et ainsi de suite. D'un point brillant au point obscur suivant, les deux systèmes des vibrations apportées par les deux ondes réfléchies, passeront d'une manière continue de la concordance à la discordance, en sorte que l'intensité de la lumière ira en décroissant sur l'écran, de part et d'autre du point E, jusqu'aux points obscurs voisins, pour augmenter au-delà, diminuer ensuite, et former ainsi successivement des bandes obscures et brillantes.

Franges brillantes et obscures.

584. L'observation donne des résultats conformes à ces conséquences nécessaires de la théorie des ondulations. En employant, comme nous l'avons supposé, la lumière rouge sensiblement homogène qui a traversé un fragment de verre rouge, on voit sur l'écran des bandes ou franges rouges brillantes, alternant avec des bandes obscures ou presque noires. Toutes ces bandes sont parallèles entre elles et à égale distance les unes des autres; dans cette expérience on aperçoit jusqu'à 20 ou 30 franges distinctes, mais dont la vivacité d'éclat va en diminuant à partir du centre E, où se trouve le rouge le plus vif.

Ce dernier décroissement tient à ce que, quelque homogène que soit la lumière employée, elle ne l'est jamais assez pour qu'on puisse la regarder comme composée d'un seul système d'ondes lumineuses de même longueur d'ondulation, qu'en réalité elle est composée d'un grand nombre d'ondes de longueurs d'ondulations différentes, qui superposent leurs effets sur l'écran; en sorte que la largeur des franges n'étant pas la même pour tous ces systèmes d'ondes, il doit arriver qu'en un point P de l'écran, pour lequel p est égal à un nombre suffisant d'ondulations de chaque espèce, les bandes obscures de plusieurs des systèmes d'ondes, se superposent aux bandes brillantes des autres systèmes, produisent d'abord des différences moins grandes entre l'intensité de la lumière de deux bandes brillante et obscure consécutives, et plus loin une lumière uniforme.

Si l'on répétait l'expérience précédente sur une autre lumière que la lumière rouge, on observerait encore sur l'écran des bandes alternativement brillantes et obscures, mais la largeur des franges serait différente pour chaque couleur. Enfin si l'on n'interpose aucun verre coloré entre les miroirs et la lentille, on verra sur l'écran une série de bandes provenant de la superposition de tous les groupes de franges formés chacun par une des couleurs : la bande centrale sera blanche, on apercevra quelques bandes brillantes et obscures à droite et à gauche, plus loin des bandes irisées, plus loin encore une lumière uniforme. Les considérations qui précèdent suffisent pour rendre compte de ce phénomène composé.

Dans tous les cas, les franges disparaissent complétement lorsqu'on intercepte un des faisceaux réfléchis, avant son arrivée sur l'écran, ce qui prouve la nécessité du concours de ces deux faisceaux pour la formation des franges. Une condition essentielle pour la réussite de l'expérience des deux miroirs, c'est qu'ils ne saillent pas l'un sur l'autre dans la ligne de contact ; en les plaçant sur un support, et en les fixant avec de la cire, on peut les pousser plus ou moins l'un ou l'autre, et parvenir ainsi à faire naître les franges dans l'espace éclairé à la fois par les deux faisceaux réfléchis.

La petitesse de la distance focale de la lentille est indispensable. En effet, il faut considérer la source lumineuse comme le cercle d'intersection d'un cône soutenu par le soleil et ayant son sommet au centre optique de la lentille, par un plan perpendiculaire à son axe ; ce cercle sera donc d'autant plus petit que cette lentille aura un plus court foyer. Or il est facile de concevoir la nécessité que ce cercle soit très petit : car si l'on imagine que dans l'expérience précédemment décrite, le point S se meuve un peu, le groupe de franges sera déplacé sur l'écran. Tous les points du cercle lumineux formé au foyer donnent donc lieu à des groupes de franges différens, dont les bandes centrales occupent des places différentes sur l'écran, et qui se superposent toutes ; en sorte que si ce cercle avait un diamètre trop considérable, il pourrait arriver que les bandes centrales des groupes de franges, provenant d'une des moitiés du cercle, coïncidassent avec les bandes obscures des groupes de franges produits par les rayons partis de l'autre moitié, ce qui donnerait lieu à une lumière uniforme.

Pour que des rayons lumineux puissent interférer, il faut qu'ils proviennent d'une même source. On n'a jamais pu obtenir aucune apparence de franges lorsque les rayons, que l'on présentait à l'interférence, provenaient de deux sources différentes. Pour concevoir la raison de ce fait, il faut observer qu'il est peu vraisemblable qu'un corps lumineux puisse produire pendant long-temps des vibrations isochrones, et qu'il doit survenir, dans la succession de ces vibrations, des perturbations ou des retards fort irréguliers ; ce qui n'empêche pas les rayons partis d'une même source de s'interférer, car les systèmes d'ondes qu'ils propagent étant soumis aux mêmes perturbations, leur concordance et leur discordance restera toujours la même ; mais de deux rayons partis de sources différentes, le système des ondes transmis par l'un, éprouvant des perturbations ou des retards, auxquels l'autre système d'ondes ne participera pas, sera tantôt en concordance et tantôt en discordance avec le second système; en sorte qu'il en résultera une lumière continue, pour l'œil inhabile à saisir des changemens aussi brusques et aussi irréguliers.

585. Reprenons l'expérience des deux miroirs, faite sur une lumière homogène. On peut regarder les deux images I et I', comme deux sources identiques, substituées à la source unique S, les ondes réfléchies seront des surfaces sphériques ayant ces points pour centres. Considérons au même instant les deux séries de surfaces d'ondes, à des distances égales à $\frac{l}{2}$; soient figurées en lignes pleines les intersections du plan SII' avec les surfaces d'ondes éloignées d'un nombre pair de demi-ondulations des sources I et I', et en lignes ponctuées celles correspondantes à un nombre impair de fois $\frac{l}{2}$; aux points d'intersection de deux lignes de même espèce, il y a concordance ou bandes brillantes; aux points d'intersection de deux lignes d'espèces différentes, discordance ou bandes obscures. Soient : CE, C'E, les deux cercles pleins qui passent en E; B et B' les deux points d'intersection de ces cercles, avec les cercles ponctués B'E', BE', qui les précèdent réciproquement; BB' = f, la largeur d'une frange; l'angle IEI'=EBE=i; on aura à très peu près $\overline{BE} = \frac{f}{2}$, $\overline{EE'} = \frac{l}{2}$, et par suite : . . . . $f \sin i = l$. Il suit de là, que si l'on mesure l'angle i, ce qui est facile au moyen d'un cercle répétiteur, et f par le pro-

Mesure des
longueurs
d'ondulation
de la
lumière.

Fig. 316.

cédé que nous allons indiquer, on en conclura la longueur d'ondulation l.

Pour mesurer f, Fresnel se servait d'une simple loupe, portant à son foyer un fil très fin, mobile au moyen d'une vis micrométrique construite avec soin, et à bouton gradué. Il plaçait l'œil à une distance de la lentille telle que la surface du verre convexe parût illuminée, le fil placé au foyer divisant par une raie noire le disque lumineux. Fresnel cherchait alors, dans cette position relative de l'œil et de la loupe, les franges que devait offrir l'espace où les faisceaux réfléchis par les deux miroirs se croisaient. Faisant mouvoir ensuite le micromètre de telle manière que le fil correspondît successivement au milieu des deux bandes obscures, qui avoisinaient la bande brillante centrale, le nombre et les fractions de tours qu'il fallait imprimer à la vis dont le pas était connu, pour faire passer le fil de l'une à l'autre de ces deux positions, donnait f à moins d'un centième de millimètre près.

Cette valeur de f était évidemment la distance des deux bandes obscures, voisines de la bande centrale, qu'on eût observé sur un écran placé au foyer même de la loupe. Le milieu d'une bande obscure ou brillante du même ordre, successivement observé à des distances différentes des deux miroirs, devait se trouver, d'après la théorie, sur une hyperbole ayant les points I et I' pour foyers, puisque ce milieu devait correspondre à une même valeur de p; les expériences de Fresnel ont complétement vérifié cette conséquence.

L'équation $f \sin i = l$ indique que la largeur d'une frange doit être d'autant plus grande pour une même couleur, que l'angle i est plus petit, ou que les deux images sont plus rapprochées l'une de l'autre et plus éloignées du micromètre. Il faut donc que l'angle des deux miroirs soit le plus voisin de deux droits qu'il est possible, pour que f ait une longueur assez grande, et que sa détermination soit obtenue plus exactement. Les expériences de Fresnel, et certaines mesures prises par Newton, dans le phénomène des anneaux colorés, dont nous parlerons par la suite, donnent le tableau suivant des valeurs de l ou de la longueur d'ondulation, pour les différentes couleurs du spectre solaire.

LIMITES DES COULEURS PRINCIPALES.	VALEURS EXTRÊMES DE l.	COULEURS PRINCIPALES.	VALEURS MOYENNES DE l.
	millimètres.		millimètres.
Violet extrême......	0,000406	Violet....	0,000423
Violet indigo........	0,000439	Indigo...	0,000449
Indigo-bleu.........	0,000459	Bleu.....	0,000475
Bleu-vert...........	0,000492	Vert.....	0,000512
Vert-jaune	0,000532	Jaune....	0,000551
Jaune-orangé.......	0,000571	Orange...	0,000583
Orangé-rouge.......	0,000596	Rouge....	0,000620
Rouge-extrême......	0,000645		

Connaissant ainsi la longueur d'ondulation pour chaque couleur, et sachant que la vitesse de propagation de la lumière est d'environ 70,000 lieues de 4,000 mètres par seconde, on peut évaluer à peu près le nombre de vibrations qu'une molécule de l'éther doit faire dans une seconde de temps pour transmettre les phénomènes lumineux. On trouve, par exemple, que la lumière jaune correspond à au moins 564,000 vibrations, par millionième de seconde.

586. Après avoir établi que le phénomène des interférences, tout-à-fait inexplicable dans la théorie de l'émission, est au contraire une conséquence très simple de l'hypothèse des ondulations ; nous allons faire voir que ce principe fondamental explique très bien la réflexion et la réfraction de la lumière, et sert ainsi de lien entre ces faits principaux, que la théorie newtonnienne séparait complétement en admettant des actions répulsives sur la lumière, de la part des molécules pondérables, dans le cas de la réflexion, et des actions attractives dans celui de la réfraction.

Lorsqu'une suite d'ébranlemens transmis par l'éther arrive à la surface d'un corps, nouveau milieu où ce même fluide a une densité ou une élasticité différente de celle qu'il possède dans le premier, les lois de la mécanique rationnelle démontrent qu'il naît à la surface de séparation deux systèmes d'ondes : les unes transmises au-delà, et les autres qui rebroussent chemin par rapport aux ondes incidentes, en se propageant comme elles dans le premier milieu. Les molécules de l'éther situées à la surface du corps, ébranlées par les ondes incidentes, peuvent être considérées elles-mêmes comme autant de centres d'ébranlement donnant lieu à autant de systèmes d'ondes élémentaires, et tendant à imprimer au même instant à chaque molécule de l'éther autant de vitesses de vibration, plus ou moins discordantes, dont la résultante constituera un système unique d'ondes réfléchies dans le premier milieu, un système unique d'ondes réfractées dans le second. Nous continuerons à supposer que l'élasticité de l'éther dans chacun des deux milieux est la même, et qu'il s'agit d'une lumière homogène caractérisée par des vibrations isochrones ou de même durée.

Soient : $\overline{AB}$ la surface plane de séparation des deux milieux; IL, I′L′, deux rayons parallèles très voisins d'une
onde incidente, située dans le même plan perpendiculaire
à la surface. Nous supposerons tous les rayons incidens
sur le miroir parallèles entre eux, et nous appellerons en
général plan d'incidence tout plan tel que ILL′I′, parallèle
à la lumière incidente, et ayant une portion de sa trace
entre les limites de cette surface.

Le centre d'ébranlement étant supposé infiniment éloigné, l'onde incidente sera plane, et si l'on abaisse LP perpendiculaire sur I′L′, cette ligne LP sera sur la surface
même de l'onde, dans l'une de ses positions. Les molécules de l'éther L et P seront donc constamment animées
des mêmes vitesses de vibration ; ou autrement la lumière
venue du centre d'ébranlement aura parcouru des chemins
égaux pour atteindre L et P. En L′ la lumière aura parcouru le chemin $\overline{PL}$ de plus que celle en L. Ainsi, des
ondes élémentaires dont L′ et L sont les centres, la première sera en retard relativement à la seconde; cependant
les effets de ces deux ondes, sur une même molécule
M de l'éther éloignée de AB, seront parfaitement d'ac-
cord, si la lumière parcourt la différence $\overline{LM} - \overline{L′M′}$,
dans le même temps qu'elle met à parcourir $\overline{PL}$, puisque
le retard de la lumière venue de L sur celle venue de L′,
compensera le retard aux origines de ces ondes.

Si l'on prend le point M, déterminé par la condition
précédente, dans le plan d'incidence ALI, et à une distance assez grande relativement à l'étendue de la surface,
pour que tous les rayons ML. ML′, etc.. qui y aboutissent
puissent être regardés comme parallèles. tout plan per-

pendiculaire à LM sera évidemment atteint en même temps
par la lumière due à tous les systèmes d'ondes élémentaires ayant leurs centres sur la surface ; ce seront autant d'ondes concordantes en M, qui y augmenteront l'intensité de la lumière.

Mais si un point N n'est pas tel que les conditions
précédentes soient toutes satisfaites, c'est-à-dire s'il n'est
pas situé dans un plan d'incidence, ou si, étant situé dans
un plan d'incidence ALI, la lumière ne parcourt pas la
différence des rayons $\overline{LN}$ et $\overline{L'N'}$, dans le même temps que
$\overline{PI}$, il y aura discordance et destruction parmi les vitesses
de vibration envoyées au point N et au même instant,
par toutes les ondes élémentaires dont les centres sont sur
la surface AB. Car en supposant toujours le point N assez
éloigné, relativement à la grandeur de cette surface, pour
que tous les rayons qui y aboutissent puissent être regardés comme parallèles, il est évident que la lumière
transmise par toutes les ondes élémentaires, n'arrivera
pas en même temps à tous les points d'un plan perpendiculaire à tous les rayons dirigés vers N.

Or on pourra toujours décomposer la surface AB en rectangles égaux, tels que les points semblablement placés
de deux rectangles successifs, envoient en N des rayons
pour lesquels le retard total de la lumière apportée par l'un,
sur celle apportée par l'autre, sera d'une demi-ondulation.
En sorte que si le nombre de ces rectangles est très considérable, ou si la surface a une largeur que l'on puisse
regarder comme très grande, relativement à la longueur
d'une ondulation, les ondes que ces rectangles enverront
en N détruiront mutuellement leurs effets ; ou bien, il ne

restera plus que les vitesses de vibration que tendraient à
imprimer les ondes envoyées par quelques rectangles, situés
sur les limites de la surface, mais dont l'effet total sera extrêmement petit, relativement à celui que produisent en M
toutes les ondes concordantes provenant de tous les points
de cette surface.

Il suit de là : 1° que dans le cas d'une surface plane
assez étendue, les rayons réfléchis et réfractés, ou les
lieux de tous les points de l'éther le plus fortement ébran-
lés par les ondes élémentaires qu'un faisceau incident
fait naître sur cette surface, seront situés dans le plan d'incidence ; 2° que pour trouver leur direction dans ce plan
relativement à deux rayons incidens voisins IL, I'L', il
faudra mener deux droites parallèles LM, L'M par L et L',
de telle manière qu'en abaissant la perpendiculaire L'P'
sur LM, la lumière mette autant de temps à se propager de
L en P', qu'à parcourir $\overline{PL'}$.

Pour les rayons réfléchis la vitesse u de la lumière est la
même que pour les rayons incidens, puisqu'elle se meut dans
le même lieu; il faudra donc que $\overline{LP'} = \overline{L'P}$, ou que l'angle   FIG. 319.

P'L'L = PLL'; ou enfin que l'angle de réflexion soit égal
à l'angle d'incidence. Pour les rayons réfractés dans le second milieu, la vitesse v de lumière est différente de u; il
faudra donc que $\overline{LP'}$ soit à $\overline{PL'}$, comme v est à u. Autre-   FIG. 320.
ment : comme on peut toujours prendre L et L', à une
distance telle l'une de l'autre que $\overline{PL'}$ soit la longueur
d'ondulation l de la lumière employée que nous supposerons homogène. il faudra que $\overline{LP'}$ soit égal à la longueur
d'ondulation l' de la même lumière dans le second milieu.
ou que l'on ait en général $\overline{LP'} : \overline{PL'} :: l' : l$. Or, si $\overline{LL'}$

est pris pour unité, L'P et LP' sont les sinus des angles d'incidence i et de réfraction r; ces sinus doivent donc être dans un rapport constant $\dfrac{\sin i}{\sin r} = \dfrac{u}{v} = \dfrac{l}{l'}$, lequel est le rapport direct des vitesses de la lumière, ou celui des longueurs d'ondulation dans les mêmes milieux.

Explication de la dispersion.

587. Il suit évidemment des constructions précédentes que, si la lumière incidente est composée ou blanche, les rayons de toutes couleurs se réfléchiront suivant la même direction, mais qu'ils se sépareront dans le faisceau réfracté; car l'analyse mathématique démontre (§ 571) que les ondes lumineuses de différentes espèces, à cause de la petitesse de leurs longueurs d'ondulation, ne se propagent pas avec une vitesse égale dans le même milieu; et que les rapports de leurs vitesses de propagation dans deux milieux différens varient d'une espèce à l'autre. Quand la lumière rentre par une seconde réfraction dans le milieu des ondes incidentes, il est facile de voir en répétant encore une fois la construction précédente, avec les modifications convenables, que les ondes émergentes de différentes couleurs seront parallèles entre elles, ou que la lumière doublement réfractée sera blanche, si les deux faces planes du second milieu sont elles-mêmes parallèles; et que, si ces deux plans sont inclinés l'un sur l'autre, les rayons de diverses couleurs resteront séparés, ou que leur faisceau sera dispersé.

Fig. 321.

Moindre vitesse de la lumière dans les milieux plus réfringens.

588. La théorie des ondulations conduisant à la formule $\dfrac{\sin i}{\sin r} = \dfrac{u}{v}$, indique que la lumière doit avoir une vitesse moindre dans les milieux plus réfringens; ce qui est directement contraire à l'explication que Newton a donnée

de la réfraction. Or on peut prouver directement que la lumière se propage réellement moins vite dans les milieux plus réfringens. Si, dans l'expérience des deux miroirs, on place entre l'un d'eux et l'écran, ou le foyer de la loupe employée par Fresnel, une lame mince de verre, ou de tout autre corps solide transparent, on remarque que le groupe de franges est déplacé. La bande centrale, dans sa nouvelle position, ne correspond donc plus à des distances égales aux images I et I', mais elle doit toujours cependant provenir du concours de deux rayons parcourus par la lumière dans le même temps. Le sens du déplacement indique constamment que la marche de la lumière a été retardée par son passage dans la lame; c'est-à-dire qu'elle s'y propage avec une vitesse moindre que dans l'air; ou enfin, le nombre des ondulations devant être le même pour les deux rayons concourant à la bande centrale, que les longueurs d'ondulation sont plus courtes dans une lame solide diaphane que dans l'air.

589. Cette expérience, imaginée par M. Arago, donne un moyen très exact de mesurer l'épaisseur E d'une lame mince, lorsqu'on connaît l'indice de réfraction L correspondant à cette substance, ou bien de déterminer L lorsqu'on connaît E. En effet, soient : l' et l les longueurs d'ondulation de la lumière homogène employée, dans la lame et dans l'air; x' le nombre entier ou fractionnaire de longueurs d'ondulation l' contenues dans l'épaisseur E de la lame; x celui des longueurs d'ondulation l comprises dans une couche d'air de même épaisseur E; enfin, n le nombre de largeurs de franges que la bande centrale parcourt sur l'écran, ou au foyer du micromètre, pour passer de la position qu'elle occupait avant l'interposition de la lame, à

celle qu'elle occupe après, nombre qu'il est facile de déterminer avec une grande exactitude, au moyen du micromètre
de Fresnel. On aura évidemment : $E = lx = l'x'$; $x + n = x'$;

$$L = \frac{l}{l'} = \frac{x'}{x} ;\ \text{d'où } x' = Lx,\ x = \frac{n}{L-1} ;\ \text{et enfin : } E =$$

$$\frac{ln}{L-1} \ \text{ou} \ L = 1 + \frac{ln}{E}.$$

Faisceau
réfléchi di-
laté.

590. L'explication que nous avons donnée de la réflexion et de la réfraction indique que les rayons des ondes
élémentaires qui s'écartent des rayons réfléchis et réfractés,
déterminés par les constructions précédentes, et qui donnent une lumière nulle ou presque nulle, lorsque la surface
de séparation des deux milieux a une certaine étendue
dans tous les sens, doivent au contraire donner une lumière sensible, et former ainsi un faisceau réfléchi ou réfracté d'une plus grande section, lorsque la largeur de la
surface, mesurée dans le plan d'incidence, est très petite et
en quelque sorte comparable aux longueurs d'ondulation.
Car alors les effets des ondes élémentaires pourront échapper aux destructions par interférence. Cette conséquence de
la théorie est encore vérifiée par l'expérience : si l'on se sert
d'une glace noircie par derrière, et dont la surface antérieure soit aussi recouverte d'un noir mat, à l'exception d'un
petit espace formé par deux lignes droites faisant entre
elles un angle très aigu, on remarque que la largeur du
faisceau réfléchi va en augmentant, à mesure que le lieu
où la réflexion s'opère s'approche du sommet de l'angle.

TRENTE-SEPTIÈME LEÇON.

Phénomène des anneaux colorés. — Ancienne théorie des accès.
Explication des anneaux colorés. — Phénomènes de la diffraction.
— Théorie de la diffraction de Fresnel. Principes d'Huyghens.
Résultante d'une onde sphérique. Résultante d'une onde circulaire complète et incomplète. — Explication des franges produites
par un seul bord opaque; par un corps étroit; par une fente étroite;
par deux fentes très voisines. — Phénomènes des réseaux. Explication.

591. Il existe une foule de circonstances dans lesquelles
on observe des franges, comme dans l'expérience des deux
miroirs imaginée par Fresnel. Ces franges sont toujours
irisées dans la lumière blanche ; mais quand la lumière est
homogène, elles sont alternativement brillantes et obscures.
Le principe des interférences qui n'est qu'une conséquence
nécessaire de la théorie des ondes lumineuses, explique
complétement ces phénomènes divers. Nous considérerons
particulièrement le phénomène des anneaux colorés, et
celui connu sous le nom de diffraction. Voici comment le
premier a été décrit et analysé par Newton.

L'appareil se compose d'une glace à faces parallèles et
d'un verre plan convexe, dont la surface courbe fait partie
d'une sphère d'un très grand rayon; on presse contre la
glace le côté convexe de la lentille, et l'on fait tomber, à
l'endroit du contact, des rayons d'une seule couleur, fai-

sant partie du faisceau dispersé par un prisme ; nous supposerons que cette lumière incidente soit rouge, telle que
celle sensiblement homogène qui traverse le verre coloré
dont s'est servi Fresnel. Dans ces circonstances, l'œil placé
en O, et recevant des rayons réfléchis, apercevra une tache
noire au point de contact des deux verres ; autour de cette
tache, un anneau rouge ; autour de ce premier anneau, un
anneau noir, un autre anneau rouge, et ainsi de suite.
L'œil placé en O', et recevant les rayons transmis par les
verres, apercevra une tache rouge au contact, puis un anneau obscur, un anneau rouge, etc. Ces derniers anneaux
sont plus pâles ou moins vifs que les premiers.

Il est difficile de mesurer directement les épaisseurs variables de la lame gazeuse, comprise entre les verres, aux
lieux des différens anneaux obscurs ou colorés ; mais en
mesurant les diamètres des anneaux, on peut en conclure
ces épaisseurs. En effet, soient, eq une de ces épaisseurs,
ed le demi-diamètre de l'anneau correspondant, c le point
de contact des deux verres, et r le rayon de la surface
courbe de la lentille, on aura $\overline{dc} . 2\,r = \overline{ed}^2$, d'où $eq = \overline{ed}^2$;
on substitue $2r$ ou cc', à $c'd$, à cause de la petite différence
de ces lignes, due à la grandeur de r, qui était de 100 pieds
pour le verre convexe employé par Newton. Il suit de là
que les épaisseurs de la lame d'air sont entre elles comme
les carrés des diamètres des anneaux correspondans.

Newton ayant mesuré avec un compas les diamètres des
anneaux vus par réflexion, trouva que leurs carrés étaient
comme les nombres 1, 3, 5, 7, 9..... lorsqu'ils correspondaient au milieu des parties brillantes, et comme les
nombres 0, 2, 4, 6, 8....., lorsqu'ils correspondaient aux

parties obscures. Ayant pareillement mesuré les diamètres des anneaux vus par transmission, Newton reconnut que leurs carrés étaient entre eux comme les nombres 0,2,4,6,8 pour les parties les plus colorées, et comme 1,3,5,7,9… pour celles les plus obscures. Les épaisseurs des lames d'air aux lieux de ces différens annneaux étaient donc dans les mêmes rapports.

Newton trouva qus ces rapports étaient les mêmes quand le système des deux verres était éclairé par une autre lumière homogène que le rouge, et lorsqu'au lieu d'air on interposait entre les verres une autre substance transparente telle que l'eau, mais que la valeur absolue de l'épaisseur de la lame interposée, correspondante à un anneau obscur ou brillant du même ordre, était exprimée par un nombre différent pour chaque couleur et pour chaque substance. A travers une même substance, les anneaux sont plus grands pour la lumière rouge que pour la lumière violette. Dans le cas d'une même couleur, les épaisseurs de deux lames d'air et d'eau, correspondantes à un anneau obscur ou brillant du même ordre, sont entre elles comme les sinus d'incidence et de réfraction lors du passage de la lumière de l'air dans l'eau.

Si au lieu d'une lumière homogène on fait tomber sur l'ensemble des deux verres de la lumière blanche, on observe des anneaux irisés, qui, d'après les observations de Newton, sont dus à la superposition des séries d'anneaux correspondantes à toutes les couleurs simples du spectre solaire. Enfin, dans tous les cas, lorsqu'on incline de plus en plus les rayons incidens sur les deux verres, on voit les anneaux s'élargir, à mesure que l'angle d'incidence augmente.

Le phénomène des anneaux colorés peut s'observer

aussi dans des cristaux naturels contenant des fissures remplies d'air, ou de tout autre fluide; les couleurs variées, irisées et changeantes que présentent ces cristaux disparaissent lorsqu'on les pulvérise. Une bulle de savon mise à l'abri des courans d'air, présente aussi des anneaux colorés; à mesure que son épaisseur diminue elle offre successivement toutes les couleurs du spectre, et quand elle est sur le point de s'éteindre, elle paraît noire tant son épaisseur est faible; on aperçoit une série de plusieurs anneaux concentriques, lorsqu'on place l'œil sur la verticale qui passe par son point de suspension, autour de laquelle tout est symétrique.

Ancienne théorie des accès.

592. Newton avait conclu du phénomène des anneaux colorés que pour chaque substance il existait une série d'épaisseurs e, $3e$, $5e$, $7e$....., pour lesquelles la lumière incidente d'une certaine couleur était dans un *accès de facile réflexion*, et une autre série d'épaisseurs $2e$, $4e$, $6e$, $8e$..., pour lesquels la lumière de la même couleur était dans un *accès de facile transmission*. Il expliquait la coloration des corps, en admettant qu'ils étaient composés de particules transparentes, séparées par des interstices remplis de divers fluides, et que les épaisseurs de ces particules et celles des lames fluides, repoussant les rayons qui se trouvaient dans un accès de facile réflexion, et réfractant ceux auxquels elles offraient un accès de facile transmission, décomposaient ainsi la lumière blanche incidente, et donnaient aux corps leur couleurs propres.

Cette explication de la coloration des corps est sans doute préférable à la théorie émise par quelques physiciens, et qui consiste à attribuer aux molécules des corps la proprité chimique d'absorber certains rayons, et de ne laisser à la lumière réfléchie que la portion des rayons incidens non absorbés ; car il paraît impossible d'expliquer, dans cette théorie, comment il se fait qu'en diminuant l'épaisseur d'un corps, ou en changeant son état physique, on change aussi sa couleur propre.

593. La théorie des ondes lumineuses rend compte du phénomène des anneaux colorés, sans qu'il soit nécessaire d'attribuer à la lumière des propriétés nouvelles. L'explication fournie par cette théorie peut se résumer dans les théorèmes suivans : 1°. Les anneaux vus par réflexion proviennent de l'interférence des rayons réfléchis à la première et à la seconde surface de la lame d'air, ou de tout autre substance ; 2°. Les anneaux vus par réfraction sont dus à l'interférence des rayons transmis directement, et des rayons réfléchis deux fois sur les faces de la lame, avant d'être transmis.

Avant de faire voir que les conséquences de ces deux théorèmes sont totalement conformes à l'observation, il faut rappeler les propriétés mécaniques de la propagation des ondes dans des milieux fluides. Lorsque le milieu a partout la même densité, un ébranlement communiqué d'une molécule à la suivante, laisse la première en repos ; si elle se meut encore après, c'est qu'un autre ébranlement suit le premier et se propage à sa suite. Lorsque l'onde doit passer d'un milieu dans un autre de densité différente, il y a réflexion de cette onde à la surface de séparation ; alors, si l'onde propagée arrive du milieu le plus dense dans le milieu le moins dense, les molécules du premier, qui ébranlent immédiatement celle du second, conservent après cet effet une vitesse de vibration moindre, mais dirigée dans le même sens qu'avant. Si l'onde propagée arrive au contraire du milieu le moins dense dans le milieu le plus dense, la vitesse de vibration conservée par les molécules du premier, après leur action immédiate sur celles du second, a changé de sens ou de signe.

Ces résultats que M. Poisson a déduits de l'analyse mathématique, sont analogues à ce qui se passe dans le choc de deux boules parfaitement élastiques B et B'; B' étant d'abord en repos et B en mouvement vers elle avec une vitesse V. Si les masses m et m' de ces deux boules sont égales, après le choc B se trouvera en repos, et B' sera animé de la vitesse V; si m surpasse m', B ne perdra pas toute sa vitesse, et les deux boules se mouvront toutes les deux dans le même sens; enfin si m est moindre que m', B perdra toute sa vitesse, et en acquerra une de signe contraire, en sorte qu'elle se mouvra en sens opposé de B'.

Revenons au phénomène des anneaux colorés, supposons qu'il s'agisse d'une lumière homogène de longueur d'ondulation l dans l'air, de deux verres, l'un plan, l'autre convexe, et d'une lame d'air interposée; supposons aussi que le faisceau incident soit très voisin de la normale; enfin désignons par c l'épaisseur de la lame d'air correspondante au point que l'on considère. Pour l'œil observant le phénomène par réflexion, l'onde réfléchie à la deuxième face de la lame d'air aura parcouru un chemin $2c$ de plus que celle réfléchie à la première face; son retard sera en réalité différent de $2c$, parce que, ayant été réfléchie du milieu moins dense au milieu le plus dense, ses vitesses de vibration ont changé de signe à la deuxième surface de séparation; c'est alors comme si le retard $2c$ était augmenté d'une demi-ondulation, ou de $\frac{l}{2}$. Ainsi les deux faisceaux interférens sont en retard l'un sur l'autre de $2e + \frac{l}{2}$; d'où il suit qu'il seront en concordance complète lorsque e sera un des termes de la série : $\frac{1}{4}l$, $\frac{3}{4}l$, $\frac{5}{4}l$,...; et que conséquemment les épaisseurs des lames d'air, correspondantes aux milieux des anneaux brillans, devront être entre elles comme les nombres 1, 3, 5, 7....; qu'ils seront au contraire en discordance complète lorsque e sera un des termes de la série 0, $\frac{2}{4}l$, $\frac{4}{4}l$, $\frac{6}{4}l$,...; et que conséquemment les épaisseurs des lames d'air, correspondantes aux milieux des anneaux obscurs, sont entre elles comme les nombres 0, 2, 4, 6, 8, ...

Pour l'œil recevant les rayons transmis, l'onde réfléchie deux fois intérieurement dans la lame d'air, aura parcouru un chemin $2e$ de plus que l'onde transmise; les deux réflexions qu'elle a subies ayant lieu toutes les deux du milieu le moins dense au plus dense, les changemens de signe des vitesses de vibration, aux deux surfaces de séparation, se détruiront l'un l'autre; et le retard total sera simplement $2e$. Il y aura donc concordance pour e égal à l'un des termes de la série : 0, $\frac{2}{4}l$, $\frac{4}{4}l$, $\frac{6}{4}l$, . . ., discordance au contraire, quand e sera l'une des longueurs $\frac{1}{4}l$, $\frac{3}{4}l$, $\frac{5}{4}l$.... Conséquemment, les épaisseurs des lames d'air correspondantes aux milieux des anneaux brillans par transmission seront entre elles comme les nombres 0, 2, 4, 6, . . . et celles correspondantes aux anneaux obscurs comme 1, 3, 5, 7.

Les forces vives possédées par les ondes dont l'interférence produit les anneaux vus par réflexion, diffèrent moins l'une de l'autre, que les intensités des ondes dont l'influence mutuelle donne lieu aux anneaux vus par transmission, car la perte en intensité dépend du nombre de

réflexions que chaque onde a subie ; c'est ce qui explique
la vivacité de l'éclat des premiers anneaux, comparée à la
pâleur des seconds.

On voit par cette explication : 1°. Que la plus petite
épaisseur d'une certaine substance, pour laquelle la lumière
d'une certaine couleur est dans un accès de facile réflexion
est égale à $\frac{l}{4}$, ou au quart de la longueur d'ondulation de
cette couleur, se propageant dans cette substance; 2°. qu'elle
doit varier pour la même substance, d'une couleur à l'autre, comme la longueur d'ondulation, et être conséquemment la plus grande pour la lumière rouge, la plus petite
pour la lumière violette; 3°. enfin, qu'elle doit varier
pour la même couleur d'une substance à une autre comme
les longueurs d'ondulation de cette couleur, ou comme
le sinus d'incidence au sinus de réfraction, lorsque la lumière pénètre de la première substance dans la seconde.

Cette théorie rend aussi compte de l'agrandissement des
anneaux lorsque le faisceau incident s'incline sur la lame ;
c'est qu'alors la différence des chemins parcourus n'est
plus $2e$. En effet, soient : LA la lumière incidente sous
l'angle i, à la première surface de la lame ; r l'angle de réfraction correspondant ; AB le rayon de l'onde réfractée ;
BA′ celui de l'onde réfléchie à la seconde surface ; AL′ le
rayon de la première onde réfléchie ; A′P perpendiculaire
à AL ; BQ à AA′ ; enfin BQ $= e$. On aura $\overline{AA'} = 2AQ =$

Fig. 323.　$2e \tan g\, r$, AB $= \dfrac{e}{\cos r}$. Soient en outre l' et l les longueurs
d'ondulation de la lumière employée, pour le verre et pour
l'air, n' le quotient de $\overline{AP}$ par l', n celui de $\overline{ABA'}$ par l; la
différence $n - n' + \frac{1}{2}$ sera le nombre d'ondulations dont le se-

cond système d'ondes réfléchies sera en retard sur le premier.

Or, $n' = \dfrac{\overline{AP}}{l} = \dfrac{\overline{AA'}\sin i}{l} = \dfrac{2e\sin i\sin r}{l\cos r}$, $n = \dfrac{2e}{l\cos r}$; . . . .

d'où $n - n' = \dfrac{2e}{\cos r}\left\{\dfrac{1}{l} - \dfrac{1}{l'}\sin i\sin r\right\}$, et puisque $\dfrac{\sin r}{l'} =$

$\dfrac{\sin i}{l}$, on a enfin $n - n' + \dfrac{1}{2} = \dfrac{2e\cos r}{l} + \dfrac{1}{2}$. Ainsi le retard

des ondes interférentes par réflexion, sera exprimé en lon-

gueur par $2e\cos r + \dfrac{l}{2}$; on voit donc que pour qu'il reste

le même lorsque l'angle i augmente ainsi que r, il faut que

e augmente, et par suite aussi le diamètre de l'anneau cor-

respondant.

594. On a donné le nom de *diffraction* à l'ensemble des Faits géné-
raux de la
diffraction.
modifications éprouvées par la lumière lorsqu'elle a passé
près des extrémités des corps opaques. Le phénomène de
la diffraction peut être observé dans trois circonstances distinctes. 1°. Si l'on reçoit la lumière solaire sur une loupe
d'un très court foyer, ou sur une lentille cylindrique, enchâssée dans le volet d'une chambre obscure, comme pour
l'expérience des miroirs de Fresnel; qu'au faisceau conique divergent du foyer F, on présente un écran opaque
EC, qui devrait diviser l'espace situé au-delà en deux parties, l'une obscure, l'autre éclairée; on remarque au contraire sur un carton blanc, dans l'intérieur même de l'ombre géométrique qui devrait être obscur, une lumière assez
vive, décroissant d'intensité à mesure qu'on considère de
points de plus en plus éloignés de la limite de cette ombre.
Sur la partie du carton qui semblerait devoir être uniformément éclairée, on aperçoit des bandes irisées. Lorsqu'entre le foyer et l'écran opaque, on dispose un verre

coloré qui ne laisse arriver au carton qu'une lumière homogène, au lieu de bandes irisées, on aperçoit des franges,
c'est-à-dire des bandes d'une lumière vive, séparées par
d'autres bandes d'une lumière plus faible. En sorte que
si l'intensité de la lumière est prise pour l'ordonnée d'une
courbe, qui a pour abscisse la distance à la ligne de l'ombre
géométrique, cette courbe est sinueuse, mais la différence
entre un maximum et un minimum consécutif, va en diminuant lorsque l'abscisse croît, et finit par devenir sensiblement nulle; le nombre des franges visibles est d'autant
plus grand que la lumière employée est plus homogène.

Fig. 324.

2°. Si l'on présente au faisceau lumineux divergeant du
foyer F, et qui traverse le verre coloré, un écran percé
d'une ouverture très étroite, au moins dans un sens, on
remarque sur le carton, au lieu d'une projection éclairée
de l'ouverture, des franges extérieures ou situées dans
l'ombre géométrique; et des franges intérieures ou situées
dans l'espace qui devrait être uniformément éclairé; les
parties obscures de ces dernières franges sont d'autant plus
noires que la lumière est plus homogène, et que le foyer
éclairant est plus étroit. 3°. Si l'écran opaque que l'on
présente au faisceau lumineux est percé de deux fentes
rectangulaires très étroites et très voisines, on remarque
des franges d'un éclat très vif, dans la projection sur un
carton de l'intervalle des deux fentes, qui devrait être obscur. Ces franges disparaissent complétement lorsqu'on intercepte la lumière venant d'une des fentes.

Théorie
de la
diffraction.

595. Young et Fresnel avaient cru pouvoir expliquer ces
phénomènes par l'interférence des rayons directs, et des
rayons réfléchis et infléchis sur les bords des écrans ou
des fentes. Mais l'expérience ayant indiqué que la nature

et le plus ou moins d'étendue de ces bords n'avaient pas d'influence sur l'éclat, la position et la largeur des franges; qu'elles restaient les mêmes, par exemple, lorsque ces bords étaient successivement semblables au dos ou au tranchant d'un rasoir, cette explication ne pouvait être adoptée.

Fresnel est parvenu à expliquer complétement tous ces phénomènes, en regardant le mouvement de l'éther en un point, comme dû à la résultante des mouvemens vibratoires envoyés par tous les points d'une onde antécédente, considérés comme autant de centres d'ébranlement. Si l'onde antécédente est très étendue dans tous les sens, la résultante est identique avec le mouvement vibratoire communiqué au point considéré par la source elle-même. Mais si l'onde est interceptée en grande partie par des écrans opaques, comme dans les expériences précédentes, cette résultante est variable suivant la position de la molécule éthérée. En calculant la valeur générale de cette résultante, dans les trois circonstances distinctes qui constituent le phénomène de la diffraction, Fresnel a obtenu des résultats conformes à l'expérience, et qui se sont accordés complétement avec toutes les mesures de franges qu'il avait prises.

Sans entrer dans tous les détails de calcul nécessaires, pour obtenir l'expression exacte de la vitesse de vibration finale, dans les diverses circonstances du phénomène de la diffraction, on peut démontrer, par des considérations géométriques, comme Fresnel l'a indiqué, que d'après la théorie, la lumière reçue sur les écrans doit offrir les variations d'intensité que l'on observe. Nous supposerons toujours qu'il ne s'agisse que d'une lumière homogène, qui n'ait subi aucune modification dans le trajet de la source aux bords opaques, en sorte que les rayons puissent être regardés comme identiques entre eux, quelle que soit leur direction, avant que les ondes soient interceptées. Nous admettrons par exemple, que dans tous les cas de diffraction cités, on ait placé, entre la source et les bords opaques, un verre coloré qui ne laisse passer que de la lumière rouge sensiblement homogène ; ou bien qu'on ait disposé dans le trajet des rayons solaires un prisme d'une pureté parfaite, et derrière lui un diaphragme percé d'un trou qui ne laisse passer qu'une seule espèce de rayons, dont le faisceau soit ensuite concentré en une source lumineuse très étroite par une lentille d'un très court foyer.

Principe l'Huyghens ; résultante d'une onde sphérique.

596. On peut regarder comme un axiome le principe établi par Huyghens, et que Fresnel a pris pour base de sa théorie de la réfraction, savoir : que le mouvement de l'éther en un point P, situé à une distance $(r + x)$ d'une source S, est identique avec celui qui résulterait de la composition des mouvemens vibratoires envoyés par tous les points de l'onde ayant pour rayon r ; ces points étant pris comme autant de centres d'ébranlement. En effet, si l'on imagine que toutes les molécules, situées sur la sphère de rayon r, soient mises directement dans l'état oscillatoire qui serait transmis par un seul point lumineux S, placé en son centre ; ces molécules exécutant conséquemment des vibrations isochrones et concordantes, on aura ainsi construit de toutes pièces une sphère lumineuse, en tout identique à l'onde sphérique de même rayon provenant de la source unique S, et le mouvement de l'éther extérieur à cette sphère devra être le même que si le centre seul avait été directement ébranlé. Il est donc vrai de dire que la lumière

ransmise directement, de la source **S** à la molécule **P**, est égale en intensité à la somme algébrique des lumières envoyées à la même molécule par tous les points de l'onde antécédente.

597. Considérons isolément les molécules de l'onde situées sur son intersection OAO', par un plan méridien mené suivant **PS**, et proposons-nous de trouver la résultante des mouvemens vibratoires transmis en **P** par toutes ces molécules. Soit **A** le point de rencontre de **PS** avec la courbe ; nous supposerons toujours que la distance $\overline{PA} = x$ comprenne un très grand nombre de fois l. Il est évident que la lumière envoyée par l'arc A'O' de gauche, sera égale à celle provenant de l'arc de droite AO, puisque ces deux arcs sont composés d'un même nombre de molécules, symétriquement placées deux à deux par rapport à PA, et à des distances égales de **P** ; ainsi il suffit de considérer les mouvemens vibratoires transmis par un seul de ces arcs, et de doubler le résultat. Concevons l'arc AO divisé aux points M, M₁, M₂, M₃,... de telle manière que les distances $\overline{PA}$, $\overline{PM}$, $\overline{PM_1}$, $\overline{PM_2}$,... forment une progression arithmétique ayant pour raison $\frac{1}{2} l$, ou la moitié de la longueur d'ondulation de la lumière employée. Les divisions $\overline{AM}$, $\overline{MM_1}$, $\overline{M_1M_2}$, $\overline{M_2M_3}$,.... iront en diminuant d'abord assez rapidement, mais lorsque les rayons vecteurs au point P feront un angle sensible avec PA, elles n'éprouveront plus que des variations de grandeurs négligeables.

Les vibrations envoyées en **P** par les molécules de l'onde qui occupent deux points de division consécutifs M_n, M_{n+1}, seront en discordance, puisque leurs phases différeront de $\frac{1}{2} l$; on doit même les regarder comme se détrui-

Fig. 325.

sant complétement, car les rayons PM_n, PM_{n+1}, différant d'une quantité très petite relativement à leur grandeur, peuvent être considérés comme parallèles. De même les vibrations, provenant des molécules d'éther qui se succèdent de M_n à M_{n+1}, seront en partie détruites par les vibrations envoyées par l'arc M_{n+1} M_{n+2}; et cette destruction sera d'autant plus complète que ces deux arcs différeront moins l'un de l'autre. Ainsi les divisions correspondantes aux rayons vecteurs qui font un angle sensible avec PA, apporteront en P des vibrations qui se détruiront mutuellement. On n'aura donc à considérer, pour obtenir la résultante cherchée, que les ondes élémentaires provenant des divisions voisines de A; et l'on pourra supposer que leurs rayons vers P sont tous parallèles, que les coefficiens des vitesses de vibration qu'ils transmettent en ce point sont égaux, enfin que leurs phases seules diffèrent.

Même dans le voisinage de A, les rayons partis des moitiés situées à droite sur deux arcs consécutifs sont en discordance au point P; il en est de même des rayons provenant des deux moitiés situées à gauche sur les mêmes arcs. Ainsi la lumière envoyée par l'arc MM_1 est presque annulée, par son interférence avec celle venue de la seconde moitié de $\overline{AM}$ et de la première de $\overline{MM_1}$; la lumière envoyée par l'arc M_2M_3 détruit presque totalement celle venant de la seconde moitié de $\overline{M_1M_2}$, et de la première de $\overline{M_3M_4}$; et ainsi de suite. Il n'y a donc que les rayons partis de la première moitié de l'arc AM, qui échappent à toute destruction par interférence. Ainsi, lorsque l'onde circulaire est complète, sa résultante relativement au point P se réduit sensiblement à celle d'un petit arc, ayant son milieu en A, et dont les rayons vecteurs extrêmes, tant à droite qu'à gauche, ne surpassent $\overline{AP}$ que d'un quart d'ondulation. Cette dernière résultante, comparée à la vitesse de vibration transmise par le point **A** seul, peut avoir une phase différente; mais en supposant que cette différence existe, elle doit être évidemment considérée comme indépendante de la distance x. Si le rayon r est très grand, ou si la source est très éloignée, l'onde sphérique devient plane, et l'onde circulaire O'AO devient une droite perpendiculaire à PA; ainsi la résultante d'une onde linéaire complète, relativement au point P, se réduit à celle des petites parties voisines du pied de la perpendiculaire, abaissée de P sur la droite lumineuse.

598. Dans le but de simplifier l'explication des phénomènes de la diffraction, nous prendrons pour source lumineuse la raie brillante formée par une lentille cylindrique d'un très court foyer; les ondes provenant de cette source seront des cylindres droits ayant cette raie pour axe commun. Nous admettrons aussi que les bords des corps opaques, ou des fentes qui font naître les franges, soient parallèles à la raie lumineuse. Dans ces circonstances, il suffira de considérer ce qui doit arriver dans un plan normal à la source linéaire, ou parallèle aux bases des ondes cylindriques; ce sera comme si la lumière se propageait dans ce plan en ondes circulaires que l'on pourra considérer seules. En effet, pour trouver la résultante d'une onde cylindrique relativement au point P, on peut d'abord décomposer cette onde en une suite de bandes parallèles aux arêtes. Chacune d'elles formera une onde linéaire complète, dont la résultante partielle sera la même que celle des demi-élémens voisins du pied A de la perpendiculaire abaissée de P sur cette bande, et dont la

phase ne pourra différer de celle correspondante au rayon lumineux PA, que d'une quantité ∂ indépendante de sa longueur. Pour trouver ensuite la résultante totale, il suffira de chercher celle de tous les rayons lumineux situés dans un plan normal à toutes les bandes linéaires, et qui ne sont pas interceptées par les bords opaques. On peut alors se dispenser d'avoir égard à la différence ∂, car comme elle doit être la même pour les phases de tous ces rayons, leur état de discordance ou de concordance, c'est-à-dire l'intensité définitive de la lumière en P, n'éprouve aucun trouble par cette suppression.

Ainsi, pour évaluer l'intensité de la lumière en un point P de l'écran, placé au-delà des bords opaques ou des fentes, dans les différens cas de la diffraction, ces bords et ces fentes étant toujours parallèles au foyer rectiligne de la lentille cylindrique, il suffira de calculer la résultante des mouvemens vibratoires transmis par les molécules d'éther situées dans le plan mené par P, normalement à la source linéaire, et appartenant à une onde circulaire incomplète. Considérons donc encore l'onde circulaire O'AO de la figure 325, et cherchons ce que devient la résultante relativement au point P, dans le cas où une certaine partie des rayons vecteurs vers ce point sont interceptés par des bords opaques.

Définition d'une zone éclairante.

599. Le point A où la droite PS rencontre l'onde circulaire peut être appelé le *pôle du point de concours* P; nous désignerons la distance PA sous le nom de *hauteur du pôle.* Nous appellerons en général *zone,* une portion quelconque d'un des arcs indéfinis AO, AO'; la grandeur de cette portion sera la *largeur* de la zone; la différence des rayons vecteurs vers P, menés par les deux extrémités

d'une zone, sera sa *hauteur*. Nous désignerons particulièrement par le nom de *zone polaire*, tout arc défini-
ayant une de ses extrémités au pôle A lui-même; la distance circulaire au pôle A de l'extrémité la plus voisine
d'une zone quelconque peut être appelée sa *distance polaire*. Nous appellerons *zone graduée ou élémentaire* une
zone ayant pour hauteur une demi-longueur d'ondulation,
quelle que soit sa distance polaire. Nous désignerons sous le
nom d'*échelle*, tout arc, pris sur AO ou sur AO′, divisé en
zones graduées ; l'*origine* de l'échelle sera son extrémité la
plus voisine du pôle ; l'échelle sera dite *définie*, si les zones
élémentaires qui la composent sont en nombre limité ; *indéfinie* dans le cas contraire ; elle sera dite *échelle polaire*, si son origine est au pôle lui-même ; et en général la
distance circulaire de l'origine d'une échelle au point A sera
sa distance polaire. Cela posé, nous pourrons dire simplement : une onde circulaire complète est composée,
pour chaque point de concours, de deux échelles polaires
indéfinies, l'une à droite, l'autre à gauche ; les zones élémentaires de chaque échelle vont en diminuant de largeur
à partir du pôle, d'abord très rapidement, ensuite d'une
manière insensible ; lorsque le point de concours s'éloigne
ou se rapproche de l'onde, les zones graduées du même
ordre augmentent ou diminuent de largeur, etc.

600. Ces conventions établies, proposons-nous d'abord
de chercher la résultante de toutes les ondes élémentaires
qui partent des molécules situées sur une zone graduée *mm′*.
Tous les rayons de ces ondes dirigés vers P peuvent être
supposés parallèles. Le mouvement vibratoire propagé par
chacun de ces rayons, quelque compliqué qu'il soit, peut

être décomposé suivant trois axes, tels que leur direction commune, et deux droites orthogonales perpendiculaires à cette direction. Lorsqu'on passe d'un rayon à un autre, ces trois composantes sont identiquement les mêmes, aux origines des ondes; et de là au point de concours, leurs phases subissent les mêmes variations pour chaque rayon; leurs résultantes s'obtiendront donc rigoureusement de la même manière, et il suffit de considérer un seul de ces trois mouvemens composans; ce qui revient à supposer que toutes les molécules de mm' exécutent et transmettent des vibrations linéaires, toutes parallèles entre elles.

Concevons la zone mm', de hauteur $\frac{1}{2}\,l$, partagée en un très grand nombre de zones d'égales hauteurs, assez petites pour qu'on puisse supposer que les molécules situées sur chacune d'elles envoient des rayons de même phase au point de concours. Soient a un coefficient proportionnel à la largeur d'une de ces zones partielles, et φ l'excès de son rayon sur $\overline{m\mathrm{P}}$; on pourra représenter par..........

$a \sin 2\pi \left(\dfrac{t}{\tau} - \dfrac{\varphi}{l} \right)$, la vitesse de vibration que cette zone partielle transmet au point P; en prenant pour zéro la phase du rayon $m\,\mathrm{P}$ à ce point de concours. D'après cela, la vitesse de vibration, résultante de toute la zone mm', sera.......

$\mathrm{V} = \Sigma a \sin 2\pi \left(\dfrac{t}{\tau} - \dfrac{\varphi}{l} \right)$, la série s'étendant à toutes les zones partielles, ou de $\varphi = 0$ à $\varphi = \frac{1}{2}\,l$. Il faut remarquer que le coefficient a décroît à mesure que φ augmente, mais que ce décroissement est d'autant moins rapide que la zone graduée est plus éloignée du pôle. La résultante V peut se mettre sous la forme $\mathrm{V} = \mathrm{A} \sin 2\pi \left(\dfrac{t}{\tau} - \dfrac{\varphi}{l} \right)$,

(§. 578), et l'on a, pour déterminer A et Φ, les deux re-
lations $A \sin 2\pi \frac{\varphi}{l} = \Sigma a \sin 2\pi \frac{\varphi}{l}$, et $A \cos 2\pi \frac{\Phi}{l} =$

$$\Sigma a \cos 2\pi \frac{\varphi}{l} ; \text{ d'où } \tan 2\pi \frac{\Phi}{l} = \frac{\Sigma a \sin 2\pi \frac{\varphi}{l}}{\Sigma a \cos 2\pi \frac{\varphi}{l}}.$$

Soit posé $2\pi \frac{\varphi}{l} = \varepsilon$, $2\pi \frac{\Phi}{l} = i$; l'équation précédente devient $\tan i = \frac{\Sigma a \sin \varepsilon}{\Sigma a \cos \varepsilon}$. L'arc ε varie de 0 à π, dans les
deux séries $\Sigma a \sin \varepsilon$, $\Sigma a \cos \varepsilon$; si a avait la même valeur
pour tous leurs termes, comme $\sin \varepsilon$ est toujours positif,
tandis que $\cos \varepsilon$ a des valeurs égales, et de signes contraires, à des distances égales des limites de ε, on aurait
évidemment $\tan i = \infty$, $i = \frac{\pi}{2}$, d'où $\Phi = \frac{1}{4} l$. C'est-à-dire
que l'onde résultante serait, à l'intensité près, la même
que l'onde élémentaire venant du point qui partage $\overline{mm'}$
en deux zones ayant toutes les deux pour hauteur $\frac{1}{4}$ d'ondulation. On aurait en outre $A = \Sigma a \sin \varepsilon$, et il est facile
de voir que cette valeur serait proportionnelle à la surface
d'une demi-ellipse, ayant pour demi-axe $\overline{mm'}$ et $\sin \frac{\pi}{2} = 1$,
ou à $\pi \overline{mm'}$.

Mais en réalité a varie avec ε, et décroît de $\varepsilon = 0$, à $\varepsilon = \pi$;
la somme des termes positifs l'emporte donc sur celles des
termes négatifs dans le dénominateur $\Sigma a \cos \varepsilon$; $\tan i$ est
donc positif, $i < \frac{\pi}{2}$, $\Phi < \frac{1}{4} l$. Néanmoins on peut prendre
pour la résultante cherchée, celle qui correspond au cas où
les coefficiens a seraient tous égaux, et remplacer une
zone de hauteur $\frac{1}{4} l$, par une onde élémentaire unique,

ayant son centre au point qui partage cette zone en deux autres de hauteur moitié, et une intensité proportionnelle au carré de sa longueur. Il faudra se rappeler toutefois, que cette définition de la résultante cherchée n'est qu'approximative, et que le centre de l'onde élémentaire unique s'écarte un peu de celui qui vient d'être défini, vers l'origine de la zone; cet écart diminuant à mesure que cette zone s'éloigne du pôle, et augmentant lorsqu'elle s'en rapproche.

Résultante d'une demi-onde circulaire incomplète.

6o1. Les résultantes de deux zones élémentaires consécutives sont donc toujours en discordance au point de concours, et la lumière transmise par l'une détruit celle envoyée par l'autre, d'autant plus complétement que leur distance polaire est plus grande. D'après ce résultat, si le point de concours n'est éclairé que par une échelle définie d'un nombre pair de zones graduées, leurs résultantes se détruisant presque complétement deux à deux, le point de concours sera obscur. Si au contraire l'échelle définie contient un nombre impair de zones élémentaires, il y aura toujours une de ces zones dont la résultante échappera complétement à toute destruction par interférence, et le point de concours sera brillant.

Une échelle indéfinie peut toujours être considérée comme composée d'un nombre très grand, mais impair, de zones gradués; en sorte que la lumière qu'elle envoie, et qui échappe à toute destruction, se réduit à peu près à la résultante de sa première zone, dont le point de départ est à moins d'un quart d'ondulation au-dessus de son origine. Il faut remarquer ici que ce point d'application de la résultante sera d'autant plus près de l'origine de l'échelle que sa distance polaire sera plus courte, et au contraire d'autant plus voisine du point situé à $\frac{1}{4}\,l$ au-dessus de cette origine, que cette dernière sera plus éloignée du pôle. En outre la clarté produite par une échelle indéfinie, décroît d'une manière continue à mesure que sa distance polaire augmente; car la largeur de la première zone, dont le carré peut servir de mesure à l'intensité de la résultante totale, va en diminuant dans le même sens. Lorsque l'échelle indéfinie est polaire, la lumière qu'elle envoie est évidemment la moitié de la lumière produite par l'onde circulaire complète.

602. Il est facile d'expliquer maintenant toutes les circonstances du phénomène de la diffraction. Considérons d'abord le cas où l'une des ondes cylindriques, produites par le foyer rectiligne d'une lentille verticale, est interceptée par une lame opaque très large, dont le bord est parallèle aux arêtes; et cherchons quelles doivent être les traces lumineuses, projetées sur un écran vertical, placé au-delà du bord opaque, à une distance incomparablement plus grande que la longueur d'ondulation l de la lumière homogène transmise par la source. Il suffit d'étudier ce qui doit se passer dans un plan horizontal.

Soient: S la projection de la raie lumineuse sur ce plan; LB l'intersection de la lame opaque, et B celle de son bord; BO la portion non interceptée de l'onde circulaire, dont les élémens doivent être considérés comme éclairant seuls les différens points de l'intersection E'E de l'écran; G le point de rencontre du rayon SB et de l'écran, ou la trace de la limite de l'ombre géométrique du bord opaque. Au point de concours G, l'échelle polaire indéfinie BO, fournit la moitié de la lumière qui l'éclairerait si la lame n'existait pas. Chacun des points de l'écran sur la partie

GE', est éclairé par une échelle indéfinie BO, dont la distance polaire est d'autant plus grande que le point de concours s'éloigne plus du point G, la clarté ira donc en diminuant d'une manière continue de G vers E', ou dans l'ombre géométrique.

De G vers E, au contraire, la clarté devra offrir des maxima et des minima successifs. En effet, représentons par 2 l'intensité de la lumière qui serait projetée sur l'écran si la lame opaque n'existait pas; 1 sera l'intensité en G, lors de l'interposition de cette lame. Soit maintenant P un point de concours situé sur GE, tel que le bord de l'écran laisse à gauche de son pôle A une zone graduée AB non interceptée; ce point P recevra, outre la lumière 1, due à l'échelle polaire indéfinie AO, celle due à la zone PA, laquelle surpasse l'unité, puisque l'échelle indéfinie de gauche interceptée par la lame devrait détruire une partie de cette dernière lumière; la clarté en P sera donc plus grande que 2; le point P sera donc brillant comparativement au point G. Soit G' un point de concours, plus éloigné que P sur GE, tel que l'arc B'B comprenne deux zones graduées; G' recevra encore, outre la lumière 1 due à la demi-onde circulaire B'O, la petite quantité de lumière qui échappera à la destruction pour interférence, occasionée par la discordance des résultantes des deux zones élémentaires comprises entre B' et B; la clarté en G' sera donc un peu plus grande que celle en G, mais beaucoup plus petite que celle en P; il y aura donc un minimum de lumière vers G'.

Si l'on continue à considérer des points de concours, situés sur GE, de plus en plus éloignés de G, et tels que la lame opaque laisse, à gauche de leurs pôles, une échelle définie polaire; un de ces points recevra un maximum de

lumière quand le nombre des zones graduées de l'échelle
définie correspondante sera impair, un minimum quand ce
nombre sera pair. La différence de clarté entre un minimum et un maximum consécutifs ira en diminuant;
et enfin la clarté deviendra uniforme, et égale à 2, aux
points de l'écran assez éloignés de G, pour que l'échelle
définie de gauche, non interceptée, ne diffère de la demi-
onde circulaire dont elle fait partie, que par quelques
zones graduées d'une grande distance polaire, dont l'influence serait tout-à-fait nulle.

Ainsi la surface de l'écran ne présentera pas, comme cela
devrait résulter de la théorie géométrique des ombres, une
ligne verticale séparant nettement une portion régulièrement obscure, d'une clarté uniforme. A gauche de cette
ligne, il y aura au contraire une clarté décroissant d'intensité d'une manière continue, et à droite une suite de franges
verticales, alternativement plus obscures et plus brillantes,
correspondantes à des maxima et des minima de lumière.
Tel est, en effet, le phénomène que l'on observe dans les
circonstances indiquées. Les milieux des franges ne sont pas
précisément placés aux points de concours que nous venons de définir, mais l'erreur est très peu sensible lorsque l'écran est suffisamment éloigné de la lame. Fresnel a d'ailleurs calculé leurs positions exactes, à l'aide
d'une analyse rigoureuse, qui lui a permis d'évaluer en outre les rapports des intensités de la lumière sur les différens
points de l'écran ; ces rapports rendent parfaitement compte
de la vivacité des premières franges, de la pâleur que présentent celles plus éloignées, et enfin de la clarté uniforme
qui leur succède. Les largeurs des parties comprises entre
les milieux de deux bandes obscures consécutives, d'un

II.

certain ordre, étaient données par l'analyse en fonction des distances relatives de la source, du bord opaque, et de l'écran; Fresnel a mesuré ces diverses largeurs à l'aide de son micromètre, qui lui faisait apprécier des différences de longueurs d'un centième de millimètre, et ces mesures ont présenté l'accord le plus parfait avec les résultats déduits de la théorie.

Soient : r la distance SP de la source au bord opaque; x celle qui sépare ce bord de l'écran; y la distance au point G d'un point de concours situé sur GE; n le nombre des zones graduées que la lame opaque laisse libres, à gauche du pôle correspondant à ce point de concours. On aura évidemment $\sqrt{(r+x)^2+y^2} - \sqrt{x^2+y^2} = \dots r - n\frac{l}{2}.$ D'après cette formule, il est facile de voir que le milieu d'une bande obscure du même ordre, correspondant à un certain nombre pour n, décrit une hyperbole ayant pour foyers la source S et le bord B, lorsque r restant constant on fait varier x; c'est-à-dire quand on éloigne ou rapproche l'écran de la lame opaque, sans changer la distance qui sépare cette lame de la source. En outre, la formule précédente donne, par un calcul très simple,

$$\sqrt{x^2+y^2} = x + \frac{nl}{2} + \frac{nlx + \frac{1}{1}n^2 l^2}{2r - nl},$$ et démontre que y

augmente, pour la même valeur de x, lorsque r diminue; c'est-à-dire que les bandes obscures du même ordre s'élargissent, ou s'éloignent de la limite de l'ombre géométrique, lorsque la distance de l'écran à la lame restant la même, on diminue celle de la lame à la source. Ces deux conséquences de la théorie ont été complétement vérifiées par les mesures de franges prises par Fresnel.

603. Nous avons supposé la lame suffisamment large, ou son second bord trop éloigné du premier, pour que l'écran pût recevoir une lumière sensible de la portion d'onde cylindrique libre vers la gauche. Cette restriction était indispensable, car le phénomène de l'ombre d'une lame étroite diffère essentiellement de celui de l'ombre produite par un seul bord opaque. On remarque alors sur l'écran, non-seulement des franges extérieures, à droite et à gauche de l'ombre géométrique du corps étroit, mais un autre système de franges, plus vives et plus serrées, dans l'intérieur même de cette ombre. Ces franges intérieures sont dues à l'influence mutuelle des rayons envoyés sur l'écran, par les deux parties de l'onde cylindrique qui restent libres à droite et à gauche du corps opaque; car lorsqu'on intercepte un de ces groupes de rayons, en masquant l'un des bords par un nouvel écran, tout le système des franges intérieures disparaît complétement. On peut démontrer facilement que le concours de ces deux groupes de rayons doit en effet occasioner des franges, alternativement brillantes et obscures.

Explication des franges dans l'ombre d'un corps étroit.

Soient, sur un plan horizontal : S la trace du foyer linéaire de la lentille cylindrique; BB′ la coupe d'un fil métallique très fin, qui intercepte une partie B′B de l'onde circulaire O′O; G′ et G les traces des limites de l'ombre géométrique, sur un écran vertical E′E perpendiculaire à la droite SQ, qui partage l'angle B′SB en deux parties égales. Le point Q est éclairé par les deux échelles indéfinies BO et BO′, dont les résultantes sont égales et concordantes; en sorte que la lumière envoyée par l'une d'elles double celle de l'autre; le point Q sera donc brillant, et cela d'autant plus que BB′ sera plus petit et l'écran plus

Fig. 328.

éloigné ; enfin sa clarté différera très peu de celle qui existerait si l'écran était enlevé. Il n'en sera pas de même de tous les points situés entre Q et G, entre Q et G' : en marchant dans un sens ou dans l'autre, on doit rencontrer une suite de points de concours, pour chacun desquels la différence de hauteur des résultantes, qui correspondent aux deux échelles indéfinies BO et B'O', soit d'un nombre entier de demi-ondulations, successivement pair et impair ; ces points seront donc alternativement éclairés et noirs ; il doit donc enfin exister des franges obscures et brillantes dans l'intérieur même de l'ombre projetée par le corps étroit.

Si le point d'application de la résultante de l'échelle indéfinie BO ou B'O', relativement à tout point de concours situé entre G et G', était toujours à $\frac{1}{4}$ d'ondulation au-dessus de son origine B ou B', le point milieu d'une bande brillante ou obscure pourrait être déterminé, par la condition que la différence des distances de ce point, aux bords B et B', fût un nombre entier de demi-ondulations, pair ou impair ; mais ce mode de détermination serait inexact, car nous avons fait voir que le point d'application de la résultante d'une échelle indéfinie, au-dessus de son origine, varie de hauteur entre zéro et $\frac{1}{4} l$. Par exemple, à mesure que le point de concours s'approche de G, à droite de la bande centrale Q, la résultante de l'échelle B'O' s'éloigne de plus en plus du bord B', tandis que celle de l'échelle BO se rapproche du bord B. Fresnel a déduit de son analyse rigoureuse, des formules donnant les largeurs des franges intérieures de différens ordres, et de nombreuses observations micrométriques ont ensuite vérifié l'exactitude de ces formules.

Les franges extérieures, que l'on observe sur GE ou
G'E', ne doivent pas être identiques avec celles que nous
avons considérées dans le premier cas de la diffraction ;
car tout point de concours, situé un peu au-delà de G
vers E, est non-seulement éclairé par la demi-onde circulaire située à droite de son pôle, et par la zone qui sépare
ce pôle du bord B, mais encore par l'échelle indéfinie
B'O', dont la résultante apporte une lumière sensible qui
doit compliquer le phénomène. En effet, lorsqu'on intercepte cette dernière lumière, en masquant le bord B' par
un nouvel écran, ce qui fait disparaître les franges intérieures, on remarque en même temps des changemens très
sensibles dans les franges extérieures projetées sur GE.

604. Considérons maintenant le second cas de la diffraction, celui d'une fente verticale, pratiquée dans une lame
opaque ou produite par le rapprochement de deux lames,
que l'on présente à une certaine distance de la raie brillante formée par la lentille cylindrique. Soient, toujours
sur un plan horizontal : S la trace du foyer rectiligne ; L'L
la section des lames ; B'B celle de la fente ; B'CB l'arc non
intercepté de l'onde circulaire passant par B' et B, que
nous supposerons à la même distance de la source ; G' et
G les points d'intersection des rayons SB' et SB avec un
écran E'E, disposé perpendiculairement à la droite SCQ,
qui partage l'angle B'SB en deux parties égales. Le phénomène diffère avec la position de l'écran : lorsqu'il est
très éloigné, on observe une image brillante de la fente,
plus large de beaucoup que la projection conique G'G ; à
droite et à gauche sont des franges obscures et brillantes
que nous appellerons franges extérieures. Mais lorsqu'on
rapproche successivement l'écran des lames opaques, on

Explication
des franges
produites
par une fente
étroite.

Fig. 329.

aperçoit un autre système de franges, dans l'intérieur même de l'image, lequel subit des transformations très sensibles à mesure que la distance diminue.

Il est facile de concevoir la cause de cette différence. Tout point de concours pris sur l'écran, entre G et G', a son pôle sur l'arc BCB', en sorte qu'il est éclairé à la fois par deux zones polaires, l'une située à droite et l'autre à gauche ; c'est l'interférence variable des résultantes de ces zones qui occasione les franges intérieures. Au contraire, pour un point de concours pris au-delà de G vers E, ou en-deçà de G' vers E', le pôle est intercepté, et l'arc éclairant forme une seule zone, située sur la demi-onde circulaire de gauche ou de droite, laquelle produit moins ou plus de lumière, suivant que sa hauteur contient un nombre pair ou impair de fois $\frac{1}{2}\,l$; et c'est ici la cause des franges extérieures.

Or, quand la distance de l'écran est suffisamment grande, les deux zones polaires qui composent l'arc éclairant, pour tout point de concours intérieur, ont des hauteurs tellement petites, que leurs résultantes sont concordantes ; il ne peut donc plus exister de franges intérieures. Toute l'image géométrique G'G est alors éclairée d'une lumière continue ; et cette clarté s'étend même au-delà, si pour le point de concours G ou G' la zone polaire BCB' a une hauteur moindre que $\frac{1}{2}\,l$. Ainsi l'image occupera toute la largeur comprise entre les milieux des deux premières franges obscures extérieures, pour lesquels l'arc éclairant comprend deux zones graduées, situées sur la même demi-onde circulaire. Cette image doit donc être considérablement élargie, et cela d'autant plus que l'écran se trouve plus éloigné et que la fente est plus étroite.

Lorsque l'écran s'avance parallèlement vers les bords opaques, il atteint une position, telle que l'arc éclairant comprend exactement deux zones graduées polaires, relativement au point de concours Q; c'est à partir de cette position que les franges intérieures commencent à paraître. Considérons de suite une position encore plus rapprochée, telle que l'arc BCB' se compose, pour le milieu de l'écran, de deux échelles définies polaires; soit n le nombre de zones graduées de chacune de ces échelles; le point Q sera brillant si n est impair, obscur au contraire si n est pair. A droite et à gauche de ce point il existera des points de concours pour lesquels l'arc éclairant se composera de deux échelles polaires inégales, comprenant à très peu près l'une ($n-1$), l'autre ($n+1$) zones élémentaires; ces points seront obscurs si n est impair, brillans si n est pair. Au-delà de ces points on en trouvera d'autres dont les deux échelles polaires contiendront presque, l'une ($n-2$), l'autre ($n+2$) zones graduées; ces nouveaux points seront éclairés ou obscurs suivant que n sera impair ou pair; et ainsi de suite. Ces franges intérieures seront donc d'autant plus nombreuses, et par conséquent d'autant plus serrées, que n sera plus grand, ou que l'écran sera plus rapproché des lames. Il est à remarquer que la bande centrale ne sera brillante que pour n impair, et qu'elle sera au contraire obscure pour n pair.

605. Nous arrivons enfin au dernier cas de la diffraction, celui de deux fentes verticales très voisines, pratiquées dans une même lame opaque, que l'on place entre la source rectiligne et l'écran. Soient, encore sur plan horizontal : S la trace du foyer de la lentille; L'CL la coupe de la lame; A'B', AB les sections des deux fentes,

ou les arcs non interceptés d'une même onde circulaire O'CO; F'G', FG les traces des images géométriques des fentes sur l'écran. Nous supposerons pour simplifier que les deux fentes ont une largeur égale ; que la lame opaque est disposée normalement au rayon SC, venant de la source au milieu de l'intervalle étroit qui sépare les deux fentes ; enfin que l'écran est parallèle à la lame. Les deux images F'G' et FG ont alors la même largeur, et le milieu Q de G'G est situé sur le prolongement de SC. De F vers E, et de F' vers E', on observe des franges extérieures, qui s'expliquent comme celles qui entourent l'image d'une seule fente. De F en G ou de F' en G', il peut y avoir d'autres franges, si la distance CQ n'est pas trop grande, et dont l'explication est en tout conforme à celle des franges intérieures à l'image d'une seule fente. Toutefois les franges des images GF ou G'F' peuvent être modifiées d'une manière sensible par la lumière venant de A'B' ou AB, si l'intervalle B'B est très petit. Enfin on observe sur G'G un système de franges très vives et très serrées, qui s'étendent symétriquement à gauche et à droite du milieu Q, et qui caractérisent principalement le cas actuel de diffraction.

Ces franges nouvelles sont dues à l'interférence des rayons envoyés par les deux arcs éclairans A'B' et AB ; ce qu'il est facile de prouver, car si l'on intercepte un des groupes de rayons interférens, en masquant une des fentes par un nouvel écran, tout le système de franges dont Q est le centre disparaît complétement, et l'on n'aperçoit plus sur l'écran E'E que les franges extérieures plus pâles et plus larges produites par la fente qui reste libre. Il est encore facile d'expliquer les franges dont il s'agit. Le point de concours Q, au milieu de G'G, est toujours éclairé par deux zones égales et symétriquement placées à droite et à gauche de son pôle; les lumières envoyées par ces deux zones s'ajouteront donc, et le point Q sera toujours brillant. Mais à droite et à gauche de ce milieu Q, on doit rencontrer une suite de points, tels que les résultantes des deux zones éclairantes aient des hauteurs inégales différant d'un nombre entier de fois $\frac{1}{2} l$; ce nombre sera successivement pair et impair, dans la série de ces points, qui se trouveront conséquemment sur autant de bandes brillantes et obscures.

D'ailleurs, les fentes étant très étroites, l'écran peut être assez éloigné pour que les zones A'B' et AB aient des hauteurs beaucoup plus petites que $\frac{1}{2} l$, relativement à tout point de concours situé sur l'écran entre G' et G; en sorte que les ondes élémentaires, ayant leurs origines sur chacune de ces zones, peuvent être considérées comme arrivant sensiblement avec la même phase, ainsi que leur résultante directement égale à leur somme. C'est alors comme si l'écran était exposé à deux sources identiques, et les franges dont il s'agit s'expliquent par l'interférence des rayons de ces sources, comme celles provenant du concours des rayons réfléchis sur les deux miroirs légèrement inclinés, dans l'expérience de Fresnel. En effet la mesure de la largeur des franges, observées dans l'ombre commune à deux fentes étroites, conduit à des longueurs d'ondulation identiques avec celles que fournit l'expérience des deux miroirs.

Quand l'intervalle qui sépare les deux fentes augmente, les franges intérieures se resserrent, ou diminuent de largeur; c'est comme dans l'expérience des deux miroirs.

lorsque les deux images s'éloignent, par une diminution de l'angle obtus que forment les plans réfléchissans. Quand on introduit, dans le trajet d'un des faisceaux interférens, une lame mince transparente, qu'il suffit de poser sur une des fentes, tout le système de ces franges est déplacé; et le nombre des largeurs de franges que la bande brillante centrale parcourt sur l'écran, lors de ce déplacement, peut servir à déterminer l'épaisseur ou l'indice de réfraction de la lame, ou la longueur d'ondulation qu'y possède la lumière homogène employée, ou enfin le rapport de la vitesse de cette lumière dans la lame, à sa vitesse dans l'air (§ 589).

Les développemens qui précèdent, suffisent pour faire concevoir que les faits de la diffraction sont des conséquences du principe des interférences. Mais pour acquérir la certitude que ce principe peut seul expliquer toutes les circonstances de la diffraction, il faut lire le dernier mémoire que Fresnel a publié sur ce sujet. Il serait impossible d'émettre le moindre doute sur la théorie ds cet illustre physicien, quand on observe l'accord surprenant qu'il signale, entre les nombres déduits du calcul, et ceux donnés par des mesures directes dans une multitude de cas différens. Il est à regretter que les bornes de ce cours ne permettent pas de donner ici, dans tous leurs détails, ces preuves irrécusables de la réalité des ondes lumineuses.

Mesure de la distance d'une frange à l'ombre géométrique. 606. Les mesures prises par Fresnel, à l'aide de son appareil micrométrique (§ 585), avaient toujours pour but de déterminer, soit la largeur d'une frange ou l'intervalle compris entre les milieux de deux bandes obscures consécutives, soit la distance qui séparait une bande obscure de la limite de l'ombre géométrique. Dans ce dernier cas, il

fallait employer un artifice particulier, puisque dans les
faits dont il s'agit, les ombres géométriques n'ont pas de
limites visibles; voici le procédé indirect qu'a employé
Fresnel, dans le premier cas de la diffraction, et qu'il est
bon de connaître. Pour mesurer sur l'écran la distance
d'une bande obscure d'un certain ordre, à la projection
du bord de la lame opaque, on approche de ce bord, et
dans le même plan, une lame semblable à la première que
l'on arrête à une distance assez grande, pour que l'intervalle
des deux lames ne produise pas les phénomènes de diffraction d'une ouverture étroite; ce dont on est sûr tant que
les franges extérieures à l'ombre de la première lame ne
subissent pas de modification, et conservent les mêmes
largeurs. Dans ces circonstances, les deux lames produisent
sur l'écran deux systèmes de franges extérieures identiques, et symétriquement placés dans l'image de l'ouverture. On mesure alors la distance qui sépare les milieux
des deux bandes obscures, de l'ordre que l'on a en vue, dans
les deux systèmes; on retranche cette distance de la projection conique de l'ouverture, qu'il est facile de déduire,
par une simple proportion, des distances connues de la
source au plan des lames, et à l'écran, et de la grandeur
mesurée de l'ouverture; la moitié du reste donne la distance cherchée. Les autres cas de la diffraction n'exigent
aucun appareil additionnel, pour mesurer la distance
d'une bande aux limites géométriques des ombres; puisque, pour chaque frange, de quelque ordre qu'elle soit,
le phénomène présente de lui-même une frange symétrique du même ordre.

607. Nous n'avons considéré que la diffraction produite
par des ondes cylindriques, et par des bords opaques rec-

tilignes; lorsque la source lumineuse est formée par une loupe ordinaire d'un très court foyer, et quand les bords opaques sont courbes, les franges se contournent; mais le phénomène résulte toujours de l'interférence des rayons envoyés par les parties non interceptées des ondes sphériques. Les calculs qu'il faut faire alors pour évaluer les résultantes sont nécessairement plus compliqués que dans les cas simples que nous avons décrits. Fresnel a considéré le cas de l'ombre d'un petit écran circulaire opaque, interceptant les ondes sphériques provenant d'un point lumineux; les largeurs des franges annulaires intérieures, données par le calcul, ont encore été vérifiées par l'expérience; le disque opaque était un petit cercle noirci sur la surface d'une lame de verre, et le phénomène était observé par transmission. M. Poisson fit remarquer qu'il résultait de la théorie de Fresnel, que le centre même de l'ombre du disque très étroit, observée à une distance suffisante, devait être aussi éclairé que si le disque n'existait pas : cette conséquence a été vérifiée par M. Arago.

Bandes irisées dans la lumière blanche.

608. Il résulte évidemment de l'explication des différens cas de la diffraction, que dans tout système de franges produites par une lumière homogène, les largeurs des bandes alternativement brillantes et obscures, doivent augmenter et diminuer avec la longueur d'ondulation; d'où il suit que pour les mêmes positions relatives de la source lumineuse, des bords opaques et de l'écran, les franges doivent être d'autant plus fines, que la couleur homogène diffractée est plus réfrangible. C'est en effet, ce que confirme l'expérience. Les bandes irisées, qui sont produites dans les mêmes circonstances par la lumière blanche, proviennent de la superposition de tous les systèmes de franges

correspondans aux différentes couleurs du spectre solaire.

609. Fraünhofer a observé avec beaucoup de soin un phénomène de diffraction particulier, dont l'explication diffère de celle des cas généraux que nous avons décrits, quoique étant fondée sur les mêmes principes. L'appareil principal est un *réseau* composé d'une suite d'intervalles, alternativement opaques et transparens. Le meilleur réseau qu'on puisse employer est une lame transparente, sur laquelle sont tracées au diamant des lignes parallèles, équidistantes et très serrées, tellement qu'on puisse en compter depuis vingt jusqu'à plusieurs centaines dans l'épaisseur d'un millimètre ; les sillons formés par la pointe du diamant sont les parties opaques. Pour observer le phénomène dont il s'agit, on introduit un faisceau de rayons solaires, réfléchi horizontalement sur le miroir d'un héliostat, par une fente verticale étroite, pratiquée dans le volet d'une chambre obscure. Ce faisceau est reçu à une assez grande distance du volet, sur la lame du réseau, que l'on dispose de telle manière que les traits qui le composent soient verticaux ou parallèles à la fente. Immédiatement derrière la lame, on place l'objectif d'une lunette, mobile autour d'un axe vertical occupant le milieu du réseau, et dont les variations de direction puissent être observées sur un limbe horizontal, propre à mesurer des angles.

Phénomène des réseaux parallèles.

Dans ces circonstances, l'œil placé derrière l'oculaire de la lunette, aperçoit : 1°. Sur l'axe optique une image blanche de la fente A, ayant ses bords très nettement terminés; 2°. à droite et à gauche de cette image, deux espaces égaux complétement obscurs O et O'; 3°. au-delà, et symétriquement de part et d'autre, une suite de spectres

Fig. 332.

solaires parfaits, ayant tous le violet plus près, et le rouge plus éloigné de la bande blanche. De chaque côté, le premier spectre est séparé du second par un espace obscur O″ moindre que O ; mais le rouge du second se projette sur le violet du troisième, l'extrémité de celui-ci sur le quatrième et ainsi de suite. Ces spectres, et surtout les premiers, présentent distinctement les mêmes raies noires que Fraünhofer a découvertes dans les spectres produits par des prismes très homogènes ; on aperçoit très nettement les raies principales C,D,E,F,G.

Si, considérant une même raie, F par exemple, dans les spectres successifs situés d'un même côté, on mesure à l'aide du fil micrométrique de Fraünhofer (§ 496), et en faisant tourner convenablement la lunette, les distances qui séparent du milieu de l'image blanche, les différentes positions de cette raie, F′ dans le premier spectre, F″ dans le second, F‴ dans le troisième, . . . on trouve que la seconde de ces distances AF″ est double, la troisième AF‴ triple, . . . de la première AF′; d'où il est facile de conclure que l'intervalle compris entre deux raies du même spectre, croît suivant la même progression arithmétique, d'un spectre à l'autre. $\overline{AF'}$ peut être appelé la *déviation* de la raie F ; elle se mesure sur le limbe de la lunette, en prenant la moitié de l'angle décrit, pour amener successivement le fil micrométrique sur la raie F′ des deux spectres du premier ordre, à droite et à gauche de A.

Fraünhofer a mesuré ainsi les déviations des sept raies principales, en se servant de réseaux différens, c'est-à-dire plus ou moins serrés, et dans lesquels le sillon opaque était plus ou moins large par rapport à l'intervalle transparent.

Il a constaté de cette manière que la déviation d'une même raie ou d'une même couleur, ne dépend pas du rapport de l'épaisseur d'un sillon, à la largeur d'un intervalle transparent, mais de la somme de ces deux grandeurs; que la valeur absolue de la déviation est en raison inverse de cette somme; c'est-à-dire qu'en multipliant la déviation mesurée, par la somme connue de l'épaisseur d'un sillon et d'un intervalle transparent, on obtient un nombre constant pour la même raie, quel que soit le réseau dont on se serve. Fraünhofer a calculé, sur des mesures exactes et nombreuses, les valeurs de ce nombre constant pour les sept raies principales du spectre solaire; et il se trouve que ces valeurs sont précisément égales aux longueurs d'ondulation des couleurs correspondantes à ces raies, telles que Fresnel les a obtenues par d'autres procédés.

610. Ces lois ne sont que des conséquences très simples de la théorie des ondes lumineuses, comme M. Babinet l'a remarqué le premier. Considérons ce qui doit arriver pour les rayons d'une seule couleur homogène, dont la longueur d'ondulation soit l, et supposons que le réseau soit assez éloigné de la fente pour que sa surface puisse être considérée comme située sur une même onde cylindrique. Soient sur un plan horizontal : R'R la trace du réseau et de l'onde interceptée; P la position de l'œil de l'observateur; PF le rayon venant directement du milieu de la fente. Nous admettrons que cette droite PF est perpendiculaire à R'R, et passe par le milieu A d'un sillon opaque, en sorte qu'elle partage le réseau en deux parties symétriques; nous supposerons aussi que le phénomène soit observé à l'œil nu. Il suffit de chercher l'effet que peuvent produire, au point de concours P, les rayons de la lumière partis des inter-

Explication du phénomène des réseaux.

Fig. 333.

valles transparens du réseau , qui se succèdent sur la demi-onde circulaire AP.

D'abord ceux de ces intervalles qui sont assez voisins du pôle A, pour que les rayons vers P ne fassent pas un angle sensible avec PA, donneront une résultante qui différera peu de celle de la demi-onde circulaire complète; quant aux autres, leurs lumières se détruiraient complétement, si les sillons opaques n'existaient pas. En s'éloignant de A vers R, on doit trouver un lieu, tel que la largeur d'un intervalle transparent, ajoutée à l'épaisseur du sillon qui le suit, occupe une zone z, ayant à très peu près pour hauteur la longueur d'ondulation l. La lumière envoyée par toute cette zone serait nulle, si toute sa surface éclairait le point P; mais le sillon opaque qu'elle contient, interceptant une partie de ses rayons, indispensables pour détruire l'effet des autres, le point de concours recevra de la lumière dans la direction PZ_1, ce doit être à peu près suivant cette direction que l'œil reçoit l'impression de la couleur homogène considérée, dans le spectre du premier ordre, situé à droite de la bande brillante centrale. En continuant à marcher de Z_1, vers R, on doit trouver une suite de lieux où l'intervalle transparent et la largeur du sillon voisin occupent successivement des zones Z_2, Z_3, Z_4,..... dont les hauteurs soient à très peu près $2l$, $3l$, $4l$,... ; ces zones, qui produiraient des effets nuls au point P, si leurs surfaces totales l'éclairaient, lui fourniront au contraire de la lumière, à cause de l'opacité de plusieurs parties de ces surfaces. C'est à peu près suivant ces directions, PZ_2, PZ_3, PZ_4, ... que l'œil recevra l'impression de la couleur choisie, dans les spectres du second ordre, du troisième, du quatrième.

Il faudrait avoir recours à l'analyse employée par Fresnel pour calculer les véritables directions de ces résultantes partielles, et les rapports de leurs intensités. Mais sans employer cette marche rigoureuse, l'explication qui précède suffit pour rendre compte des lois observées par Fraünhofer. Soient : a et b les deux extrémités de la zone Z_1; τ l'intervalle transparent; ω l'épaisseur du sillon; $ab = s = \tau + \omega$, la largeur de la zone Z_1; l'angle $APa = D_1$. Si l'on décrit du point P comme centre, et avec Pa pour rayon, un arc de cercle qui rencontre en h le rayon Pb, d'après la définition de la zone Z_1, on aura pour sa hauteur $bh = l$. L'angle $D_1 = APa = bah$, mesure la déviation de la couleur reçue suivant la direction Z_1P, et l'on a, dans le petit triangle bah, $\overline{bh} = \overline{ab}\, \sin bah$; d'où l'on conclut, en substituant l'angle D_1 à son sinus, à cause de sa petitesse, $l = sD_1$; c'est-à-dire que la déviation d'une des couleurs du spectre du premier ordre, multipliée par la somme d'un intervalle transparent et de la largeur d'un sillon, doit donner la longueur d'ondulation de cette couleur. Ce produit doit donc rester constant d'un réseau à un autre, et fournit un moyen exact de déterminer la longueur d'ondulation l.

Il est facile de voir, par une construction analogue à la précédente, que la déviation D_n, correspondante à la zone éclairant Z_n dans le spectre du $n^{ème}$ ordre, doit être donnée par la formule $D_n = n\,\dfrac{l}{s}$; d'où l'on conclut que les déviations d'une même couleur, considérée dans les spectres successifs, doivent croître comme les nombres entiers $1, 2, 3, 4\ldots$ Enfin, il résulte de la même formule que les déviations de deux couleurs dans un même spectre

H.   24

doivent être entre elles comme leurs longueurs d'ondulation; tous les spectres doivent donc offrir le violet en-dedans ou plus près du pôle **A**, et le rouge en dehors. Toutes les lois énoncées plus haut se trouvent ainsi démontrées.

En observant le phénomène dont il s'agit sur un grand nombre de réseaux, qui différaient par les grandeurs et les rapports des largeurs τ et ω, Fraünhofer a souvent remarqué que, pour chacun d'eux, un ou plusieurs spectres étaient très pâles, ou presque insensibles, l'ordre de ces spectres affaiblis variant d'un réseau à l'autre. La théorie rend encore parfaitement compte de cette circonstance : Si τ et ω sont entre eux à très peu près comme deux nombres entiers n' et n'', la zone de l'ordre $n = n' + n''$ se partagera presque exactement en deux autres ayant pour hauteurs l'une $n'l$, l'autre $n''l$; la seconde de ces zones partielles sera interceptée; la première seule pourra éclairer le point de concours **P**, mais sa hauteur comprenant un nombre pair de demi-ondulations, les rayons qu'elle enverra se détruiront presque complétement, et le spectre correspondant devra manquer, ou être très faible. Par exemple, si τ est la moitié ou le double de ω, c'est-à-dire le $\frac{1}{3}$ ou les $\frac{2}{3}$ de s, le spectre du troisième ordre doit manquer. Les mesures données par Fraünhofer, lorsqu'il signale l'affaiblissement d'un spectre d'un ordre déterminé, s'accordent complétement avec cette explication.

TRENTE-HUITIÈME LEÇON.

Rayons polarisés non-interférens. — Définition de la lumière polarisée dans la théorie des ondes. Définition de la lumière naturelle. — Théorie de la double réfraction. — Surface courbe des
ondes. — Propriétés optiques des cristaux à deux axes. — Phénomène de la réfraction conique. Axes de réfraction conique. —
Axes optiques des cristaux. Phénomène produit par la lumière
qui parcourt un axe optique.

611. Le phénomène de la diffraction fournit des appareils très commodes pour étudier l'interférence des rayons
de lumière polarisés dans divers plans, et vérifier une découverte importante faite par MM. Arago et Fresnel. Ces
physiciens ont constaté, par une multitude d'expériences,
que deux rayons provenant d'une même source, ou de
deux sources identiques, ne peuvent interférer lorsqu'ils
sont polarisés suivant deux plans perpendiculaires entre
eux. C'est-à-dire qu'alors la lumière de l'un s'ajoutant à
celle de l'autre, produit toujours la même clarté, quelle
que soit la différence des chemins parcourus par les deux
lumières, ou ce qui est la même chose quelle que soit la
différence des phases des deux rayons à leur point de concours. Nous ne citerons qu'une seule expérience, imaginée par M. Arago, qui met ce fait hors de doute.

On se procure une pile de lames de mica, suffisamment

Rayons pola-
risés non-
interférens.

étroite, que l'on coupe en deux parties égales suivant un plan normal aux lames ; puis on dispose chacune de ces nouvelles piles derrière une des fentes de l'appareil indiqué au paragraphe 605, de telle manière que les plans des lames fassent un angle de 30°, angle de polarisation du mica, avec l'axe du faisceau venant de la source à la fente ; enfin, on fait tourner autour de cet axe l'une des piles, sans changer cet angle. Tant que les plans d'incidence des deux faisceaux sur les deux petites piles ne sont pas perpendiculaires entre eux, on ne cesse pas d'apercevoir sur l'écran le système des franges intérieures ; mais sa vivacité diminue à mesure que l'angle de ces plans d'incidence approche de l'angle droit. Quand cette limite est atteinte, toutes les franges disparaissent complétement au centre de la projection conique de l'intervalle, ou du moins l'on n'aperçoit plus que les franges plus larges et plus pâles qui bordent les images des deux fentes, comme si chacune de ces fentes existait seule. Or, les faisceaux lumineux qui traversent les deux petites piles, sont toujours totalement polarisés, perpendiculairement à leurs plans d'incidence ; les plans de polarisation des deux faisceaux font donc un angle droit, lors de la position relative des deux piles qui détruit tout signe d'interférence.

On peut donc établir, comme une loi générale, que deux rayons polarisés à angle droit n'exercent aucune action l'un sur l'autre, dans les circonstances les plus favorables à la production des franges. MM. Arago et Fresnel ont vérifié cette loi par des expériences variées sur les rayons polarisés qui émergent des cristaux bi-réfringens. En partant de la même loi, Fresnel a démontré cette propriété importante, que les vibrations de l'éther, sur un rayon de lumière polarisé, s'exécutent suivant une même direction, parallèle à la surface des ondes. Voici cette démonstration.

612. Considérons deux rayons d'une même lumière homogène R et R′, provenant d'une même source, polarisés à angle droit, et assez peu inclinés l'un sur l'autre, à leur point de concours P, pour qu'on puisse les supposer parallèles. Quel que soit l'état vibratoire transmis par chacun de ces rayons, on peut toujours le décomposer en trois systèmes de vibrations orthogonales ; nous prendrons pour les directions de ces composantes, celle commune aux deux rayons, et deux droites perpendiculaires à cette dernière direction, prises dans les deux plans de polarisation, et parallèles aux surfaces des ondes. Soient, pour le rayon R : c^2, b^2, a^2, les intensités des composantes ; η, ψ, φ, leurs phases au point P ; $w, v, u,$ leurs vitesses de vibrations variables. On aura $w = c \sin 2\pi \left(\dfrac{t}{\tau} - \dfrac{\eta}{l} \right)$, $v = b \sin 2\pi \left(\dfrac{t}{\tau} - \dfrac{\psi}{l} \right)$, $u = a \sin 2\pi \left(\dfrac{t}{\tau} - \dfrac{\varphi}{l} \right)$; τ représentant la durée d'une vibration, et l la longueur d'ondulation de la lumière homogène employée. On peut pareillement représenter par $w' = c' \sin 2\pi \left(\dfrac{t}{\tau} - \dfrac{\eta'}{l} \right)$, ...

$$v' = b' \sin 2\pi \left(\frac{t}{\tau} - \frac{\psi'}{l} \right), \quad u' = a' \sin 2\pi \left(\frac{t}{\tau} - \frac{\varphi'}{l} \right).$$

les trois composantes, sur les mêmes axes, du mouvement vibratoire transmis en P par le rayon R′ ; c'^2, b'^2, a'^2, étant leurs intensités, $\eta', \psi',$ et φ' leurs phases.

Parmi ces six composantes, w et w' sont sur la direction commune des deux rayons. v et v' dans le plan de polarisation de R, u et u' dans celui de R′. Il faut remarquer que ces rayons, appartenant à la même espèce de lumière, venant de la même source, et ne différant que par leurs plans de polarisation, deviendraient identiques, à leurs phases près, si l'on faisait tourner l'un d'eux autour de leur direction commune, de manière à ramener ces plans l'un sur l'autre. D'où il suit que, si la composante normale aux ondes est nulle pour l'un de ces rayons, elle le sera nécessairement pour l'autre ; et que, si b ou a est nul pour R, il faudra que a' ou b' le soit pour R'.

Cela posé, d'après le paragraphe 578, les composantes W, V, U, du mouvement vibratoire résultant du concours des deux rayons au même point, seront données par les formules $W = w + w'$, $V = v + v'$, $U = u + u'$; leurs intensités C^2, B^2, A^2, par celles-ci : . . . .

$$C^2 = c^2 + c'^2 + 2cc' \cos 2\pi \frac{\eta - \eta'}{l},$$

$$B^2 = b^2 + b'^2 + 2bb' \cos 2\pi \frac{\psi - \psi'}{l},$$

$$A^2 = a^2 + a'^2 + 2aa' \cos 2\pi \frac{\varphi - \varphi'}{l};$$

enfin l'intensité I^2 de la lumière totale sera $I^2 = C^2 + B^2 + A^2$. Or, puisque les rayons R et R', polarisés à angle droit, donnent toujours la même clarté, quelle que soit leur différence de marche au point P, il faut que I^2 soit constant, quelles que soient les différences $\eta - \eta'$, $\psi - \psi'$, $\varphi - \varphi'$; ce qui exige que l'on ait à la fois $cc' = 0$, $bb' = 0$, $aa' = 0$.

Ainsi l'on a $c = 0$, l'ou $c' = 0$; mais lorsque la composante w est nulle pour le rayon R, w' doit l'être pour R' ; on a donc à la fois $c = 0$ et $c' = 0$. C'est-à-dire que sur tout rayon polarisé les vibrations s'exécutent parallèlement à la surface des ondes. De plus, pour que l'équation $bb' = 0$ soit satisfaite, il faut que $b = 0$ ou $b' = 0$; or si $b = 0$, on a nécessairement $a' = o$, et si $b' = o$ il s'ensuit que a est nul. On doit conclure de là que les vibrations de l'éther, pour toute lumière polarisée, s'exécutent sur la surface des ondes ou parallèlement, ou perpendiculairement au plan de polarisation. Il faut avoir recours à d'autres phénomènes pour décider entre ces deux directions quelle est la véritable.

L'explication que Fresnel a donnée de tous les faits de la double réfraction démontre que, dans un milieu dont l'élasticité n'est pas constante autour d'un même point, la vitesse de propagation d'un rayon polarisé varie avec la direction du mouvement oscillatoire des molécules de l'éther, relativement aux axes d'élasticité. Il suit de là que dans les cristaux à un axe, pour lesquels deux des trois axes d'élasticité sont égaux, un rayon polarisé de telle manière que les vibrations de l'éther soient normales à la section principale, doit avoir la même vitesse de propagation, dans toutes les directions autour de l'axe d'élasticité ou de double réfraction contenu dans cette section; la constance de cette vitesse entraîne celle de l'indice de réfraction pour la même espèce de lumière, et par suite la vérification de la loi de Descartes sur le rayon dont il s'agit.

Au contraire pour un faisceau polarisé de telle manière que les oscillations de l'éther s'exécutent dans le plan de la section principale, ayant conséquemment une composante parallèle à l'axe d'élasticité, laquelle change de grandeur avec l'angle compris entre cet axe et la normale à l'onde, l'élasticité développée, et par suite la vitesse de propagation, doivent varier avec cet angle; d'où résulte la non-vérification de la loi des sinus. Or, de ces deux faisceaux de lumière polarisés à angle droit, le premier est nécessairement le rayon ordinaire, et puisqu'il est dit polarisé suivant le plan de la section principale, on doit conclure de ce rapprochement que les oscillations de l'éther, dans un rayon de lumière polarisée, ont lieu sur la surface de l'onde normalement au plan de polarisation.

Définition de la lumière naturelle dans la théorie des ondes. 6i3. Lorsqu'un faisceau de lumière naturelle, ou n'ayant subi, par la réfraction ou la réflexion, aucune polarisation totale ou partielle, tombe normalement sur un cristal bi-réfringent à faces parallèles, les deux faisceaux émergens ont chacun une intensité égale à la moitié de celle de la lumière incidente; en sorte que leurs lumières réunies reproduisent l'intensité primitive; ou du moins la très petite perte que l'on constate est suffisamment expliquée par les portions de lumière réfléchies, à la première et à la seconde surface du cristal. Ainsi l'on doit admettre qu'un rayon de lumière naturelle, d'intensité 1, se décompose sans résidu en deux rayons polarisés à angle droit et d'intensités $\frac{1}{2}$.

Il suit de là que la trajectoire décrite par une molécule de l'éther, sur un rayon de lumière naturelle, est située sur la surface de l'onde; puisque s'il existait une composante du mouvement vibratoire sur la normale à cette surface, on devrait en retrouver la trace dans les phénomènes produits par les deux seuls rayons polarisés à angle droit, qui se partagent toute la lumière incidente; tandis que le fait de leur non-interférence prouve que cette composante y est toujours nulle. Les conséquences nombreuses, déduites de cette conclusion érigée en principe, sont toutes vérifiées par l'expérience, comme nous le verrons dans cette leçon et la suivante. Ainsi il ne peut plus rester de doute sur la

nature des vibrations lumineuses : elles appartiennent réellement au genre de vibrations transversales que nous
avons suffisamment défini au paragraphe 572.

614. C'est ce caractère fondamental des vibrations lumineuses qui a fait découvrir à Fresnel la véritable théorie
des phénomènes de la double réfraction. Nous allons exposer les principes et les résultats de cette théorie, à
qui l'on doit, non-seulement l'explication de toutes les
lois primitivement trouvées par l'observation, mais encore
la découverte de plusieurs faits nouveaux. Fresnel admet
que, dans un cristal bi-réfringent, l'éther répandu entre
ses particules pondérables a une densité constante, mais
une élasticité variable; il ne considère que le cas où cette
élasticité change de la même manière d'une direction à
l'autre dans toute l'étendue du cristal. Cette hypothèse et
cette restriction se présentent naturellement, quand on
réfléchit aux propriétés mécaniques des substances cristallisées, et au phénomène de double réfraction que présente le verre comprimé (§ 558).

615. Concevons qu'une molécule d'éther soit écartée
de sa position d'équilibre, dans une direction quelconque,
d'une quantité ζ très petite par rapport aux intervalles
moléculaires. Les actions que cette molécule exerçait sur
le fluide environnant, et qui dépendent nécessairement de
la distance, seront troublées par ce déplacement; les molécules voisines seront donc sollicitées à se mouvoir; leur
mouvement occasionera celui des molécules plus éloignées; et l'ébranlement se communiquera ainsi de proche
en proche. Pour que la direction du premier déplacement
soit conservée, lors de cette propagation, en tous sens
autour du centre d'ébranlement, il faut que la force élas-

tique mise en jeu ait précisément la même direction. On démontre, en partant des principes de la mécanique rationnelle, que cette relation entre le déplacement et la force développée ne peut exister, en général, que suivant trois directions perpendiculaires entre elles, auxquelles on peut donner le nom d'axes d'élasticité, et qui restent les mêmes dans toute l'étendue du milieu, d'après la définition adoptée.

Les forces élastiques correspondantes à ces trois axes principaux sont en général inégales ; elles sont proportionnelles aux carrés des vitesses de propagation des mouvemens qui les font naître ; chacune de ces vitesses étant prise perpendiculairement à la direction même du déplacement, puisqu'il ne s'agit ici que des vibrations lumineuses. D'après cela, soient : OX, OY, OZ, les directions orthogonales des trois axes d'élasticité, en un point O du milieu cristallisé ; a la vitesse avec laquelle se propage dans le plan YOZ un mouvement de la molécule O suivant OX ; b la vitesse de propagation dans le plan ZOX d'un déplacement dirigé suivant OY ; enfin, c la vitesse avec laquelle se propage dans le plan XOY le mouvement de O sur OZ. Les forces élastiques mises en jeu par ces déplacemens seront respectivement égales à $\mu\zeta a^2$, $\mu\zeta b^2$, $\mu\zeta c^2$; μ étant un coefficient constant, et ζ l'écart primitif de la molécule O, supposé le même sur les trois axes. On peut admettre, sans détruire la généralité des conséquences qui vont suivre, que des trois vitesses principales a soit la plus grande, c la plus petite, et que b soit comprise entre les deux autres. D'après cette convention, on peut dire que l'axe OX est celui de plus grande élasticité, OY l'axe moyen, et que OZ est celui de plus petite élasticité.

616. Lorsque l'écart ζ a lieu suivant une direction OE, faisant de angles α, β, γ, avec les trois axes d'élasticité, on démontre que la force élastique développée est la résultante des trois forces que feraient naître les déplacemens $\zeta \cos \alpha$, $\zeta \cos \beta$, $\zeta \cos \gamma$, dirigés suivant les axes. Si donc R représente cette force, et X, Y, Z, ses trois angles de direction, on aura $R \cos X = \mu \zeta a^2 \cos \alpha$, $R \cos Y = \mu \zeta b^2 \cos \beta$, $R \cos Z = \mu \zeta c^2 \cos \gamma$; d'où $R = \ldots \ldots$ $\mu \zeta \sqrt{a^4 \cos^2 \alpha + b^4 \cos^2 \beta + c^4 \cos^2 \gamma}$, ou simplement $R = \mu \zeta r^2$, en représentant le radical par r^2. Ainsi la force R et l'écart correspondant ζ ont en général des directions différentes, qui font entre elles un angle ε dont le cosinus est

$$\cos \varepsilon = \frac{a^2 \cos^2 \alpha + b^2 \cos^2 \beta + c^2 \cos^2 \gamma}{r^2}.$$

Décomposons la force R en deux autres forces, l'une $R \cos \varepsilon$ dirigée suivant le déplacement ζ, et l'autre $R \sin \varepsilon$ normale à cette ligne. Le mouvement se propagera en tout sens autour de OE, mais la direction de l'écart primitif ne sera conservée que pour un seul sens de propagation, celui OS parallèle à la composante $R \sin \varepsilon = R'$, qui tendant au rapprochement des couches du fluide n'aura aucune influence sur les vibrations transversales. Les vibrations que la molécule O exécutera suivant OE, se propageront donc suivant OS, en conservant leur direction, avec une vitesse W liée à la force $R \cos \varepsilon$ par l'équation $R \cos \varepsilon = \mu \zeta W^2$, qui donne

$$W = \sqrt{a^2 \cos^2 \alpha + b^2 \cos^2 \beta + c^2 \cos^2 \gamma}.$$

Il n'en est pas de même de la propagation du mouvement suivant toute autre direction OS', faisant un angle σ avec OS; car la force R' se décompose alors en deux autres, l'une $R' \cos \sigma$ qui n'a pas d'influence sur le mouvement transmis, mais l'autre R' sin σ qui change nécessairement sa direction à mesure qu'il se propage.

Propagation
des ondes
planes dans
les cristaux
bi-réfringens

617. Concevons que toutes les molécules du fluide éthéré situées sur un plan P, passant par le point O, soient à la fois écartées de leurs positions d'équilibre, de la même quantité ζ, et parallèlement à la même direction ; ce sera comme si ce plan glissait tout d'une pièce. Mais le mouvement qui résultera de ce glissement, dans la masse fluide, sera différent suivant la position du plan mobile relativement aux axes d'élasticité. Si ce plan est perpendiculaire à l'un de ces axes, à OX par exemple, et si le glissement a lieu parallèlement à l'un des deux autres axes, OY ou OZ, les forces élastiques développées resteront parallèles à OY ou à OZ, et le mouvement se propagera suivant OX, en conservant sa direction, avec la vitesse b ou c. Il suit évidemment de là que des ondes lumineuses planes, normales à l'un des trois axes d'élasticité, et polarisées suivant un plan perpendiculaire à l'un des deux autres axes, se propageront sans se décomposer, en conservant leur plan de polarisation, et avec la vitesse qui leur correspond.

Si le plan mobile étant toujours perpendiculaire à OX, le glissement a lieu dans le plan YOZ, suivant une direction OG qui fasse un angle i avec OZ, le mouvement qui s'ensuivra sera la résultante de deux mouvemens partiels, l'un dû au glissement ζ cos i parallèle à OZ, l'autre au glissement ζ sin i parallèle à OY. Ainsi une onde plane lumineuse normale à l'un des axes d'élasticité, mais polarisée suivant un plan qui n'est perpendiculaire à aucun des deux axes, doit se décomposer en deux systèmes d'ondes, polarisés à angle droit, et qui se propagent avec des vitesses différentes suivant la même direction.

618. Considérons enfin le cas général où le plan glissant P est situé d'une manière quelconque par rapport aux axes d'élasticité. Soient m, n, p, les angles de direction de sa normale ON, et toujours α, β, γ, ceux correspondans à la ligne OE parallèle au déplacement ζ de ce plan. Si la force élastique développée R, faisant un angle ε avec OE, est située dans le plan NOE, la direction du mouvement sera conservée lors de sa propagation, la composante $R \cos \varepsilon$ sera seule efficace, et celle $R \sin \varepsilon$ tendant au rapprochement des couches de l'éther, n'aura pas d'influence sur le mouvement transmis. On démontre que sur un même plan P il n'y a que deux directions du glissement primitif, normales entre elles, pour lesquelles la condition précédente se trouve satisfaite ; soient OE′, OE″, ces deux directions. Il suit de là qu'une onde plane lumineuse parallèle à P et polarisée suivant un plan normal à OE′ ou OE″, doit se propager suivant ON, avec une vitesse constante W, en conservant son plan de polarisation. Cette vitesse de propagation W diffère d'un cas à l'autre ; on trouve qu'elle est liée aux angles m, n, p, par l'équation : (1) $(w^2 - b^2)(w^2 - c^2) \cos^2 m + (w^2 - c^2)(w^2 - a^2) \cos^2 n + (w^2 - a^2)(w^2 - a^2) \cos^2 p = 0$, qui donne les deux valeurs de w^2 correspondantes à ces deux cas.

Si le déplacement ζ du plan P a lieu parallèlement à une direction quelconque OE, faisant un angle i avec OE′, le mouvement résultant peut être décomposé en deux autres, l'un dû au glissement $\zeta \cos i$ parallèle à OE′, l'autre au glissement $\zeta \sin i$ parallèle à OE″. Ainsi une onde plane lumineuse P donne lieu en général à deux systèmes d'ondes planes polarisées à angle droit suivant des plans perpendiculaires à OE′

Vitesses de propagation des ondes planes.

Fig. 336.

et OE'', et qui se propagent avec les deux vitesses différentes données par l'équation (1), suivant la même direction ON.

Surface de l'onde dans les cristaux bi-réfringens

619. Imaginons maintenant que l'éther en O soit agité à la fois dans toutes les directions possibles, et proposons-nous de trouver le lieu géométrique de tous ces ébranle-mens simultanés, au bout de l'unité de temps; ce lieu sera la surface des ondes lumineuses dans le milieu bi-réfringent. Il est évident que toute onde plane passant actuellement en O, et se propageant suivant une vitesse constante, doit être tangente à la surface cherchée au bout de l'unité de temps. Soient m, n, p, les angles de direction de la normale à cette onde plane et w sa vitesse de propagation; elle occupera, à cette époque, une position représentée par l'équation (2) $x \cos m + y \cos z + \zeta \cos p = w$; w satisfaisant à l'équation (1), et x, y, z, représentant les coordonnées d'un point quelconque du plan de l'onde. La surface cherchée sera celle enveloppée par tous les plans compris dans l'équation (2), en y faisant varier $\cos m$, $\cos n$, $\cos p$, et w, de telle manière que ces variables vérifient toujours l'équation (1), et la relation connue . . . . $\cos^2 m + \cos^2 n + \cos^2 p = 1$.

Soit posé : $\cos l = \dfrac{x'w}{bc}$, $\cos m = \dfrac{y'w}{ca}$, $\cos n = \dfrac{z'w}{ab}$, d'où $w = abc : \sqrt{a^2 x'^2 + b^2 y'^2 + c^2 z'^2}$; l'équation (2) devient (3) $ax'x + by'y + c zz' = abc$, et la formule (1) prend la forme (4) $(x'^2 + y'^2 + z'^2)(a^2 x'^2 + b^2 y'^2 + c^2 z'^2) - (b^2 + c^2) a^2 x'^2 - (c^2 + a^2) b^2 y'^2 - (a^2 + b^2) c^2 z'^2 + a^2 b^2 c^2 = 0$. Le problème se réduit alors à trouver la surface dont le plan tangent est donné par l'équ (3), x', y', et z', étant les coordonnées d'un point M' faisant partie du lieu géométrique représenté par l'équation (4). Or des calculs.

qui ne peuvent trouver place ici, démontrent que tout plan (3), satisfaisant à cette condition, est toujours tangent au lieu géométrique (4) lui-même, en un certain point autre que M′; on aura donc la surface cherchée, en substituant x, y, z, à x', y', z', dans l'équation (4).

620. **Avant de discuter** cette équation, il importe d'indiquer l'utilité de la surface qu'elle représente, pour assigner les lois que suit la lumière en se réfractant dans une substance diaphane cristallisée. Nous admettrons pour cela que les directions des axes d'élasticité du milieu soient connues, et que les vitesses principales a, b, c, aient été déterminées en nombre, en prenant pour l'unité la vitesse de propagation dans le vide de l'espèce de lumière considérée; enfin nous supposerons que la surface (4) puisse être construite, ou simplement qu'il soit possible de déterminer, par des procédés graphiques, ceux de ses plans tangens qui passent par une ligne donnée. Soient AB une face plane quelconque du cristal, et LI un faisceau de lumière naturelle, de couleur homogène, tombant obliquement dans le plan d'incidence LIA sur la surface AB. Le mouvement de l'éther apporté par le faisceau incident LI, qui existe actuellement en I, se trouvera transmis au bout de l'unité de temps en un certain point R du milieu cristallisé; si ce point R était connu de position, la droite IR donnerait évidemment la direction du faisceau lumineux réfracté.

Pour déterminer ce point R, il faut remarquer que le mouvement de l'éther en I fait partie d'une onde plane IP, perpendiculaire au rayon incident IL, et que conséquemment le mouvement de l'éther en R doit se trouver sur cette même onde plane, lorsqu'après s'être réfractée en

Construction générale donnant les rayons réfractés.

Fig. 337.

partie, elle s'est propagée pendant un temps égal à l'unité.
Si dans l'angle PIA on inscrit une ligne TI, parallèle à IL,
et égale à l'unité de longueur, il est évident que la droite
menée par le point T normalement au plan AIL doit se
trouver sur l'onde plane réfractée qu'il s'agit de déterminer. Mais toutes les ondes planes passant actuellement en I
doivent se trouver, après l'unité de temps, tangentes à la
surface représentée par l'équation (4), en prenant pour
origine le point I, et pour axes coordonnés ceux d'élasticité dont les directions sont supposées connues. Le point R
cherché se trouvera donc sur le plan tangent à cette surface, mené par le point T normalement au plan d'incidence. Et il est facile de voir que R est le point de tan-
gence même : car le mouvement de l'éther, en I, fait partie
du mouvement le plus général possible, qui se propagerait
dans le milieu cristallisé, autour de ce point I considéré
comme centre d'ébranlement, en ondes ayant la forme de
la surface (4); le point R doit donc se trouver sur celle de
ces ondes qui possède les mouvemens de I au bout de l'u-
nité de temps.

Ainsi, ayant mené par le point I trois droites orthogonales parallèles aux axes d'élasticité du milieu, et construisant les lignes et les points qui puissent suffire pour
déterminer la surface de l'onde (4), on mènera, par la
normale en T au plan d'incidence, autant de plans tangens qu'il sera possible à cette surface, et les droites qui
joindront leurs points de contact au point I donneront autant de rayons réfractés correspondans au faisceau incident LI. Le degré de l'équation (4) indique que par une
droite donnée on peut mener en général quatre plans tangens à la surface qu'elle représente ; mais dans la position

actuelle de cette surface, deux de ces plans iraient la toucher au-dessus de AB, et sont évidemment étrangers à la question. La construction précédente donne donc en général deux rayons réfractés IR', IR'', pour un seul rayon incident IL.

621. Le mouvement de l'éther, propagé par chacun de ces rayons, a nécessairement lieu suivant une direction constante; car toute onde plane qui se propage d'un mouvement uniforme, dans un milieu cristallisé ayant trois axes d'élasticité inégaux, est totalement polarisée; et chaque molécule d'éther, située sur la surface de l'onde que représente l'équation (4), exécute ses vibrations suivant une direction unique qui varie d'un point à l'autre. On démontre que la direction du mouvement vibratoire, en un point de la surface de l'onde, est celle de la projection du rayon vecteur sur le plan tangent en ce point. D'après cela, si après avoir exécuté la construction précédente, on détermine les traces TS', TS'', sur le plan d'incidence, des plans tangens R'S'T, R''S''T, et qu'on abaisse les perpendiculaires IP', IP'', sur ces traces, les droites R'P' et R''P'' donneront les directions des mouvemens vibratoires respectivement transmis par les rayons réfractés IR' et IR''. Ainsi tout faisceau de lumière naturelle, en pénétrant dans un milieu cristallisé homogène, mais d'élasticité variable, doit s'y réfracter en deux faisceaux rayons donnant polarisés suivant des plans différens.

Les exceptions que comportent ces lois générales sont indiquées par la théorie, et vérifiées par l'observation. Il importe de ne pas confondre, dans les milieux hétérogens, la vitesse de propagation de l'onde plane avec celle du rayon lumineux, restant que la différence entre à cette

II.

onde plane touche la surface courbe des ondes. Dans la construction que nous venons de décrire, IR' et IR'' sont précisément les vitesses des deux rayons réfractés, mais celles des ondes planes correspondantes sont IP' et IP'', TP $=$ 1 représentant la vitesse du rayon incident. Il suit de là que dans les cristaux le mouvement vibratoire de l'éther, transmis par un rayon lumineux, est en général incliné sur la direction de ce rayon, et non toujours normal comme dans les milieux d'élasticité constante. Dans ce dernier cas, qui comprend les cristaux dont la forme primitive est un polyèdre régulier, et tous les corps diaphanes homogènes non cristallisés, les vitesses principales a,b,c, sont égales entre elles, la surface des ondes devient alors sphérique, toutes les ondes planes se propagent avec la même vitesse, et les rayons lumineux se confondent avec les normales aux ondes.

Cas des cristaux à un axe.

622. Lorsque deux des trois vitesses principales sont égales, $c = b$ par exemple, ou lorsque deux des trois axes d'élasticité sont identiques, l'équation (4), dont le premier membre devient décomposable en deux facteurs, prend la forme suivante : . . . .

$$(x^2 + y^2 + z^2 - b^2)\,[a^2 x^2 + b^2 (y^2 + z^2) - a^2 b^2] = 0\,;$$

la surface des ondes est donc l'ensemble d'une sphère de rayon b, et d'un ellipsoïde de révolution. C'est le cas des cristaux bi-réfringens à un seul axe, tels que le spath d'Islande et le quartz. L'axe de double réfraction est celui pour lequel la force élastique principale diffère de la grandeur commune aux deux autres. La construction générale est alors identiquement la même que celle d'Huyghens; or comme on l'a vu (§ 557), cette dernière résume toutes les propriétés optiques des cristaux à un axe; l'identité de ces deux constructions, dans le cas actuel, peut donc être regardée comme une vérification de la théorie de Fresnel. b est la vitesse constante de tout rayon ordinaire, et de toutes les ondes planes qui sont polarisées suivant des plans passant par l'axe de double réfraction, ou par l'axe de révolution de l'ellipsoïde, et qui sont toutes tangentes à la sphère de rayon b; a est la vitesse des ondes planes polarisées suivant un plan perpendiculaire à l'axe de double réfraction; $\frac{1}{b}$ et $\frac{1}{a}$ sont les indices des réfractions ordinaire et extraordinaire, etc.

623. Les lois optiques des cristaux à deux axes sont pareillement des conséquences nécessaires de la théorie de Fresnel. Les formules et les constructions précédentes conservent alors toute leur généralité; c'est-à-dire que les vitesses principales a, b, c, sont toutes inégales. Pour découvrir ces lois, il suffit de chercher la forme et les points singuliers de la surface de l'onde. L'équation de cette surface étant (5) $(x^2+y^2+z^2)(a^2x^2+b^2y^2+c^2z^2)-(b^2+c^2)a^2x^2-(c^2+a^2)b^2y^2-(a^2+b^2)c^2z^2+a^2b^2c^2=0$, ses trois sections principales, ou ses traces sur les plans co-ordonnés sont représentées par les groupes suivans :

$$x = 0 \;,\; (y^2+z^2-a^2)(b^2y^2+c^2z^2-b^2c^2)= 0;$$
$$y = 0 \;,\; (z^2+x^2-b^2)(c^2z^2+a^2x^2-c^2a^2)= 0;$$
$$z = 0 \;,\; (x^2+y^2-c^2)(a^2x^2+b^2y^2-a^2b^2)= 0.$$

Chacune de ces traces est l'ensemble d'un cercle et d'une ellipse. D'après le rapport de grandeur établi entre a, b, c, pour la première trace le cercle est totalement extérieur à l'ellipse; pour la troisième c'est au contraire l'ellipse qui enveloppe le cercle sans le toucher; mais pour la seconde

les deux courbes se coupent. Cette dernière section qui
est perpendiculaire à l'axe de moyenne élasticité est la plus
importante. Il résulte de la forme de ces sections principales, et de la construction générale décrite plus haut,
qu'un faisceau de lumière, tombant sur une face du cristal dans un plan d'incidence parallèle à l'une de ces sections, doit donner à la réfraction deux rayons qui se trouvent aussi dans le plan d'incidence, mais desquels l'un
suit la loi de Descartes et l'autre une loi plus compliquée.
C'est en effet ce que l'expérience vérifie.

Mesure des trois indices principaux. 624. Si donc on parvient à tailler dans la même substance, trois prismes dont les arêtes soient respectivement
parallèles aux trois axes d'élasticité, et que l'on mesure,
pour chacun de ces prismes, l'indice de réfraction correspondant à celui des rayons réfractés qui suit complétement
la loi de Descartes, pour un plan d'incidence perpendiculaire aux arêtes de ce prisme, les trois nombres obtenus

donneront les valeurs des fractions $\frac{1}{a}, \frac{1}{b}, \frac{1}{c}$, et par suite

a, b, c. La difficulté de ce moyen de mesure consiste dans
la détermination préalable des axes d'élasticité; mais les
propriétés optiques que nous énoncerons par la suite, et
les formes cristallines habituelles de la substance qu'on se
propose d'étudier, fournissent des indices certains qui fa-
cilitent cette détermination en diminuant les tâtonnemens
qu'elle exige.

Ce procédé a été appliqué par M. Rudberg, à l'arragonite et à la topaze incolore. Ce physicien a mesuré les
trois indices de réfraction correspondans à ces substances,
pour les sept raies principales du spectre, ou les couleurs
qui les avoisinent. Voici le résultat de ses observations.

ARRAGONITE.			
Raie.	$\frac{1}{a}$	$\frac{1}{b}$	$\frac{1}{c}$
B........	1,52749	1,67631	1,68061
C........	1,52820	1,67779	1,68203
D........	1,53013	1,68157	1,68589
E........	1,53264	1,68634	1,69084
F........	1,53479	1,69053	1,69515
G........	1,53882	1,69836	1,70318
H........	1,54226	1,70509	1,71011

TOPAZE INCOLORE.			
Raie.	$\frac{1}{a}$	$\frac{1}{a}$	$\frac{1}{c}$
B........	1,60840	1,61049	1,61791
C........	1,60935	1,61144	1,61880
D........	1,61161	1,61375	1,62109
E........	1,61462	1,61668	1,62408
F........	1,61701	1,61914	1,62652
G........	1,62154	1,62365	1,63123
H........	1,62539	1,62745	1,63506

625. Lorsque le faisceau incident tombe normalement sur une face du cristal bi-réfringent, taillée parallèlement à deux des axes d'élasticité, la construction générale et la forme connue des sections principales de la surface des

Cas de l'incidence normale.

ondes, indiquent que les deux rayons réfractés correspondans ont pour direction commune la normale à la face du cristal, ou qu'ils sont situés tous les deux sur le prolongement du faisceau incident. Mais ils diffèrent alors, non-seulement par leurs plans de polarisation qui forment un angle droit, mais encore par leurs vitesses qui sont très différentes. Si le rayon incident normal est parallèle à l'axe OX, ou OY, ou OZ, ces vitesses sont b et c, ou c et a, ou a et b. Dans chacun de ces trois cas les vitesses des deux rayons réfractés sont identiques avec celles des ondes planes correspondantes.

Si la face du cristal sur laquelle la lumière tombe sous l'incidence normale, n'est perpendiculaire à aucun des trois axes d'élasticité, les ondes planes réfractées restent encore parallèles à cette face; mais les rayons réfractés s'éloignent tous les deux de la normale, dans des directions différentes. Pour ce cas de l'incidence normale, la construction générale se réduit à la suivante. Par le point I où le faisceau incident rencontre la face du cristal, on mène trois droites parallèles aux axes d'élasticité; on construit sur ces axes la surface des ondes (5) ; puis on mène à cette surface des plans tangens parallèles à la face du cristal ; les droites qui joignent leurs points de contact avec le point I, donnent les directions et les vitesses d'autant de rayons réfractés. En général cette construction donne deux plans tangens, et par suite deux rayons réfractés.

626. Mais il existe deux directions particulières de la face d'incidence, pour chacune desquelles on ne trouve qu'un seul plan parallèle, tangent à la surface de l'onde, mais en même temps un nombre infini de points de contact, et par suite, une infinité de rayons réfractés. Cette

circonstance, signalée par M. Hamilton, comme une conséquence nécessaire de l'équation de la surface de l'onde
trouvée par Fresnel, conduit à des propriétés optiques
singulières, dont M. Lloyd a constaté la réalité. La section
de la surface de l'onde perpendiculaire à l'axe de moyenne
élasticité se compose, comme on l'a vu plus haut, d'un
cercle et d'une ellipse concentriques, mais qui se coupent
en quatre points. Il suit de là qu'on peut mener quatre
tangentes communes à ces deux courbes, qui étant parallèles deux à deux, forment un parallélogramme. Un plan
P perpendiculaire à la section principale dont il s'agit, et
passant par une de ces tangentes communes MN, touche
nécessairement la surface de l'onde aux deux points de
contact E et C de cette tangente; or l'analyse démontre
que ce plan touche encore la même surface en une infinité
d'autres points, tous situés sur un cercle dont le diamètre
est EC, et dont le plan est parallèle à l'axe moyen d'élasticité; ces points sont tous inégalement distans de l'origine
ou du centre de l'onde.

Si la théorie de Fresnel est exacte, ou si la construction
qui s'en déduit est applicable en toute circonstance, voici
ce qui doit arriver : Le cristal étant taillé de manière à
présenter deux faces parallèles au plan P, lorsqu'on fera
tomber un rayon lumineux normalement à l'une des faces,
il devra donner à la réfraction une infinité de rayons situés sur la surface d'un cône oblique, et ayant tous des
vitesses et des plans de polarisation différens. A l'émergence
ces rayons reprendront des directions parallèles, et formeront un tube cylindrique lumineux; en sorte que le
faisceau émergent devra projeter une image annulaire
sur un écran perpendiculaire à sa direction, et dont la

Fig. 339.

grandeur ne variera pas avec la distance à l'écran. Ces conséquences ont été complétement vérifiées par M. Lloyd.

627. Les tangentes communes MN, M'N', étant parallèles entre elles, ainsi que les deux autres MN' et M'N, il n'existe que deux directions du plan P, qui puissent produire le phénomène décrit. Les normales à ces plans, ou les directions des rayons normaux incidens qui donnent un tube conique lumineux à la réfraction, sont deux lignes remarquables dans un cristal ayant trois axes d'élasticité distincts; nous les désignerons sous le nom d'*axes de réfraction conique*. Ils sont tous les deux situés dans la section principale de la surface de l'onde, et font avec l'axe de plus grande élasticité, de part et d'autre de cet axe, un même angle, moitié de celui qu'ils comprennent, et dont la tangente est $\dfrac{\sqrt{b^2 - c^2}}{\sqrt{a^2 - b^2}}$. Leur position est donc facile à trouver lorsqu'on connaît les directions des axes d'élasticité, et les nombres a, b, c.

Il n'est pas indispensable que la face du cristal soit normale à l'un de ces axes pour produire le phénomène de la réfraction conique. Il suffit, par exemple, que cette face soit parallèle à l'axe de moyenne élasticité; si sa position est d'ailleurs connue par rapport aux deux autres axes, il sera facile de calculer l'angle sous lequel il faut recevoir la lumière, dans le plan perpendiculaire à l'axe moyen, pour que l'onde plane réfractée soit une de celles qui touchent la surface courbe de l'onde suivant toute l'étendue d'un petit cercle. Le faisceau incident, disposé de cette manière, se réfractera en tube conique dans l'intérieur du cristal, et donnera un tube cylindrique lumineux à l'é-

mergence. C'est par ce procédé que M. Lloyd a constaté
le phénomène dont il s'agit.

628. Considérons encore le cas général où la face du
cristal, sur laquelle on reçoit un rayon incident normal,
n'est perpendiculaire à aucun des deux axes de réfraction
conique. Il y a alors deux ondes planes réfractées, parallèles à la face du cristal et ayant des vitesses différentes
w_1, w_2, dont l'analyse donne les valeurs. Si l'on désigne
par η et η', les angles que fait avec les deux axes de réfraction conique la normale à la face d'incidence, on trouve
$2w^2 = (a^2 + c^2) - (a^2 - c^2) \cos(\eta - \eta')$, $2w_2^2 =$
$(a^2 + c^2) - (a^2 - c^2) \cos(\eta + \eta')$. D'où l'on conclut cette
relation très simple $w_2^2 - w_1^2 = (a^2 - c^2) \sin \eta \sin \eta'$.
C'est-à-dire que la différence des carrés des vitesses des
deux ondes planes réfractées, est toujours proportionnelle
au produit des sinus des angles que le faisceau incident
normal fait avec les deux axes de réfraction conique.

629. Cette loi remarquable, et les valeurs séparées de w_1
et w_2, peuvent être vérifiées par un procédé dont Fresnel
s'est souvent servi, dans toutes ses recherches sur la double réfraction. L'appareil principal est celui qui sert à
produire le phénomène de la diffraction dans le cas de
deux fentes très étroites; il convient de placer entre la
lame opaque et le foyer lumineux un verre coloré qui ne
laisse arriver aux fentes qu'une lumière sensiblement homogène; le système de franges, projeté dans l'ombre de
l'intervalle des fentes, est observé au moyen d'une loupe
fixe, et la largeur sensiblement constante d'une de ces
franges doit avoir été mesurée avec soin à l'aide du micromètre de Fresnel; la bande brillante centrale est en quelque sorte l'index de l'instrument. Le cristal bi-réfringent

Vitesses
des ondes
planes réfrac-
tées sous
l'incidence
normale.

Mesure
des vitesses
des ondes
planes.

qu'on se propose d'étudier doit présenter deux faces parallèles, soit naturelles, soit taillées; on le place sur la
lame opaque et du côté de la source, de manière à ne
masquer qu'une des fentes de l'appareil; quant à l'autre
fente, on la recouvre, s'il est nécessaire, d'une lame de
verre à glace d'épaisseur convenable.

Dans ces circonstances la lumière qui tombe perpendiculairement sur le cristal, s'y réfracte en faisceaux inclinés
sur la normale, mais qui émergent parallèlement à la première direction pour venir éclairer la première fente; c'est
alors comme si ces faisceaux n'avaient pas subi de déviation dans l'intérieur du cristal; en sorte que les retards
qu'ils y auront éprouvés, et qui doivent être indiqués par
les déplacemens de l'index, seront ceux des deux ondes
planes parallèles aux faces du cristal. Quant à la lumière
qui éclaire la seconde fente, elle a éprouvé dans la lame
de verre un retard que l'on déduit facilement, par le calcul, de l'épaisseur et du pouvoir réfringent connu de cette
lame. On remarque alors, au foyer de la loupe fixe, deux
systèmes de franges dus à l'interférence de la lumière qui
a traversé le verre, et des deux lumières de phases différentes venant du cristal.

L'observation se réduit à mesurer au micromètre les
écarts des bandes centrales dans ces deux systèmes de
franges, relativement à la bande centrale du système
unique, qui existe quand les deux fentes sont découvertes.
Les nombres de largeurs de franges contenues dans ces
écarts, donnent les différences des nombres de longueurs
d'ondulation que les ondes planes correspondantes ont parcourues dans le verre et dans le cristal. L'épaisseur et le
pouvoir réfringent de la lame de verre étant connus, l'é-

paisseur du cristal ayant été mesurée, il est facile de conclure de ces différences les rapports des vitesses des deux ondes planes, dans le milieu bi-réfringent, à la vitesse de la lumière employée, dans le verre, et par suite les rapports w_1, w_2, de ces vitesses, à celle de la même espèce de lumière dans le vide. Enfin les grandeurs des vitesses principales a et c, les positions des axes d'élasticité du cristal par rapport à ses faces, et par suite les directions des axes de réfraction conique, ayant été déterminées d'avance, on a tous les élémens nécessaires pour éprouver l'exactitude des formules du paragraphe précédent. Les nombreuses vérifications de cette nature, que Fresnel a entreprises, ont toutes réussi; ainsi les vitesses des ondes planes lumineuses, dans les milieux bi-réfringens, suivent réellement les lois indiquées par la théorie.

630. Les lois dont il s'agit ne se rapportent qu'aux vitesses de deux ondes planes parallèles et différentes, dans l'intérieur d'un cristal bi-réfringent. Il existe des relations analogues entre les vitesses des deux rayons lumineux qui ont une direction commune, dans le même milieu. Soient α, β, γ, les cosinus des angles que cette direction commune fait avec les trois axes d'élasticité, et V la vitesse d'un des rayons, ou la distance qui sépare de l'origine le point où la surface de l'onde est rencontrée par ce rayon; on aura $x = \alpha V$, $y = \beta V$, $z = \gamma V$, et l'équation (5) devient :

$$V^4(a^2\alpha^2+b^2\beta^2+c^2\gamma^2)-\left((b^2+c^2)a^2\alpha^2+(c^2+a^2)b^2\beta^2+(a^2+b^2)c^2\gamma^2\right)V^2+a^2b^2c^2=0$$

et a pour racines les carrés des deux vitesses V_1 et V_2, des deux rayons qui suivent la direction proposée.

631. Ces deux vitesses deviennent égales pour deux directions particulières, auxquelles on donne le nom d'*axes*

Vitesses
des rayons
lumineux

Axes
optiques des
cristaux.

optiques du cristal, et qu'il ne faut pas confondre avec les axes de réfraction conique, dont ils diffèrent essentiellement par leurs propriétés, bien qu'ils en soient très voisins dans tous les cristaux connus. Ces axes optiques sont précisément les droites qui joignent en diagonale les quatre points d'intersection du cercle et de l'ellipse, dans la section de la surface de l'onde faite perpendiculairement à l'axe moyen. Ils sont donc situés, comme les axes de réfraction conique, dans le plan de cette section; mais ils font avec l'axe de plus grande élasticité, encore de part et d'autre de cet axe, un même angle, moitié de celui qu'ils comprennent, et dont la tangente est $\dfrac{a\sqrt{b^2-c^2}}{c\sqrt{a^2-b^2}}$.

Relation entre les vitesses des rayons de même direction. 632. En général les vitesses V_1 et V_2 des deux rayons qui parcourent une même direction, dans un milieu bi-réfringent, diffèrent l'une de l'autre; et si l'on désigne par u et u' les angles que cette direction commune fait avec les deux axes optiques, on trouve facilement la relation suivante : $\dfrac{1}{V_2^2} - \dfrac{1}{V_1^2} = \left(\dfrac{1}{c^2} - \dfrac{1}{a^2}\right) \sin u \sin u'$. Ainsi la différence des carrés des fractions ayant pour numérateur l'unité, et pour dénominateurs les vitesses des deux rayons lumineux de même direction, est toujours proportionnelle au produit des sinus des angles que cette direction commune fait avec les deux axes optiques; et de plus, le quotient de cette différence par ce produit de sinus, est égal à la différence des carrés des indices de moindre et de plus grande réfraction, mesurés suivant les trois sections principales. Cette loi, énoncée dans le langage de la théorie de l'émission, est connue depuis long-temps ; découverte par M. Biot, elle était considérée comme résumant les propriétés optiques des cristaux à deux axes, déduites de l'observation; c'est donc une nouvelle conséquence très générale de la théorie de Fresnel, que l'expérience vérifie complétement.

633. Les axes optiques sont, dans le milieu bi-réfringent, les deux seules directions où les deux rayons lumineux qui leur correspondent aient la même vitesse. Avant que Fresnel eût donné sa théorie, et que M. Hamilton eût étudié de plus près les propriétés de la surface des ondes, on admettait, et même on croyait vérifier par l'expérience, qu'un rayon normal incident, parallèle à l'un des axes optiques, pénétrait aussi normalement dans le cristal sans se diviser, ou que toute la lumière réfractée se propageait avec une vitesse unique suivant cet axe; et c'est de là qu'est venue la dénomination de cristaux à deux axes. Pour qu'il en fût ainsi, il faudrait, d'après la construction générale, que la surface de l'onde n'eût qu'un seul plan tangent, en chacun des quatre points d'intersection du cercle et de l'ellipse, formant la section normale à l'axe de moyenne élasticité, et que de plus ce plan fût perpendiculaire à l'axe optique qui aboutit en ce point.

Or M. Hamilton a démontré par l'analyse que les quatre points dont il s'agit sont des *ombilics*; c'est-à-dire qu'il existe pour chacun d'eux une infinité de plans tangens à la surface de l'onde, dont les traces sur la section principale, qui comprend ces quatre points singuliers, varient de position entre les tangentes au cercle et à l'ellipse, et parmi lesquels un seul est normal à l'axe optique correspondant. Il suit de cette conséquence théorique qu'une infinité de rayons incidens, formant une certaine surface conique, peuvent fournir de la lumière réfractée suivant la direction d'un des axes optiques; et que réciproquement la lumière

Phénomène produit par la lumière qui parcourt un axe optique.

qui a parcouru ce milieu dans la direction d'un axe optique peut donner un tube conique de rayons émergens.

M. Lloyd a constaté l'existence de ce phénomène. Il s'est servi à cet effet d'un cristal d'arragonite taillé suivant deux faces parallèles entre elles, et perpendiculaires à l'axe de plus grande élasticité. Le plan d'incidence, parallèle au plus petit axe, contenait alors les deux axes optiques, dont le calcul indiquait les positions. M. Lloyd plaça au-dessus du cristal une lentille, dont l'axe était situé dans ce plan d'incidence, et qui, recevant un faisceau de rayons parallèles, les faisait converger vers un des points d'une face du cristal, dans une position telle que le rayon lumineux, non dévié par la lentille, se réfractât suivant un des axes optiques. Une plaque opaque percée d'un très petit trou, masquait l'autre face, dans une position telle que la droite allant du foyer de la lentille au trou de la plaque fût exactement parallèle à l'axe optique. Par cette disposition, la lumière tombait sur le cristal suivant un faisceau conique qui devait fournir une infinité de rayons, polarisés suivant des plans différens, parcourant tous l'axe optique ; et l'œil placé immédiatement derrière le trou de la plaque ne recevait que ces rayons à leur émergence.

Si la conséquence théorique signalée par M. Hamilton était vérifiable, l'œil devait apercevoir un anneau lumineux, entourant un espace obscur ; or c'est effectivement le phénomène qui fut observé par M. Lloyd. Il reconnut ensuite que le moindre déplacement de la plaque changeait cette apparence singulière, qui se transformait rapidement en deux points brillans, correspondans aux deux rayons réfractés dans les cas ordinaires. Ayant répété cette expérience dans une chambre suffisamment obscure, mais recevant la lumière émergente sur un écran, M. Lloyd constata que l'image projetée était un anneau brillant, dont la grandeur augmentait avec la distance au cristal.

Ce phénomène d'un faisceau lumineux, émergeant en tube conique creux, et celui du tube cylindrique dans lequel se transforme à la sortie du cristal le faisceau conique réfracté intérieurement (§ 626), sont sans contredit les propriétés optiques les plus extraordinaires des cristaux à deux axes. Tant qu'ils n'étaient indiqués que par le calcul, on pouvait nier leur existence, comme incroyable et inadmissible, regarder comme fausse une théorie qui conduisait à de si singulières conséquences, et enfin renverser l'hypothèse des ondes lumineuses dont cette théorie est une déduction nécessaire. Mais ces phénomènes, qui avaient échappé à la sagacité de Fresnel, étant complétement vérifiés, la théorie de la double réfraction qui les a fait découvrir paraît maintenant à l'abri de toute objection ; et l'idée des ondes lumineuses, ou celle du fluide éthéré, acquiert ainsi un degré de probabilité que n'a pu atteindre encore aucune des autres hypothèses, imaginées par les physiciens pour expliquer les phénomènes de la nature.

634. On doit conclure de la découverte de M. Hamilton, constatée par l'expérience, que les extrémités des axes optiques d'un cristal sont réellement des points singuliers, où la surface de l'onde a une infinité de plans tangens, et que conséquemment il n'existe aucun rayon incident, qui puisse ne donner à la réfraction qu'un seul rayon de vitesse unique dans l'intérieur du milieu. Par exemple, considérons uniquement la marche de la lumière dans un plan d'incidence perpendiculaire à l'axe de moyenne élasticité. Tout rayon lumineux venant dans ce plan, donne tou-

Fausseté de l'ancienne définition des axes optiques.

jours deux rayons réfractés de vitesses différentes, l'un qui suit la loi de Descartes et que l'on peut appeler le rayon ordinaire, l'autre pareillement situé dans le plan d'incidence, mais pour lequel l'indice de réfraction est variable, et qu'on peut appeler alors rayon extraordinaire.

Pour les trouver on peut appliquer la construction générale, ainsi qu'il suit. AB étant la face du cristal, LI le rayon incident, AIL le plan d'incidence perpendiculaire à l'axe de moyenne élasticité, on mène dans ce plan par le point I deux droites IX, IZ, parallèles aux deux autres axes d'élasticité; du point I comme centre on décrit un cercle de rayon b; on construit une ellipse ayant pour demi-axes, a sur IZ, et c sur IX; cette ellipse coupe le cercle aux points P,Q, P',Q'; PP' et QQ' sont les deux axes optiques du cristal; ayant ensuite déterminé le point T par la méthode ordinaire, on mène par ce point deux tangentes TO, TE, l'une au cercle, l'autre à l'ellipse; les droites TO, IE, sont alors, la première le rayon réfracté ordinaire, la seconde le rayon réfracté extraordinaire correspondant au rayon incident LI.

Il suit évidemment de cette construction que si l'un des rayons réfractés se confond avec un des axes optiques, l'autre en sera nécessairement séparé; car si la tangente au cercle ou à l'ellipse menée par le point T aboutit en P, la tangente à l'ellipse ou au cercle menée par le même point ne saurait prendre la même direction, sans quoi les deux courbes se toucheraient en P, ce qui n'est pas. Cette séparation constante des deux rayons réfractés existe même lorsque la face AB est perpendiculaire à un axe optique, et que le rayon incident est normal; car les deux rayons réfractés se déterminent alors en menant au cercle et à l'ellipse deux tangentes parallèles à cette face, qui sont évidemment différentes.

Il n'y a réellement que les rayons incidens normaux, parallèles aux trois axes d'élasticité, qui ne dévient ni ne se bifurquent à leur entrée dans le cristal ; mais alors quoique ayant une direction commune leurs vitesses diffèrent beaucoup. Ainsi la définition que l'on donnait des axes optiques, comme un résultat de l'expérience, est totalement inexacte. Cette erreur est d'ailleurs facile à expliquer : les axes optiques sont très voisins, dans les cristaux connus, des axes de réfraction conique, et les cristaux éprouvés ont toujours une petite épaisseur ; on confondait ces axes différens, et l'on considérait le tube cylindrique lumineux, dans lequel se transforme à sa sortie le faisceau conique réfracté intérieurement, comme un rayon unique.

635. La propriété caractéristique des axes optiques, celle qui peut servir à leur définition exacte, c'est de pouvoir être parcourus, avec la même vitesse, par des rayons polarisés suivant une infinité de plans différens. En effet, pour tout autre point de la surface de l'onde que les extrémités de ces axes, il n'existe qu'un seul plan tangent, et par conséquent qu'une seule direction du mouvement vibratoire qui puisse l'atteindre, laquelle est celle de la droite allant de ce point au pied de la perpendiculaire abaissée du centre de la surface sur le plan tangent. Ainsi les deux rayons qui parcourent une même direction quelconque, et qui ont deux vitesses différentes, sont nécessairement polarisés suivant deux plans déterminés ; et tous les rayons polarisés dans des plans autres que ceux-là, sont totalement incapables de suivre la même direction.

Définition
exacte
des axes
optiques.

II.   26

Les points de la surface de l'onde, situés sur les axes d'élasticité, ne font pas exception à cette loi générale : la direction du mouvement vibratoire, correspondant à l'un de ces points, ne peut pas être déterminée par la construction graphique qui vient d'être indiquée, car pour ce point la perpendiculaire abaissée du centre sur le plan tangent se confond avec le rayon ; mais le calcul fait disparaître cette indétermination, et conduit à une direction unique du mouvement vibratoire, laquelle est parallèle à l'un des axes d'élasticité. A l'extrémité d'un des axes optiques, il y a au contraire un nombre infini de plans tangens, par suite une infinité de mouvemens vibratoires qui peuvent l'atteindre, et dont les directions s'obtiendraient en joignant cette extrémité, avec les pieds des perpendiculaires abaissées du centre de l'onde sur tous les plans tangens.

Variation des axes optiques pour les différentes couleurs.

636. Les trois indices de réfraction principaux mesurés par M. Rudberg, sur l'arragonite et la topaze incolore, pour les sept raies principales du spectre solaire ($\S$ 624), indiquent que pour une même substance bi-réfringente les rapports de ces indices, ou ceux des vitesses principales $a, b, c,$ diffèrent sensiblement d'une raie à l'autre. Il suit de là que les axes optiques, et ceux de réfraction conique, varient réellement dans le même cristal, pour les différentes couleurs. Cette variation, qui s'explique comme la dispersion, a été reconnue pour la première fois par M. Herschel, dans un phénomène dont nous parlerons plus tard.

TRENTE-NEUVIÈME LEÇON.

Théorie de la polarisation par réflexion. — Lois de la réflexion de la lumière polarisée, suivant le plan d'incidence, dans un plan perpendiculaire, dans un plan quelconque. — Changement du plan de polarisation dû à la réflexion. — Lois de la polarisation partielle par réflexion, par réfraction. — Dépolarisation produite par la réflexion totale. —Théorie de la polarisation circulaire. — Rotation des plans de polarisation et phénomènes de coloration produits par le quartz, par différens liquides.

---

637. Après avoir conclu, de la non-interférence des rayons polarisés à angle droit, et de ses recherches sur la double réfraction, la définition exacte de la lumière polarisée dans le système des ondulations, Fresnel découvrit des formules qui donnent le rapport de l'intensité de la lumière réfléchie à celle de la lumière incidente, atteignant, sous un angle quelconque, la surface de séparation de deux milieux diaphanes; et qui expliquent, en outre, toutes les modifications que la lumière éprouve par la réflexion et par la réfraction dans les corps homogènes non cristallisés. La démonstration de ces formules suppose, il est vrai, plusieurs propriétés mécaniques, dans la propagation de l'espèce de mouvement vibratoire auquel on doit attribuer la lumière, qui ne sont pas démontrées. Mais ces propriétés sont déjà très probables en elles-mêmes; d'ailleurs les

Théorie
de la
polarisation
par
réflexion.

vérifications nombreuses, que les formules déduites ont subies, ne permettent pas de douter de leur exactitude; en sorte que ces vérifications peuvent être considérées comme prouvant, *à posteriori*, la vérité des principes d'où découlent les formules dont il s'agit. Voici les raisonnemens qui ont conduit à leur découverte.

Nous supposons qu'une lumière homogène, venant d'une source éloignée dans le vide ou dans l'air, atteigne, par des ondes planes inclinées, la surface d'un corps diaphane, solide ou liquide, tel que le verre ou l'eau. Comme il s'agit de substances non cristallisées, nous admettrons, avec Fresnel, que dans les deux milieux l'éther possède la même élasticité, et que sa densité seule diffère. Soient AB le plan horizontal qui sépare les deux milieux ; LA, IB, deux rayons incidens parallèles faisant un angle i avec la verticale ; Fig. 341. AL′, BI′, les deux rayons réfractés correspondans, faisant un angle i' avec la normale à AB ; enfin, AE, BR, les deux rayons réfléchis. Si l'on abaisse les perpendiculaires BF sur AL, AP′ sur BI′, AQ sur BR, ces perpendiculaires seront situées, la première sur l'onde incidente en B, et les deux autres sur les deux ondes réfléchie et réfractée en A ; le plan de la figure est pris vertical et parallèle aux rayons incidens. Il s'agit de déterminer les rapports d'intensité des mouvemens vibratoires transmis suivant les directions IB, BR et BI′. Un rayon de lumière naturelle pouvant toujours se décomposer en deux rayons d'égale intensité, l'un polarisé suivant le plan d'incidence, et l'autre perpendiculairement à ce plan, il est nécessaire de considérer séparément ces deux espèces de lumière, qui doivent se conduire très différemment dans l'acte de la réflexion.

638. Considérons d'abord le cas où les rayons LA, IB sont polarisés suivant le plan d'incidence; le mouvement vibratoire transmis s'exécutera conséquemment suivant une direction parallèle à la surface AB, ou horizontale, mais perpendiculaire au plan de la figure. A la surface de séparation, par exemple en A ou B, la vitesse de vibration apportée par l'onde incidente, peut être représentée par une expression de la forme $\sin 2\pi \left(\dfrac{t}{\tau} - \dfrac{\varphi}{l} \right)$; lors du passage d'un milieu dans l'autre, cette vitesse de vibration se transforme en deux autres : l'une $\nu \sin 2\pi \left(\dfrac{t}{\tau} - \dfrac{\varphi}{l} \right)$ se transmet par réflexion dans le premier milieu, suivant BR ou AE, et l'autre $u \sin 2\pi \left(\dfrac{t}{\tau} - \dfrac{\varphi'}{l'} \right)$ par réfraction dans le second, suivant BI' ou AL'; l et l' sont les longueurs d'ondulation de la lumière homogène considérée, dans les deux milieux; les phases φ et φ' sont entre elles comme l et l'; ν et u sont des coefficiens encore inconnus; le second est toujours positif; le premier doit être négatif dans le cas actuel, où la lumière vient de l'air pour se réfléchir à la surface d'un milieu plus réfringent, mais nous laisserons son signe indéterminé, et l'analyse suivante devra l'indiquer.

Les ondes réfléchies et réfractées étant planes comme celles incidentes, les coefficiens ν et u n'éprouveront aucune diminution lors de la propagation de ces ondes, et pourront servir à comparer l'intensité des lumières incidente, réfléchie et réfractée, à toute distance de la surface AB. Et, par exemple, d'après les expressions précédentes, l'intensité de la lumière incidente étant prise pour l'unité, le carré ν^2 sera l'intensité de la lumière réfléchie, puisque cette dernière se propage dans le même milieu que la première.

Concevons deux files de molécules d'éther, F et F', situées sur deux droites perpendiculaires au plan d'incidence, l'une immédiatement au-dessus de B et dans le premier milieu, l'autre dans le second et tout près du même point. Ces deux files oscilleront dans le sens de leur longueur, pour ainsi dire de toutes pièces, car les molécules qui composent chacune d'elles, recevant à chaque instant les mêmes impulsions, ne changeront pas de positions relatives ; les vitesses et les amplitudes de ces oscillations seront donc les mêmes que celles des vibrations des molécules, et représentées par les mêmes formules. La file F' sera toujours en retard d'une petite partie de son oscillation sur celle de la file F, car le mouvement vibratoire se propage de F en F'. Mais ce retard ne saurait être d'un ordre de grandeur plus élevé que celui existant entre deux files analogues, se succédant dans le même milieu ; sans quoi les forces élastiques développées seraient beaucoup plus intenses près de la surface de séparation, qu'à une distance sensible de cette surface, en-dessus ou au-dessous ; ce qu'il n'est pas permis d'admettre. D'ailleurs, si les amplitudes des vibrations des deux files F' et F différaient d'une fraction sensible de leur propre grandeur, ces deux files se trouveraient, vers la fin de l'une de leurs oscillations, dans une relation de position incomparablement plus éloignée de celle de leur équilibre, que deux files successives du même milieu, dont les vibrations ont la même amplitude.

On est donc conduit à admettre que les oscillations de F et F' sont de même longueur, ou que les coefficiens de leurs vitesses de vibration sont égaux. Or, toute molécule de F,

obéissant à la fois au mouvement vibratoire apporté par
l'onde directe, et à celui de l'onde réfléchie, qui peuvent
être considérées comme ayant la même phase, à cause de
la petite distance supposée de F à AB, le coefficient de sa
vitesse de vibration est ($1 + \nu$). Toute molécule de F'
n'obéissant qu'au mouvement transmis par l'onde réfractée,
le coefficient de sa vitesse de vibration est u. On a donc
(1) $1 + \nu = u$, pour une première relation entre u et ν.

Pour obtenir une seconde relation, on admet que la
somme des forces vives, transmises par les ondes réfléchies
et réfractées, doit être égale à celle apportée par les ondes
incidentes. Soient Δ et Δ' les densités de l'éther dans les
deux milieux. Concevons dans le système d'ondes incidentes
un prisme rectangulaire P, dont la hauteur suivant BI soit
égale à la longueur d'ondulation l, dont la base ait pour
dimensions la perpendiculaire BP, et une ligne égale à
l'unité, normale au plan de la figure. Il est évident que la
somme des forces vives que possèdent toutes les molécules
d'éther contenues dans P, à une certaine époque, se trouveront, quelques instants après, réparties entre les molécules comprises dans deux autres prismes rectangulaires : le
premier Q dans le système des ondes réfléchies, de hauteur
l suivant AE, ayant pour dimensions de sa base la perpendiculaire AQ et l'unité ; le second P' dans le système des
ondes réfractées, de hauteur l' suivant AL', ayant pour
côtés de sa base la perpendiculaire AP' et encore l'unité.

Il est facile de voir que la somme des forces vives possédées par le prisme d'éther P est proportionnelle à sa masse
$\Delta.l.\overline{\text{BP}}$, multipliée par le carré du coefficient des vitesses
de vibration transmises par les ondes incidentes ; les forces
vives de Q et P' sont pareillement proportionnelles aux

produits $\Delta.l'.\overline{AQ}.v^2$, $\Delta'.l'.\overline{AP'}.u^2$. Mais on a $\overline{AQ} = \overline{BP} = \overline{AB}\cos i$, $\overline{AP'} = \overline{AB}\cos i'$, et d'après l'explication de la réfraction dans le système des ondes $l : l' = \sin i : \sin i'$; les forces vives de P, Q et P', sont donc entre elles comme les produits $\Delta\cos i\sin i$, $\Delta v^2\cos i\sin i$, $\Delta'u^2\cos i'\sin i'$; et le principe posé établit la relation : $\Delta(1 - v^2)\cos i\sin i = \Delta'u^2\cos i'\sin i'$. Pour éliminer le rapport des densités Δ et Δ', on doit observer que les carrés des vitesses avec lesquelles se propage la même espèce de lumière dans les deux milieux, sont respectivement égales aux fractions $\dfrac{e}{\Delta}$, $\dfrac{e}{\Delta'}$; e représentant l'élasticité de l'éther supposée constante; et comme ces vitesses de propagation sont en outre dans le rapport direct des longueurs d'ondulation, ou des sinus des angles i et i', on a la proportion $\sin^2 i : \sin^2 i' = \dfrac{1}{\Delta} : \dfrac{1}{\Delta'}$; d'où $\Delta : \Delta' = \sin^2 i' : \sin^2 i$. La relation précédente devient alors : (2) $(1 - v^2)\cos i\sin i' = u^2\cos i'\sin i$.

L'élimination de u entre les deux équations trouvées donne (3) $v = -\dfrac{\sin(i - i')}{\sin(i + i')}$. Dans le cas supposé du passage de la lumière, de l'air dans un liquide ou un solide, i est plus grand que i', et le coefficient v est négatif; l'inverse a lieu lorsque le premier milieu est plus réfringent que le second, on a alors $i' > i$, et v est positif; ces différences de signes étaient prévues ($\S$ 593). L'intensité de la lumière incidente, polarisée suivant le plan de réflexion, étant prise pour l'unité, celle de la lumière réfléchie sera donc représentée par v^2 ou $\dfrac{\sin^2(i - i')}{\sin^2(i + i')}$. Si l'on désigne par u

l'indice de réfraction, on peut facilement éliminer l'angle i' dans la fraction précédente, au moyen de la formule $\sin i' = \dfrac{1}{n}\sin i$; cette fraction devient alors $\left(\dfrac{\sqrt{n^2-\sin^2 i}-\cos i}{\sqrt{n^2-\sin^2 i}+\cos i}\right)^2$.

Elle n'est nulle pour aucune valeur de l'angle i comprise entre $0°$ et $90°$; elle atteint son minimum à la première limite et se réduit à $\left(\dfrac{n-1}{n+1}\right)^2$; son maximum a lieu au contraire lorsque $i = 90°$, et sa valeur devient l'unité. Ainsi la proportion de lumière réfléchie doit croître d'une manière continue, depuis l'incidence perpendiculaire jusqu'à celle parallèle à la surface.

639. Considérons maintenant le cas où la lumière incidente est polarisée perpendiculairement au plan de réflexion, le mouvement vibratoire transmis s'exécutera conséquemment dans le plan de la figure, suivant la direction BP pour la lumière incidente, parallèlement aux lignes AQ et AP′ pour les ondes réfléchies et réfractées. Soient 1, v' et u', les coefficiens des vitesses de vibration dans ces trois systèmes d'ondes. L'équation déduite du principe de la conservation des forces vives dans le cas précédent, a lieu quelle que soit la direction du mouvement vibratoire; on a donc entre v' et u' la relation : $(4)\ (1-v'^2)\cos i \sin i' = u'^2 \cos i' \sin i$. Les raisonnemens qui ont conduit à l'équation (1) font voir, de la même manière, que dans le cas actuel les composantes des vitesses de vibration totales, prises parallèlement à la surface de séparation AB, doivent être égales dans les deux milieux; d'où il suit qu'en multipliant $(1+v')$ par le cosinus de l'angle $i = \mathrm{PBA} = \mathrm{QAB}$, et u' par celui de l'angle $i' = \mathrm{P'AB}$,

Réflexion de la lumière polarisée normalement au plan d'incidence.

les deux produits doivent être égaux. Ce qui donne pour seconde relation (5) $(1 + v') \cos i = u' \cos i'$.

L'élimination de u' entre les équations (4) et (5) donne $v' = \dfrac{\sin i' \cos i' - \sin i \cos i}{\sin i' \cos i' + \sin i \cos i}$, ou par une transformation facile à faire (6) $v' = - \dfrac{\tang (i - i')}{\tang (i + i')}$. Cette valeur du coefficient v' est encore négative quand le second milieu est le plus réfringent, positive quand c'est le premier. L'intensité de la lumière incidente, polarisée normalement au plan de réflexion étant prise pour l'unité, celle de la lumière réfléchie sera donc représentée par $\dfrac{\tang^2 (i - i')}{\tang^2 (i + i')}$. En éliminant l'angle i' à l'aide de la formule $\sin i' = \dfrac{1}{n} \sin i$, cette fraction devient $\left(\dfrac{\sqrt{n^2 - \sin^2 i} - n^2 \cos i}{\sqrt{n^2 - \sin^2 i} + n^2 \cos i} \right)^2$. Comme dans le cas précédent, elle se réduit à $\left(\dfrac{n - 1}{n + 1} \right)^2$ pour $i = 0$, et sa valeur est l'unité pour $i = 90°$. Mais elle ne croît pas d'une manière continue d'une limite à l'autre, car elle devient nulle lorsque $\sqrt{n^2 - \sin^2 i} = n^2 \cos^2 i$, d'où $\tang i = \dfrac{1}{n}$. Ce cas de réflexion nulle s'aperçoit plus facilement lorsque la fraction est sous la forme $\dfrac{\tang^2 (i - i')}{\tang^2 (i + i')}$, qui donne zéro pour $i + i' = 90°$; cette circonstance a donc lieu pour l'angle de polarisation. L'expérience prouve, en effet, que la lumière polarisée perpendiculairement au plan de réflexion, se réfracte en totalité lorsqu'elle tombe sous l'angle de polarisation.

640. Supposons actuellement que la lumière incidente, toujours polarisée, le soit dans un plan A, faisant avec le plan de réflexion un angle a qui ne soit ni nul ni droit. Les vibrations transmises par les ondes incidentes sont alors perpendiculaires au plan A; mais on peut toujours les décomposer en deux systèmes de vibrations, l'un normal au plan de réflexion, et l'autre dans ce plan. Le coefficient de la vibration totale étant toujours pris pour l'unité, les coefficiens des deux systèmes composans seront évidemment $\cos a$ et $\sin a$. Ainsi la lumière incidente polarisée dans l'azimut a, et d'intensité 1, est la somme de deux portions de lumière, l'une polarisée suivant le plan de réflexion et d'intensité $\cos^2 a$, l'autre polarisée perpendiculairement à ce dernier plan et d'intensité $\sin^2 a$. Ces deux portions fourniront à la réfraction des quantités de lumière représentées par $\dfrac{\sin^2 (i - i'')}{\sin^2 (i + i'')} \cos^2 a$ pour la première, et par $\dfrac{\tang^2 (i - i'')}{\tang^2 (i + i'')} \sin^2 a$ pour la seconde.

Réflexion de la lumière polarisée dans un plan quelconque.

641. L'intensité de la lumière réfléchie sera égale à la somme de ces deux quantités, ou à $\left(\dfrac{\sin^2 (i - i'')}{\sin^2 (i + i'')} \cos^2 a + \dfrac{\tang^2 (i - i'')}{\tang^2 (i + i'')} \sin^2 a \right)$, car il ne peut y avoir aucune destruction entre deux portions de lumière polarisées à angle droit. D'ailleurs ces deux rayons de lumière arrivent en un même point du premier milieu avec les mêmes phases, en sorte que le rapport de leurs vitesses de vibration doit être constamment le même à toute époque et à toute distance de la surface réfléchissante. Il suit de là que la lumière réfléchie sera encore polarisée, c'est-à-dire que les vibrations totales s'exécuteront suivant une direction constante. Mais

Changement du plan de polarisation produit par la réflexion.

le plan de polarisation A′ de cette lumière réfléchie différera de celui A de la lumière incidente. Soit a' l'angle que A′ fait avec le plan de réflexion ; la tangente de cet angle doit être égale au rapport des vitesses de vibration composantes de même phase, l'une qui a pour coefficient.....
$\dfrac{\sin (i - i'')}{\sin (i + i'')}$ cos a normale au plan de réflexion, l'autre
$\dfrac{\tang (i - i'')}{\tang (i + i'')}$ sin a située dans ce plan. On a donc pour déterminer l'angle a', l'équation (7) $\tang a' = \dfrac{\cos (i + i'')}{\cos (i - i'')} \tang a$.

D'après cette formule, tang $a' = 0$, quel que soit a, lorsque $i + i' = 90°$, c'est-à-dire lorsque l'incidence est celle qui correspond à l'angle de polarisation ; $a' = 0$ pour $a = 0$ quelle que soit l'incidence ; enfin $a' = a$ lorsque $i = 0$ et par suite $i' = 0$. Ainsi lorsque de la lumière polarisée dans un plan quelconque tombe sous l'angle de polarisation, elle se réfléchit toujours polarisée suivant le plan de réflexion. Quand la lumière incidente est elle-même polarisée suivant ce dernier plan, elle conserve ce plan de polarisation après la réflexion sous une incidence quelconque. Enfin sous l'incidence perpendiculaire la lumière réfléchie conserve le plan de polarisation de la lumière incidente, quel que soit ce plan. Ces conséquences sont toutes vérifiées par l'expérience.

Il suit de la formule (7) que l'angle a' est toujours moindre que a. D'après cela, quand de la lumière polarisée se réfléchit sous un angle quelconque, son plan de polarisation se rapproche de celui où la réflexion s'opère. Il résulte de ce rapprochement que si l'on fait subir à de la lumière polarisée un nombre suffisant de réflexions, sur une même substance, dans des plans parallèles différant du plan de polarisation primitif, et sous une incidence constante autre que celle qui correspond à l'angle de polarisation de la substance employée, la dernière lumière réfléchie doit paraître polarisée suivant le plan commun de toutes les réflexions. C'est en effet ce que l'expérience indique. Pour une même valeur primitive de l'angle a, le nombre des réflexions nécessaires est d'autant plus grand que l'angle d'incidence choisi s'éloigne plus de celui de la polarisation totale. Ce nombre peut être déduit, par des calculs successifs, de la formule, (7). M. Brewster a entrepris un grand nombre d'expériences dans le but de vérifier cette formule, leurs résultats ont présenté l'accord le plus parfait avec les nombres déduits du calcul.

642. Il est facile de déduire des formules précédentes les modifications que la réflexion doit faire subir à la lumière naturelle. Cette espèce de lumière doit être considérée comme provenant d'une infinité de mouvemens vibratoires, d'intensités égales, ayant lieu en tout sens sur la surface des ondes; chacun de ces mouvemens partiels étant décomposable en deux autres, l'un sur le plan de réflexion, l'autre normal à ce plan, le mouvement total est toujours réductible à deux systèmes de vibrations, l'un parallèle, l'autre perpendiculaire au plan d'incidence, qui doivent avoir la même intensité. Ainsi, de la lumière naturelle d'intensité 1, est égale à deux portions de lumière, chacune d'intensité $\frac{1}{2}$, et polarisées, l'une suivant le plan d'incidence et la seconde normalement à ce plan. Ces deux portions fournissent donc à la réflexion deux quantités de lumière, égales à $\frac{1}{2}\dfrac{\sin^2(i-i')}{\sin^2(i+i')}$ et $\frac{1}{2}\dfrac{\tan^2(i-i')}{\tan^2(i+i')}$, et dont la somme représentera l'intensité de la lumière réfléchie.

La première de ces deux portions surpasse évidemment la seconde, puisque $\dfrac{\sin^2(i-i'')}{\sin^2(i+i'')} = \dfrac{\tan^2(i-i'')}{\tan^2(i+i'')} \cdot \dfrac{\cos^2(i-i'')}{\cos^2(i+i'')}$

et que la fraction $\dfrac{\cos^2(i-i')}{\cos^2(i+i')}$ est nécessairement plus grande que l'unité. On conclut de là que la lumière réfléchie contiendra une quantité $\dfrac{\tan^2(i-i'')}{\tan^2(i+i'')}$ de lumière naturelle, plus de la lumière polarisée suivant le plan de réflexion égale à $\dfrac{1}{2}\dfrac{\sin^2(i-i')}{\sin^2(i+i')} - \dfrac{1}{2}\dfrac{\tan^2(i-i'')}{\tan^2(i+i')}$. D'où il suit qu'en divisant la différence des deux expressions, $\dfrac{\sin^2(i-i'')}{\sin^2(i+i'')}$ et $\dfrac{\tan^2(i-i'')}{\tan^2(i+i'')}$,

par leur somme, la fraction résultante exprimera la proportion de lumière polarisée contenue dans le faisceau réfléchi. Cette fraction est égale à zéro quand i et i' sont nuls; elle devient l'unité pour $i+i''=90°$, et encore zéro pour $i=90°$. C'est-à-dire que la lumière réfléchie ne contient pas de lumière polarisée, quand le faisceau incident est normal ou parallèle à la surface réfléchissante, et qu'au contraire elle est entièrement polarisée dans le plan de réflexion, sous une incidence telle que le faisceau réfracté lui soit perpendiculaire. Ainsi la loi signalée par M. Brewster, sur l'angle de polarisation, peut être regardée comme une nouvelle vérification des formules de Fresnel.

Polarisation complète par des réflexions successives.

643. Lorsqu'on fait subir, à de la lumière naturelle, un nombre suffisant de réflexions successives, dans le même plan, sur la même substance, et sous un même angle différant de celui de la polarisation totale, le dernier faisceau réfléchi paraît totalement polarisé dans le plan d'incidence commun. Il est facile d'expliquer ce résultat.

On peut considérer le faisceau primitif, de lumière naturelle, comme composé de deux autres faisceaux d'intensités égales, polarisés à angle droit suivant deux plans faisant de part et d'autre un même angle de 45° avec le plan d'incidence; or il suit évidemment de la formule (7) (§ 641), qu'après un nombre n de réflexions, ces deux faisceaux partiels doivent être encore polarisés dans deux plans faisant avec celui d'incidence un même angle a_n, dont la tangente est $\dfrac{\cos{}^n(i+i')}{\cos{}^n(i-i')}$. Leurs plans de polarisation se rapprochent donc de plus en plus, à mesure que le nombre des réflexions augmente; et pour qu'ils ne comprennent plus qu'un angle de 0°30′ au plus, il suffit que ce nombre n soit tel que la fraction précédente devienne inférieure à la tangente d'un quart de degré. Cette limite est plus que suffisante pour que la lumière réunie des deux derniers faisceaux réfléchis paraisse polarisée suivant le plan d'incidence; la valeur de n qui lui correspond est d'autant moindre que $(i+i')$ diffère moins de $\dfrac{\pi}{2}$, ou que l'angle d'incidence s'approche plus de celui de la polarisation totale.

644. Les variations d'intensité et les modifications éprouvées par la lumière réfractée se déduisent de la théorie précédente, avec la même simplicité que celles de la lumière réfléchie. Dans le premier cas, celui où le faisceau incident, toujours d'intensité 1, est polarisé suivant le plan de réflexion, l'intensité du faisceau réfracté doit être représentée par le rapport des forces vives de P′ et P (§ 638), ou par la fraction $\dfrac{\Delta'}{\Delta} \cdot \dfrac{\cos i' \sin i'}{\cos i \sin i} u^2$, qui se réduit..... à $\left(1 - \dfrac{\sin^2(i-i')}{\sin^2(i+i')} \right)$, comme on devait s'y attendre. en

Polarisation
partielle
de la lumière
réfractée.

y substituant à u^2 et $\dfrac{\Delta'}{\Delta}$ leurs valeurs. On trouve pareillement que dans le second cas, celui où la lumière incidente est polarisée perpendiculairement au plan de réflexion, le faisceau réfracté a une intensité égale à $\left(1 - \dfrac{\tan^2(i-i')}{\tan^2(i+i')} \right)$. Enfin, un faisceau de lumière naturelle, d'intensité 1, donne à la réfraction $\dfrac{1}{2}\left(1 - \dfrac{\sin^2(i-i')}{\sin^2(i+i')} \right)$ de lumière polarisée suivant le plan d'incidence, plus. . . . . $\dfrac{1}{2}\left(1 - \dfrac{\tan^2(i-i')}{\tan^2(i+i')} \right)$ de lumière polarisée normalement à ce plan. De ces deux quantités la seconde surpasse la première, et leur différence donne la quantité de lumière polarisée que contient le faisceau réfracté. Cette différence est précisément égale à la quantité de lumière polarisée, en sens contraire, contenue dans le faisceau réfléchi ; ce qui s'accorde avec la loi découverte par M. Arago (§ 565). La discussion facile de ces diverses expressions fait voir qu'elles reproduisent exactement toutes les propriétés connues de la lumière réfractée.

645. Lorsque le milieu que parcourent les faisceaux incident et réfléchi, est plus réfringent que le second, les formules précédentes sont encore applicables, pourvu toutefois que l'angle d'incidence soit inférieur à celui où commence la réflexion totale ; alors i' est plus grand que i, n moindre que l'unité, r et r' sont positifs, mais les rapports d'intensité sont exprimés de la même manière. Pour les valeurs de i supérieures à l'angle limite de la réflexion totale, les formules se compliquent d'imaginaires, et l'analyse indique de cette manière que le problème

Dépolarisation produite par la réflexion totale.

change de nature. Néanmoins c'est en interprétant la forme même de ces expressions imaginaires, que Fresnel a obtenu des formules correspondantes à ces cas exceptionnels, et qui s'accordent encore avec les résultats fournis par l'observation. Nous ne le suivrons pas dans cette partie délicate de son analyse.

Les inductions de Fresnel, d'accord avec l'expérience, indiquent que, dans ces circonstances de réflexion totale, un faisceau incident, polarisé dans un plan quelconque, donne à la réflexion deux autres faisceaux de lumière polarisés, le premier suivant le plan d'incidence, et l'autre en sens contraire, qui n'ont plus comme dans les cas du paragraphe 640 la même phase en chaque point, mais qui possèdent une différence de marche variable avec l'angle d'incidence. Lorsque cette différence, répétée s'il est nécessaire par plusieurs réflexions totales sous le même angle, atteint $\frac{1}{4}$ d'ondulation, ce qui a lieu pour une valeur de l'angle i qui varie, tant avec la substance où le phénomène est observé, qu'avec le nombre des réflexions subies, et que le calcul indique, le mouvement vibratoire transmis est un mouvement de rotation uniforme, dans un sens ou dans l'autre, en sorte que la trajectoire décrite par chaque molécule de l'éther est un petit cercle.

646. C'est ce genre de mouvement que Fresnel a désigné sous le nom de *polarisation circulaire*. Il importe de donner ses lois théoriques, afin de pouvoir décrire et expliquer en même temps les mouvemens de rotation continus, que certaines substances diaphanes impriment aux plans de polarisation de la lumière qui les traverse. Lorsqu'un rayon de couleur homogène a subi des modifications, telles que le mouvement qu'il transmet aux molé-

Théorie de la polarisation circulaire.

cules de l'éther est un mouvement de rotation, circulaire et uniforme, on dit que ce rayon est *polarisé circulairement*. Deux rayons qui transmettent des mouvemens de cette nature, mais tels que la rotation ait lieu pour l'un de gauche à droite, et pour l'autre de droite à gauche, sont dits polarisés circulairement en sens contraires.

Deux rayons d'égale intensité polarisés rectilignement suivant deux plans perpendiculaires entre eux, et dont les phases diffèrent l'une de l'autre d'un quart d'ondulation, produisent, par leur réunion sur une direction commune, un rayon polarisé circulairement. Pour démontrer ce théorème, soient : OX et OY les directions respectives des vibrations transmises par les deux rayons polarisés R et R′ ; α l'amplitude commune de ces vibrations ; x la distance qui séparerait la molécule vibrante O de sa position d'équilibre à l'époque t, si le rayon R existait seul ; y le même écart pour le rayon R′ ; enfin τ la durée d'une vibration, et l la longueur d'ondulation correspondante. On aura

$$x = \alpha \cos 2\pi\left(\frac{t}{\tau} - \frac{\varphi}{l}\right), \quad y = \alpha \cos 2\pi\left(\frac{t}{\tau} - \frac{\psi}{l}\right), \quad (\S\,573),$$

en désignant par φ et ψ les phases différentes des deux rayons. Par hypothèse la différence de ces phases est d'un quart d'ondulation ; or comme l'origine du temps est indifférente, on peut établir cette condition en posant $\varphi = -\frac{1}{8}\,l$ et $\psi = \frac{1}{8}\,l$, ou bien au contraire $\varphi = \frac{1}{8}\,l$ et $\psi = -\frac{1}{8}\,l$. Il faut se servir du premier groupe de valeurs, si c'est le rayon R qui devance R′ d'un quart d'ondulation, et du second si l'inverse a lieu.

Dans le premier cas, on a : $x = \alpha \cos 2\pi\left(\frac{t}{\tau} + \frac{1}{8}\right)\ \ldots\ldots$

$y = \alpha \cos 2\pi \left(\frac{t}{\tau} - \frac{1}{8}\right)$ ou (1) $x = \cos \left(\frac{\pi}{4} + 2\pi \frac{t}{\tau}\right)$, ...

$y = \alpha \sin \left(\frac{\pi}{4} + 2\pi \frac{t}{\tau}\right)$. L'élimination du temps entre ces deux équations donne pour celle de la trajectoire cherchée $x^2 + y^2 = \alpha^2$, c'est-à-dire un cercle. Ainsi la molécule O, agitée à la fois par les rayons R et R′, se meut sur un cercle autour de sa position d'équilibre. De plus ce mouvement est uniforme et continu : car si l'on désigne par ω, l'angle variable que fait avec OX le rayon vecteur OM, mené vers la position qu'occupe la molécule vibrante à l'époque t, on aura $x = \alpha \cos \omega$, $y = \alpha \sin \omega$, et par suite $\omega = \frac{\pi}{4} + 2\pi \frac{t}{\tau}$. L'angle ω augmentant proportionnellement au temps, il s'ensuit que le mouvement circulaire est uniforme, et qu'il a lieu de droite à gauche.

Dans le second cas, celui où le rayon R′ devance R, on a $x = \alpha \cos 2\pi \left(\frac{t}{\tau} - \frac{1}{8}\right)$, $y = \cos 2\pi \left(\frac{t}{\tau} + \frac{1}{8}\right)$, ou ......

(2) $x = \alpha \cos \left(\frac{\pi}{4} - 2\pi \frac{t}{\tau}\right)$ $y = \alpha \sin \left(\frac{\pi}{4} - 2\pi \frac{t}{\tau}\right)$. D'où l'on conclut $x^2 + y^2 = \alpha^2$, $\omega = \frac{\pi}{4} - 2\pi \frac{t}{\tau}$. Le mouvement composé transmis est donc encore circulaire et uniforme, mais l'angle ω diminuant proportionnellement au temps, ce mouvement a lieu de gauche à droite. Dans les deux cas, la molécule emploie, à décrire une circonférence entière, un temps τ égal à la durée complète d'une des vibrations linéaires, transmises par R ou R′. Il suit de là que l'espèce de lumière d'un rayon polarisé circulairement, est caractérisée par la durée d'une révolution complète de la molécule d'éther, autour de sa position d'équilibre.

Tout rayon de couleur homogène, polarisé rectilignement, peut être décomposé en deux rayons d'égale intensité, polarisés circulairement, l'un de droite à gauche, l'autre de gauche à droite. Pour démontrer synthétiquement cette proposition, il suffit de supposer que les deux cas de polarisation circulaire, qui viennent d'être définis séparément, soient au contraire réunis, et l'on verra que leur ensemble forme un seul rayon polarisé ordinaire. Soient alors R et R' les deux rayons polarisés à angle droit, qui donnent et peuvent remplacer le rayon polarisé circulairement de droite à gauche ; r et r' ceux qui forment le rayon polarisé circulairement de gauche à droite ; a la vitesse de vibration maxima qui correspond à l'amplitude α ; U, U', u, u', les vitesses de vibration variables respectivement transmises par les rayons R, R', r, r'. On aura $U = a \sin 2\pi \left(\frac{t}{\tau} + \frac{1}{8} \right)$,

$$U' = a \sin 2\pi \left(\frac{t}{\tau} - \frac{1}{8} \right), \quad u = a \sin 2\pi \left(\frac{t}{\tau} - \frac{1}{8} \right), \ldots$$

$u' = a \sin 2\pi \left(\frac{t}{\tau} + \frac{1}{8} \right)$. Les vibrations U et u s'exécutent parallèlement à OX, celles U' et u' parallèlement à OY.

Si les vitesses rectangulaires U et U' étaient seules transmises, le résultat total serait, comme on l'a vu plus haut, un rayon polarisé circulairement de droite à gauche, d'intensité $2a^2$. Le système des vitesses u et u' produirait encore un rayon polarisé circulairement, mais de gauche à droite, et dont l'intensité serait encore $2a^2$. Mais lors de la coexistence de ces quatre vitesses, ou des deux rayons polarisés circulairement en sens contraires qui peuvent les remplacer, le mouvement de la molécule vibrante cesse d'être circulaire. Pour obtenir la formule qui représente ce mouvement total, on peut d'abord composer entre elles

les deux vitesses parallèles à OX, en une seule $v = U + u = a\sqrt{2}\,\sin\,2\pi\,\dfrac{t}{\tau}$; de même les deux vitesses parallèles à OY en composent une autre $v' = U' + u' = \alpha\sqrt{2}\,\sin\,2\pi\,\dfrac{t}{\tau}$.

D'après cela, le système des deux rayons d'égale intensité, polarisés circulairement en sens contraires, est identique avec celui de deux rayons polarisés rectilignement à angle droit, ayant précisément la même intensité que les premiers, et des phases égales entre elles. Enfin ce dernier système équivaut à un seul rayon d'intensité double, polarisé dans un plan faisant un angle de 45° avec les plans de polarisation des deux rayons composans.

Il est aisé de voir que le plan de polarisation de ce rayon unique, est perpendiculaire au diamètre sur lequel les deux mouvemens circulaires composans, de directions opposées, ramènent au même instant, et à chaque demi-révolution, la molécule d'éther qui obéit à leurs impulsions. Les diamètres sur lesquels s'opèrent ce croisement, en tous les points du groupe primitif des deux rayons polarisés circulairement, ont des directions parallèles. Nous désignerons le plan, qui contient tous ces diamètres, sous le nom de *plan de croisement* du groupe dont il s'agit. On peut donc établir le principe suivant : Deux rayons d'égale intensité, polarisés circulairement en sens contraire l'un de l'autre, et qui suivent une même direction, se composent en un seul rayon d'intensité double, polarisé normalement au plan de croisement du groupe primitif. D'où l'on conclut inversement, qu'un rayon polarisé ordinaire, de couleur homogène, est décomposable en deux rayons d'intensité moitié, polarisés circulairement en sens contraires, et dont le plan de croisement est perpendiculaire au plan de polarisation du premier rayon.

Supposons qu'il existe des milieux diaphanes qui jouissent de la propriété de transmettre, avec des vitesses différentes, le mouvement circulaire de droite à gauche, et celui de gauche à droite. Un faisceau polarisé de couleur homogène F, qui pénétrera normalement en M dans un de ces milieux, devra se partager en deux faisceaux F′ et F″, polarisés circulairement en sens contraires, qui se propageront avec des vitesses différentes sur la même direction. Si ensuite le groupe des deux faisceaux sort de ce milieu en N, par une seconde face parallèle à la première, la lumière émergente sera polarisée comme celle incidente; mais son plan de polarisation aura dû changer. En effet, les faisceaux F′ et F″ se propageant avec des vitesses différentes de M en N, les diamètres où se croisent les deux mouvemens vibratoires circulaires, pour toutes les molécules situées sur MN, n'ont plus la même direction; ils sont en quelque sorte entraînés dans le sens du mouvement qui arrive le premier en chaque point; la surface qui contient ces diamètres n'est plus un plan, mais une surface héliçoïdale. Et lorsqu'à l'émergence cette surface devient plane, par l'égalité rétablie entre les deux vitesses de propagation des deux faisceaux, ce plan de croisement, et par suite le plan de polarisation de la lumière totale qui lui est constamment perpendiculaire, se trouvent avoir tourné, dans le sens du mouvement circulaire transmis le plus vite, d'un angle proportionnel à la différence des deux vitesses de propagation, à la vitesse commune des mouvemens circulaires, et à l'épaisseur MN du milieu.

647. Ces lois sont celles d'un phénomène découvert Rotation des plans de polarisation produite par le quartz. par M. Arago sur le quartz, et que l'on a reconnu depuis dans plusieurs liquides. Voici la description de ce phénomène, tel qu'on l'observe. D'après les lois physiques de la double réfraction, toute lame d'un cristal à un seul axe, taillée perpendiculairement à cet axe optique, et qui reçoit normalement un rayon polarisé, le transmet sans altération, en sorte qu'à l'émergence la lumière se trouve encore entièrement polarisée dans le même plan qu'à l'incidence. Parmi les cristaux connus, le quartz fait seul exception à cette règle : la lumière polarisée qui a traversé cette substance, dans la direction de l'axe optique, est bien encore totalement polarisée, mais son plan de polarisation a tourné, pour certains échantillons vers la gauche, pour d'autres au contraire vers la droite. L'angle décrit est toujours proportionnel à l'épaisseur de la lame, mais varie pour la même épaisseur d'une couleur à l'autre. D'après les recherches expérimentales de M. Biot, une lame de quartz d'un millimètre d'épaisseur, à quelque échantillon qu'elle appartienne, fait tourner le plan de polarisation du rouge extrême de $17°\,29'\,47''$, et celui du violet le plus réfrangible de $44°\,4'\,58''$; la rotation que la même lame fait éprouver aux plans de polarisation des autres couleurs du spectre sont compris entre ces limites.

648. Il résulte de la grande inégalité de ces angles, Phénomène de coloration produit par le quartz. qu'un rayon blanc polarisé, qui traverse normalement une lame de quartz perpendiculaire à l'axe, se trouve composé, à la sortie du cristal, de rayons de toutes couleurs polarisés dans des plans différens. Si ce faisceau est ensuite décomposé en deux autres polarisés à angle droit, par son pas-

sage à travers un prisme bi-réfringent achromatisé, les couleurs se partagent en proportions inégales entre ces deux faisceaux, qui doivent conséquemment produire des images colorées et complémentaires. C'est en effet ce que l'expérience confirme. Connaissant l'épaisseur de la lame de quartz, et la position de la section principale du prisme bi-réfringent par rapport au plan de polarisation du faisceau primitif, on peut calculer aisément les portions de chaque couleur qui passent dans chaque image, et déterminer leurs teintes par la règle empirique de Newton. M. Biot a entrepris un grand nombre de vérifications semblables qui toutes ont réussi.

Double réfraction du quartz dans le sens de son axe.

649. Pour expliquer complétement tous ces faits, il suffit d'admettre que, par un défaut de symétrie dans l'arrangement de ses particules cristallines, le quartz possède la propriété de transmettre, avec des vitesses différentes, le mouvement vibratoire circulaire de droite à gauche, et celui de gauche à droite. Fresnel, après avoir indiqué cette cause, en a prouvé la réalité par les expériences suivantes. Il fit tailler avec beaucoup de soin, dans un échantillon de quartz qui faisait tourner à gauche les plans de polarisation, un prisme BAC d'un angle dièdre A très obtus (152°), de telle manière que l'axe optique fût parallèle à l'arète BC de la face opposée ; puis dans un autre échantillon de la même substance, qui faisait tourner à droite les plans de polarisation, deux prismes rectangles BDA, CEA, tels que les faces BD et CE fussent perpendiculaires à l'axe.

Fig. 343.

Ces trois prismes étant accolés comme l'indique la figure, l'axe optique a la même direction BC, dans toute l'étendue du parallélépipède rectangle BDEC ; et d'après les lois générales de la double réfraction, un rayon pola-

risé entrant dans ce parallélépipède, normalement à la
face BD, devait le traverser dans la direction de l'axe, sans
éprouver de bifurcation, et sans que son plan de polarisation fût changé à l'émergence par la face CE. Mais il n'en
est pas ainsi : le rayon polarisé incident suit sa direction
normale à BD, jusqu'à la face de jonction BA, et là il se
bifurque ; les deux rayons séparés, qui traversent le prisme
BAC, s'éloignent encore plus l'un de l'autre en pénétrant
dans le dernier prisme CEA ; et à l'émergence on a deux
rayons distincts qui ne sont pas polarisés, car chacun d'eux
se décompose en deux rayons, toujours d'égale intensité,
par son passage à travers le prisme bi-réfringent.

Ce résultat de l'expérience s'explique facilement par
l'inégale vitesse de transmission des mouvemens vibratoires
circulaires inverses l'un de l'autre. En effet, le rayon polarisé incident se décompose sur la face BD, en deux
rayons polarisés circulairement en sens contraires R' et R'',
qui suivent une direction normale commune, mais avec des
vitesses différentes, dans le premier prisme ; à la face inclinée BA, il doit y avoir séparation, car si R' marchait
plus vite que R'' dans BDA, il doit au contraire marcher
moins vite dans le prisme BAC, d'où résulte nécessairement une double réfraction ; les deux rayons séparés,
changeant encore de vitesses sur la face AC, inclinée en sens
contraire, doivent s'éloigner encore plus l'un de l'autre ;
et chacun d'eux, étant toujours décomposable en deux
rayons d'égale intensité polarisés rectilignement à angle
droit, doit partager également sa lumière entre les deux
images formées par un cristal.

650. Mais il fallait prouver directement que les deux
rayons émergens, qui ne présentaient aucune trace de po-

Propriétés
physiques
des rayons
polarisés cir-
culairement.

larisation ordinaire, étaient effectivement polarisés circulairement, et en sens contraire l'un de l'autre ; c'est ce que
Fresnel a fait de la manière suivante. L'analyse des modifications que la réflexion totale imprime à la lumière polarisée (§ 645), lui indiquait que deux réflexions totales
successives, subies dans le verre, sous le même angle de 54°
et dans le même plan, devaient transformer un faisceau
polarisé rectilignement, en un autre polarisé circulairement, si le plan de polarisation du premier rayon faisait
un angle de 45° avec le plan commun des deux réflexions ;
la position relative de ces deux plans déterminait le sens de
la polarisation circulaire. D'après cette donnée, un prisme
de verre ABCD, ayant pour base un parallélogramme dont
les angles aigus eussent 54°, devait opérer la transformation indiquée par la théorie ; c'est-à-dire qu'un faisceau polarisé dans un plan faisant un angle de 45° avec sa base,
tombant normalement sur une de ses petites faces latérales, éprouvant deux réflexions totales intérieures sous
l'angle de 54°, et sortant enfin normalement à la face opposée, devait offrir à l'émergence tous les caractères d'un
faisceau polarisé circulairement.

L'expérience vérifia cette prévision. Fresnel constata
que, dans ces circonstances, le faisceau émergent donnait
deux images toujours également intenses, lorsqu'on l'éprou-
vait par un cristal bi-réfringent ; et en accolant deux prismes semblables, il reconnut encore que le même faisceau
incident, après avoir subi quatre réflexions intérieures sous
l'angle de 54°, sortait polarisé rectilignement et dans le
même plan qu'à l'incidence. La théorie indiquait ce résultat, les deux dernières réflexions devant détruire l'effet
des deux premières. Or, en éprouvant successivement au

Fig. 344.

moyen du prisme de verre **ABCD**, les deux rayons émergeant du triple prisme de quartz, on reconnaît qu'après
avoir subi les deux réflexions totales, ils sortent polarisés à angle droit l'un de l'autre, dans deux plans faisant
un angle de 45° avec le plan commun des réflexions. Il ne
peut donc plus exister de doute, sur la véritable cause de
la rotation que le quartz imprime aux plans de polarisation des rayons lumineux, qui le traversent dans la direction de son axe optique.

651. Parmi les corps solides diaphanes, le quartz
est le seul connu qui fasse tourner les plans de polarisation
de la lumière qui le traverse. Mais plusieurs liquides et
leurs vapeurs jouissent de cette propriété ; tels sont, par
exemple, l'huile essentielle de térébenthine et sa vapeur,
qui font tourner les plans de polarisation toujours de
droite à gauche ; l'huile essentielle de citron et le sirop de
sucre concentré, qui les font tourner toujours de gauche
à droite. Un tube métallique suffisamment long, fermé
aux deux bouts par des lames de verre parallèles, et qu'on
remplit d'un de ces liquides, suffit pour constater le phénomène dont il s'agit. On fait traverser le tube ainsi rempli,
et dans le sens de sa longueur, par un faisceau de lumière,
polarisé à l'incidence dans un plan connu de position, et
l'on cherche ensuite la position du plan de polarisation de
la lumière émergente, à l'aide d'un prisme bi-réfringent
ou d'une plaque de tourmaline. M. **Biot** a conclu de ses
expériences, que le plan de polarisation d'un rayon d'une
même lumière rouge, qui tournait à droite ou à gauche
d'un angle de 18° 24′ 50″, dans une lame de quartz
d'un millimètre d'épaisseur, tournait vers la gauche, de
5° 16′ 16″, dans l'huile de térébenthine, et vers la

Rotation
des plans de
polarisation
produite
par
des liquides.

droite de 0° 26′ 10″ dans l'huile de citron, de 0° 33′ 44″, dans le sirop de sucre ; les épaisseurs traversées de ces liquides étant aussi d'un millimètre. Les rapports de ces angles paraissent être les mêmes pour toutes les couleurs.

Lorsqu'on emploie une dissolution provenant du mélange, en diverses proportions, d'un liquide sans action sur les plans de polarisation avec un des liquides actifs, ou de deux liquides agissant dans le même sens ou en sens contraires, la rotation totale est toujours égale à la somme ou à la différence des effets qui seraient produits séparément par chacun des liquides mélangés, en ayant égard à leurs masses relatives. M. Biot ayant découvert des dissolutions actives, autres que les liquides cités plus haut comme exemples, a reconnu que la même loi subsistait encore, lorsque ces substances devaient être considérées comme combinées chimiquement dans les dissolutions. Cette extension de la loi précédente semble indiquer que la propriété de faire tourner les plans de polarisation, dans un sens ou dans l'autre, appartient au système même de chaque particule pondérable, qui conserve toujours cette propriété, quel que soit l'état de mélange ou de combinaison où ce système se trouve associé. M. Biot a déduit de ses recherches sur ce sujet, des conséquences remarquables sur l'état de combinaison des diverses substances dissoutes dans certains liquides, qui prouvent que la rotation imprimée par ces dissolutions, aux plans de polarisation des rayons lumineux, fournit des indications, et même des mesures, que l'analyse chimique ne pourrait obtenir qu'imparfaitement.

QUARANTIÈME LEÇON.

Phénomènes de coloration des substances bi-réfringentes, produits par la lumière polarisée. — Lois des teintes colorées d'une lame mince cristallisée. — Théorie de Fresnel. Intensités de chaque couleur dans les images. Calcul des teintes. Constance des teintes. Cas des images blanches. Cas où la lumière sort de la lame totalement polarisée. — Cause des images blanches produites par la lumière naturelle. — Lois de l'interférence des rayons polarisés. Règle pour trouver la différence de phase des faisceaux interférens. — Anneaux colorés des lames cristallisées. Explication. Applications.

---

652. Les deux théories développées dans la leçon qui précède, et celle de la double réfraction, comprennent toutes les circonstances du phénomène général de la polarisation. Ainsi l'hypothèse des ondes lumineuses explique, avec la même perfection, non-seulement les lois géométriques de l'optique, le fait de la dispersion, les anneaux colorés et la diffraction, mais encore toutes les modifications que la lumière éprouve par la réflexion, par la réfraction, et par son passage à travers les substances cristallisées. Il restait à faire rentrer dans cette théorie générale de la lumière, une dernière classe de phénomènes, celles des teintes colorées que présentent dans certaines circonstances les lames minces cristallisées. Fresnel a fait voir que ces faits curieux, découverts par M. Arago, et dont M. Biot avait démêlé les lois, n'étaient que des conséquences très

simples de l'interférence des rayons de lumière, polarisés par leur passage à travers les lames cristallisées. Nous allons exposer cette nouvelle théorie partielle, dont la complication apparente réside uniquement dans la variété des effets produits. Voici d'abord la description du phénomène.

653. L'appareil dont on se sert pour le produire, est analogue à celui décrit au paragraphe 563. Le tube noirci T contient deux diaphragmes ayant une même ouverture circulaire de 5 à 7 millim. de diamètre; une de ses extrémités F', inclinée vers la base, est munie d'un tambour portant une plaque mobile de verre noir ou d'obsidienne, destinée à donner par la réflexion un faisceau de lumière polarisé qui doit suivre l'axe du tube. Mais c'est vers l'autre extrémité E que se trouve la partie principale de l'appareil. La lame mince cristallisée y est fixée sur l'ouverture O percée au centre d'un disque opaque D, qui peut tourner dans son plan au moyen d'une rainure circulaire; la plaque carrée C, où cette rainure est pratiquée, se meut autour d'un axe transversal A; enfin le châssis longitudinal L, qui supporte l'axe A, peut prendre différentes positions méridiennes relativement à l'axe du tube, à l'aide des douilles creuses K et K'; on peut appeler ce système le support de la lame cristallisée. Pour des expériences qui exigent plusieurs lames, on superpose les uns aux autres des systèmes semblables; nous supposerons qu'il n'y ait qu'un seul de ces supports.

L'appareil se termine vers le haut par une plaque C'; un disque D', semblable à celui D, peut tourner dans une rainure circulaire au centre de cette plaque; enfin ce disque présente une ouverture O, où l'on fixe un prisme bi-réfringent, de spath d'Islande par exemple, dont les faces latérales sont parallèles à l'axe, et qui est achromatisé par un prisme de verre; ce double prisme est placé transversalement, de telle manière que ses arêtes soient perpendiculaires à l'axe du tube. Tous les mouvemens de rotation existant dans l'appareil sont mesurés par des limbes convenablement placés. Nous admettrons que la lame mince cristallisée provienne aussi d'un cristal à un seul axe, et que ses faces soient parallèles à cet axe optique. Pour le moment nous supposerons que la plaque C du support soit placée normalement à la direction du faisceau polarisé.

654. Lorsque la lame est enlevée, et que le prisme biréfringent existe seul en O', le faisceau polarisé, qui traverse librement les deux diaphragmes et l'ouverture O, subit une double réfraction à travers ce prisme, et l'œil placé derrière aperçoit deux images, toujours blanches, inégalement intenses en général, et desquelles l'une disparaît, quand par la rotation du disque D', la section principale du prisme devient parallèle ou perpendiculaire au plan de polarisation du faisceau. Durant cette rotation, les deux images changent de positions relatives, et leur système semble tourner sur lui-même; mais ce mouvement, qui n'est qu'une conséquence des lois de la double réfraction, est étranger au phénomène qu'il s'agit de décrire ici, et nous n'en ferons plus mention.

Teintes colorées des lames minces cristallisées.

Lorsqu'au contraire la lame existe seule, lors même qu'on l'incline sur l'axe du tube, la lumière polarisée y subit en réalité une double réfraction; mais cette lame est trop mince pour qu'il y ait une séparation sensible des deux faisceaux à l'émergence, et l'œil placé en O' n'aperçoit dans tous les cas qu'une seule image blanche stationnaire, et qui conserve la même intensité quand on fait tourner le disque **D**. Si la lame et le prisme étant à leurs places respectives, l'axe optique de la lame est parallèle ou perpendiculaire au plan de polarisation du faisceau, l'œil aperçoit encore des images toujours blanches, qui subissent les mêmes variations d'intensité que si la lame n'existait pas, quand on fait tourner le disque **D′**.

Mais lorsque la section principale de la lame n'est ni parallèle, ni perpendiculaire au plan de polarisation du faisceau, le phénomène change d'aspect : les deux images aperçues sont alors colorées, et leurs couleurs sont différentes. Si le prisme bi-réfringent a une épaisseur convenable, ces deux images se superposent en partie, et le lieu de leur superposition est exactement blanc ; ce qui prouve que leurs teintes sont complémentaires l'une de l'autre. La lame restant fixe, si l'on fait tourner le prisme, les couleurs des images restent les mêmes ; mais leur vivacité éprouve des variations très sensibles ; leur éclat atteint son maximum, quand la section principale du prisme fait un angle de 45° avec celle de la lame ; les deux images passent par le blanc, et échangent entre elles leurs couleurs, quand ces deux sections principales deviennent parallèles ou perpendiculaires.

Les couleurs des images changent avec l'épaisseur de la lame, sa substance restant la même. Elles sont en général d'autant plus vives que la lame est moins épaisse. Il existe pour chaque espèce de lame une limite d'épaisseur au-dessus de laquelle la colorisation des images devient insensible. Cette limite est d'autant plus élevée, que les indices de réfraction principaux de la substance cristallisée diffèrent moins l'un de l'autre ; elle est d'un demi-millimètre

environ pour le cristal de roche. Pour une même espèce de
lames d'épaisseurs croissantes, que l'on soumet successivement à l'expérience, les couleurs de chaque image se succèdent périodiquement et suivant la même loi que celle
des anneaux colorés.

Lorsqu'on n'emploie qu'une lumière homogène, les deux
images sont inégalement intenses; leur intensité relative
varie avec la position du prisme, mais en général aucune
des deux ne disparaît. Dans ce cas d'une lumière homogène, il existe une série d'épaisseurs, en progression arithmétique, pour lesquelles il n'existe plus qu'une seule image,
dans deux positions rectangulaires de la section principale
du prisme; c'est-à-dire que la lumière qui émerge de la
lame est alors totalement polarisée dans un même plan; ce
plan est, suivant les cas, ou parallèle au plan primitif de
polarisation, ou bien fait avec lui un angle dièdre partagé
en deux parties égales par la section principale de la lame.
Les séries d'épaisseurs qui donnent lieu à ce phénomène,
pour les sept couleurs principales, différant très peu dans
leurs premiers termes, il en résulte que pour les épaisseurs
de la lame, comprises parmi ces premiers termes supposés
égaux, la lumière blanche produit des images incolores,
inégalement intenses, et desquelles l'une disparaît pour des
positions rectangulaires du prisme.

Lorsqu'on incline la lame sur le faisceau polarisé de lumière blanche, à l'aide des divers mouvemens de rotation
de son support, les couleurs des images changent, tantôt
comme si l'épaisseur de la lame augmentait, tantôt comme
si cette épaisseur diminuait. Les faits se compliquent encore plus, quand on introduit deux lames au lieu d'une
dans le trajet de la lumière polarisée. Mais pour étudier

dans tous leurs détails ces faits plus compliqués, il est presque indispensable d'en connaître la cause générale; la théorie de Fresnel est le moyen le plus sûr de découvrir leurs lois, et l'explication complète du fait le plus simple, qui vient d'être défini, suffira pour indiquer la marche à suivre dans ce genre de recherches.

Théorie
de Fresnel

655. Nous admettrons donc que le faisceau polarisé traverse normalement une seule lame cristallisée, taillée parallèlement à son axe optique, avant d'atteindre le prisme bi-réfringent. Nous supposerons d'abord que la lumière employée soit homogène ou d'une seule couleur, rouge par exemple; que l représente la longueur d'ondulation dans l'air, et τ la durée commune des vibrations correspondantes à cette espèce de lumière. Le problème qu'il s'agit de résoudre consiste à déterminer les intensités relatives des deux faisceaux qui émergent du prisme bi-réfringent.

Fig. 346.

Soient, sur un plan parallèle à la lame : C l'intersection de l'axe du faisceau incident; PCP′ la trace de son plan de polarisation; LCL′, RCR′ les traces des sections principales de la lame et du prisme; a et b les angles que ces sections font avec le premier plan; pCp', lCl', rCr' des droites respectivement perpendiculaires à PCP′, LCL′, RCR′. D'après la définition de la lumière polarisée dans la théorie des ondes (§ 612), le mouvement vibratoire transmis par le faisceau incident a lieu parallèlement à pp'; les vibrations transmises par les deux faisceaux de lumière polarisés qui émergent de la lame, s'exécutent, suivant ll' pour celui qui a subi la réfraction ordinaire, suivant LL′ pour celui qui provient de la réfraction extraordinaire : enfin rr' et RR′ sont, à la sortie du prisme bi-réfringent

les directions du mouvement vibratoire pour les faisceaux
ordinaire et extraordinaire.

Si l'on prend pour unité le coefficient de la vitesse de
vibration dans le faisceau incident, l'unité représentera
aussi l'intensité de la lumière apportée par ce faisceau. A
la sortie de la lame, la vitesse de vibration, de coefficient 1,
primitivement dirigée suivant Cp, s'est décomposée en deux
autres, l'une suivant Cl, ayant pour coefficient $\cos a$,
l'autre suivant CL' dont le coefficient est $\sin a$. Ainsi le
faisceau polarisé suivant PP', et d'intensité 1, s'est partagé, par son passage à travers la lame, en deux faisceaux,
l'un F_o ayant pour intensité $\cos^2 a$, polarisé suivant le plan
de la section principale; l'autre F_e d'intensité $\sin^2 a$, polarisé perpendiculairement à cette section. Lors même que
la lame est inclinée, ces deux faisceaux, n'ayant pu subir
qu'une bifurcation tout-à-fait insensible dans la petite
épaisseur de la lame, se confondent à l'émergence, et tombent réunis sur le prisme bi-réfringent.

A la sortie de ce prisme, la vitesse de vibration, de
coefficient $\cos a$, apportée par le faisceau F_o, et dirigée
suivant ll', s'est décomposée en deux autres, l'une suivant Cr, ayant pour coefficient $\cos a \cos (a-b)$, l'autre
sur CR dont le coefficient est $\cos a \sin (a-b)$. Ainsi le
faisceau F_o, dont l'intensité était $\cos^2 a$, et qui était polarisé suivant la section principale de la lame, s'est partagé en deux parties, la première F_{o+e}, d'intensité $\cos^2 a$
$\cos^2 (a-b)$, polarisée suivant la section principale du
prisme; la seconde F_{o+e}, d'intensité $\cos^2 a \sin^2 (a-b)$ polarisée normalement à cette section. Pareillement la vitesse
de vibration dont le coefficient est $\sin a$, qui est apportée
par le faisceau F_e, et dirigée suivant CL', se trouve dé-

composée à la sortie du prisme en deux autres vitesses de vibration , l'une parallèle à CR' ayant pour coefficient $\sin a \cos (a-b)$, l'autre suivant Cr et de coefficient $\sin a \sin (a-b)$. Ainsi le faisceau F_e , d'intensité $\sin^2 a$, et polarisé normalement à la section principale de la lame, se trouve partagé à la sortie du prisme, en deux parties , la première $F_{e+e'}$, d'intensité $\sin^2 a \cos^2 (a-b)$, polarisée normalement à la section principale du prisme ; la seconde $F_{e+o'}$, d'intensité $\sin^2 a \sin^2 (a-b)$, polarisée suivant cette même section.

Par cette suite de décompositions , la lumière totale I_o qui sort du prisme après y avoir subi la réfraction ordinaire , et qui, totalement polarisée suivant le plan dont RCR' est la trace , transmet des vibrations parallèles à rCr', se trouve contenir les deux faisceaux $F_{o+o'}$, $F_{e+o'}$, ayant respectivement pour intensités $\cos^2 a \cos^2 (a-b)$, $\sin^2 a \sin^2 (a-b)$. Pareillement la lumière totale I_e , qui émerge du prisme polarisée suivant le plan rCr' , et qui transmet des vibrations parallèles à RCR', se trouve composée des deux faisceaux $F_{o+e'}$, $F_{e+e'}$, dont les intensités sont respectivement $\cos^2 a \sin^2 (a-b)$, $\sin^2 a \cos^2 (a-b)$. Si les phases des vibrations apportées en un même point par les deux faisceaux partiels de chaque groupe I_o ou I_e étaient les mêmes , il suffirait d'ajouter les intensités de ces faisceaux pour avoir celle de l'image ordinaire ou extraordinaire ; mais ces phases diffèrent en général l'une de l'autre. Deux causes peuvent contribuer à établir cette différence.

Causes des différences de phase des faisceaux interférens. 656. La première est due aux retards divers qu'ont éprouvé, dans la lame, les deux lumières $F_{o+o'}$, $F_{e+o'}$, ou $F_{o+e'}$, $F_{e+e'}$, lesquelles proviennent respectivement des faisceaux F_o et F_e qui ont dû subir dans cette lame, l'un la réfraction ordinaire, l'autre la réfraction extra-ordinaire. Pour évaluer ces retards, il suffit de multiplier successivement l'épaisseur connue de la lame, par les deux indices de réfraction, ordinaire et extraordinaire, de la substance cristallisée dont cette lame est extraite ; les deux produits obtenus E et E′ donneront les chemins qui se-raient parcourus dans l'air par la lumière employée, du-rant deux temps égaux à ceux que la lumière met à par-courir la lame, avec les vitesses des rayons ordinaire et extraordinaire. Et la différence des retards dus à cette pre-mière cause, pour les deux faisceaux partiels de chaque groupe I_o ou I_e, sera (E—E′).

La seconde cause provient des signes relatifs des deux vitesses de vibration, correspondantes à chaque groupe de faisceaux partiels. Pour concevoir la nécessité d'avoir égard à cette seconde cause, faisons abstraction de la pre-mière, ou supposons que les faisceaux F_o et F_e arrivent avec la même phase au prisme bi-réfringent; les décom-positions de leurs mouvemens vibratoires s'opéreront en même temps. Si à une certaine époque l'un apporte une vitesse dirigée de C en l, et l'autre une vitesse dirigée de C en L′, les deux composantes de ces vitesses, parallèles à rr', pousseront toutes les deux la molécule C vers r, en sorte que ces composantes ajouteront leurs effets; les vi-tesses de vibration du groupe I_o auront donc le même si-gne. Mais les composantes des deux vitesses primitives, parallèlement à RR′, tendront à faire mouvoir la molécule C, l'une de C vers R, l'autre de C vers R′. en sorte que l'effet de l'une diminuera celui de l'autre; les deux vitesses de vibration du groupe I_e seront donc de signes contraires, ou bien il faudra, si on les ajoute, considérer leurs phases comme différant d'une demi-longueur d'ondulation.

Intensités
de chaque
couleur dans
les deux
images de la
lame.

657. Ainsi, en ajoutant de part et d'autre les différences de phases occasionées par les deux causes qui viennent d'être indiquées, le groupe I_o se trouve composé de deux faisceaux dont les phases diffèrent de $(E-E')$, et qui ont pour intensités $\cos^2 a \cos^2 (a-b)$, $\sin^2 a \sin^2 (a-b)$; et le groupe I_e comprend deux faisceaux, dont les phases diffèrent de $(E-E'+\frac{1}{2}l)$, et dont les intensités sont $\cos^2 a \sin^2 (a-b)$, $\sin^2 a \cos^2 (a-b)$. Les formules, concernant la composition des mouvemens vibratoires parallèles, du paragraphe 578, donnent alors pour les intensités I_o et I_e, des deux images aperçues à travers le prisme :

$$(1)\quad\begin{cases} I_o = \cos^2 a \cos^2 (a-b) + \sin^2 a \sin^2 (a-b) + \\ 2\sin a \cos a \sin (a-b) \cos (a-b) \cos 2\pi \left(\dfrac{E-E'}{l}\right). \\ I_e = \cos^2 a \sin^2 (a-b) + \sin^2 a \cos^2 (a-b) - \\ 2\sin a \cos a \sin (a-b) \cos (a-b) \cos 2\pi \left(\dfrac{E-E'}{l}\right). \end{cases}$$

Par des transformations faciles, ces deux expressions prennent les formes suivantes :

$$(2)\quad\begin{cases} I_o = \cos^2 b - \sin 2a \sin 2(a-b) \sin^2 \pi \left(\dfrac{E-E'}{l}\right), \\ I_e = \sin^2 b + \sin 2a \sin 2(a-b) \sin^2 \pi \left(\dfrac{E-E'}{l}\right), \end{cases}$$

et l'on voit que la somme de ces intensités est égale à l'unité, ou qu'elle reproduit l'intensité du premier faisceau polarisé.

Ainsi le faisceau polarisé primitif, de couleur homogène, se trouve finalement partagé en deux parties en général inégales, qui donnent aux images des intensités différentes.

Il suit de la faible variation des indices de réfraction, ordinaire ou extraordinaire, quand on passe d'une couleur à une autre, que la différence de phase $(E - E')$, calculée comme il est dit plus haut, conservera à très peu près une valeur constante pour toutes les couleurs. Nous admettrons cette constance de valeur, dans le but de simplifier la discussion des formules précédentes; il sera d'ailleurs facile de s'assurer que les conséquences déduites n'éprouveraient pas de modifications essentielles, si l'on tenait compte des petites variations de la quantité $(E - E')$.

658. D'après cela, si la lumière polarisée soumise à l'expérience est blanche ou composée, voici ce qu'il faut faire pour déterminer les teintes des deux images, correspondantes à des valeurs connues de a et b. On divise la différence des chemins parcourus $(E - E')$, successivement par les longueurs d'ondulation des sept couleurs principales. Les quotiens obtenus, substitués dans les formules (2), donnent sept groupes de valeurs de I_o et I_e. Les sept valeurs de I_o représentent les intensités relatives des couleurs principales dans l'image ordinaire, et en leur appliquant la règle empirique de Newton, on obtient la teinte de cette image. La même règle appliquée aux sept valeurs de I_e donnerait la teinte de l'image extraordinaire; il est évident d'ailleurs que cette dernière doit être complémentaire de la première, puisque d'après les formules (2), $I_o + I_e$ est toujours égal à l'unité pour chaque couleur partielle. Fresnel a fait ce calcul des teintes dans plusieurs circonstances, et les résultats se sont toujours accordés avec les données de l'observation. Cette vérification était la plus importante à faire, mais la facilité avec laquelle les lois, que nous avons énoncées plus haut, se déduisent

de la théorie précédente, bannit tout doute sur sa réalité.

659. Les teintes des deux images doivent rester les mêmes, et changer seulement de vivacité, lorsque l'épaisseur de la lame et la différence $(E-E')$ conservant la même valeur, les sections principales de la lame et du prisme changent de position, ou lorsque a et b varient. Pour le faire concevoir, il faut remarquer que si les valeurs (2) de I_0 et I se réduisaient à leurs premiers termes $\cos^2 b$ et $\sin^2 b$, le rapport de ces intensités resterait le même, en passant d'une couleur à l'autre, en sorte que les images seraient blanches; c'est-à-dire que la lumière blanche d'intensité 1, se partagerait sans se décomposer entre les deux images, et leur donnerait deux intensités inégales $\cos^2 b$ et $\sin^2 b$. Mais l'existence et l'identité de valeur absolue des seconds termes, dans les expressions (2), indique que le partage du faisceau incident ne se fait pas ainsi. Une portion de chaque couleur, représentée par le produit. . . . .

$$\sin 2a \, \sin 2\,(a-b) \, \sin^2 \pi \left(\frac{E-E'}{l} \right), \text{ a été en quelque sorte}$$

enlevée à l'une des images, pour venir renforcer l'autre. Tant que le produit $\sin 2a \, \sin 2\,(a-b)$ est positif, c'est l'image extraordinaire qui gagne, et l'image ordinaire qui perd; l'inverse a lieu lorsque le même produit est négatif.

Si cet emprunt avait la même valeur numérique pour toutes les couleurs, les deux images seraient encore blanches; la part de l'une se trouverait seulement augmentée aux dépens de l'autre. Mais cet emprunt diffère d'une couleur à l'autre, à cause de la variation du facteur

$$\sin^2 \pi \left(\frac{E-E'}{l} \right); \text{ l'image favorisée aura donc soustrait à son}$$

profit des quantités inégales des différentes couleurs; elle

Constance
des teintes.

devra donc gagner, par cette soustraction inégale, une teinte composée qui sera perdue par la seconde image. Cette teinte dépend uniquement des rapports qui existent entre les quantités des couleurs soustraites. Or ces rapports se réduisent à ceux des différentes valeurs que prend le facteur $\sin^2 \pi \left(\dfrac{E - E'}{l} \right)$ dans la série des couleurs, puisque les facteurs $\sin 2a$, $\sin 2(a-b)$, sont constans pour tous les termes de cette série. Les teintes des deux images, complémentaires l'une de l'autre, resteront donc les mêmes pour toutes les valeurs de a et b; de plus leur vivacité sera proportionnelle au carré $\sin^2 2a \sin^2 2(a-b)$, c'est-à-dire changera avec b, a restant constant. Il faut remarquer aussi que chacune des deux teintes n'appartient pas exclusivement à l'une des images, mais qu'elle passe successivement d'une image à l'autre, à chaque changement de signe du facteur $\sin 2a \sin 2(a-b)$.

660. Si les couleurs homogènes qui composent la lumière blanche étaient en nombre fini, s'il n'existait, par exemple, que sept couleurs auxquelles correspondraient des longueurs d'ondulations fixes, la somme des emprunts inégaux faits par une image à l'autre, occasionerait toujours des teintes dans ces deux images, quelque grande que fût l'épaisseur de la lame ou la différence $(E - E')$. Mais comme chaque couleur principale du spectre possède en réalité une infinité de longueurs d'ondulation différentes, il arrive que l'emprunt correspondant à cette couleur est lui-même composé d'une série de termes d'autant plus différens en grandeur que $(E - E')$ est plus sensible. Lorsque l'épaisseur de la lame est suffisamment grande, ou que $(E - E')$ contient un très grand nombre d'ondulations de

Nécessité de la petite épaisseur de la lame.

chaque espèce, les termes de la série passent par tous les états de grandeur compris entre zéro et $\sin 2a \sin 2(a-b)$; les séries correspondantes aux différentes couleurs deviennent identiques, et les images sont blanches.

Mais lorsque la lame a une très petite épaisseur, ou que $(E-E')$ ne contient qu'un petit nombre d'ondulations de chaque espèce, les termes de la série, correspondante à chaque couleur, ont des grandeurs qui n'embrassent qu'une portion limitée de l'intervalle compris entre zéro et. . . . . $\sin 2a \sin 2(a-b)$; cette portion varie de position entre ces limites extrêmes, pour les différentes couleurs, et la coloration des images devient possible. Mais quand cette portion s'agrandit, c'est-à-dire quand l'épaisseur de la lame augmente, les valeurs totales des séries différentes tendent vers l'égalité, et les vivacités des teintes doivent s'affaiblir. Ainsi les formules (2) indiquent que les teintes des images sont complémentaires; qu'elles restent les mêmes, à leur vivacité près, pour une même épaisseur de la lame, quand on change la position du prisme; enfin que le phénomène de la coloration de ces images n'est sensible qu'avec des lames très minces. Les autres lois de ce phénomène s'expliquent plus facilement.

Cas
des images
blanches. 661. Pour que les images soient blanches, il faut que le rapport $I_o : I_e$ reste constant, pour toutes les couleurs homogènes du spectre; ce qui exige que le terme en $\dfrac{E-E'}{l}$ disparaisse, ou que l'on ait $\sin 2a \sin 2(a-b) = 0$. Cette relation est satisfaisante pour $a = 0$ et $a = \dfrac{\pi}{2}$, quel que soit b; et pour $b = a$, $b = a + \dfrac{\pi}{2}$, quel que soit a. C'est-à-dire que les images sont toujours blanches, quand la sec-

tion principale de la lame est parallèle ou perpendiculaire
au plan de polarisation primitif, quelle que soit la position
du prisme ; et que, pour toute position de la lame différente des précédentes, les deux images deviennent blanches, lorsque les sections principales de la lame et du
prisme sont perpendiculaires. Pour une même valeur de a,
la vivacité des teintes dépend de la grandeur du carré
$\sin^2 2a \, \sin^2 2(a-b)$, son maximum devra donc avoir lieu,
quand on aura $\sin^2 2(a-b)=1$, d'où $b=a+45°$; c'est-
à-dire lorsque les sections principales de la lame et du
prisme feront entre elles un angle de $45°$.

662. Lorsque le faisceau incident est d'une couleur ho-
mogène, le rapport $I_o : I_e$ varie avec b, pour une valeur
constante de a. Mais d'après la loi de formation des groupes I_o et I_e, l'intensité de l'un d'eux ne peut devenir nulle
pour aucune valeur de b, ou ce qui est la même chose, la
lumière homogène qui émerge de la lame ne peut être totalement polarisée dans un même plan, que si la section
principale de cette lame est parallèle ou perpendiculaire
au plan de polarisation primitif ; ou bien si, a restant constant, la différence de phase $(E-E')$ est un multiple de
$\frac{l}{2}$. Dans le 1er cas le faisceau incident suit tout entier dans
la lame la loi du rayon ordinaire ou extraordinaire et conserve alors à sa sortie son plan de polarisation. Dans le second cas l'un des groupes I_o ou I_e se trouve composé de
deux faisceaux partiels, dont les phases diffèrent d'une
demi-ondulation, et qui sont conséquemment en discordance complète ; ce groupe donnera donc une lumière
nulle, pour les valeurs de b qui rendront égales entre
elles les intensités de ces deux faisceaux, et il est facile

de voir que cette condition présente deux solutions.

La lumière homogène qui émerge de la lame est donc toujours totalement polarisée, quel que soit a, lorsque la différence $(E—E')$ est égale à un nombre entier n de demi-ondulations, ou lorsque l'épaisseur de la lame est un des termes d'une progression arithmétique dont il est facile de trouver la raison. Le plan de polarisation de cette lumière peut se déterminer aisément à l'aide des formules (1); il faut distinguer deux cas différens, suivant que le nombre n est pair ou impair. Dans le premier cas $\cos 2\pi \left(\dfrac{E — E'}{l} \right)$ est égal à $+ 1$, et l'on a évidemment $I_0 = \cos^2 b$, $I_e = \sin^2 b$; I_e devient nul pour $b = 0$, I_0 pour $b = \dfrac{\pi}{2}$; ce qui indique que la lumière, à sa sortie de la lame, est polarisée dans le même plan que le faisceau primitif. Dans le second cas $\cos 2\pi \left(\dfrac{E — E'}{l} \right)$ est égal à $— 1$, et l'on trouve facilement $I_0 = \cos^2(2a—b)$, $I_e = \sin^2(2a—b)$; $I_e = 0$ pour $b = 2a$; d'où l'on conclut qu'alors le plan de polarisation de la lumière qui a traversé la lame, fait avec celui du faisceau incident, un angle dièdre que la section principale de cette lame partage en deux parties égales.

663. Il reste à expliquer pourquoi le phénomène de coloration des images ne peut être produit que par une lumière incidente polarisée, tandis qu'avec la lumière naturelle ces images restent toujours blanches et d'égale intensité, quelles que soient l'épaisseur de la lame mince cristallisée, et les positions relatives de la lame et du prisme. Supposons qu'après avoir enlevé le tambour inférieur, on fixe le tube dans une position horizontale, et qu'on y introduise un faisceau de lumière naturelle, parallèle à son

axe ; supposons encore que dans le trajet de ce faisceau, on place un verre coloré qui ne laisse tomber sur la lame qu'une lumière homogène ; et cherchons quelles devront être les intensités des deux images vues à travers le prisme.

Le faisceau incident, dont nous représenterons l'intensité par 2, peut être considéré comme l'ensemble de deux faisceaux d'une même intensité 1, polarisés à angle droit, l'un suivant PP', l'autre suivant pp'. Si le 1er existait seul, les images, ordinaire et extraordinaire, auraient les deux intensités I_o et I_e calculées plus haut. Pour déduire des mêmes formules (2) les intensités I'_o et I'_e, que donnerait à ces deux images le second faisceau existant seul, pour les mêmes positions de la lame et du prisme, il suffit d'imaginer que, les sections principales LL' et RR' conservant leurs places, le plan PP' tourne vers la droite pour venir se confondre avec $p'p$; ce qui revient à changer l'origine des angles a et b. C'est-à-dire qu'on obtiendra les valeurs cherchées de I'_o et I'_e, en changeant a et b, dans les formules (2), en $\left(\dfrac{\pi}{2}-a\right)$ et $\left(\dfrac{\pi}{2}-b\right)$; ce qui donne évidemment : $I'_o = I_e$, $I'_e = I_o$.

Si les faisceaux polarisés à angle droit, que l'on admet pouvoir remplacer la lumière naturelle, avaient la même phase lorsqu'ils atteignent la lame, les deux groupes I_o et I'_o ou bien I_e et I'_e, qui concourent à produire une des images, auraient au contraire des phases différentes, variables avec les angles a et b, et avec l'épaisseur de la lame. C'est ce dont il est facile de s'assurer, en calculant pour chaque groupe la valeur de $\operatorname{tang} 2\pi \dfrac{\Phi}{l}$; Φ représentant la phase unique, résultante des deux faisceaux partiels qui

composent ce groupe. Il suivrait de là que l'intensité de
chaque image ne serait pas égale à la somme des intensités
des deux groupes concourans, et varierait avec la différence de leurs phases. D'où résulterait enfin que de la lumière blanche naturelle pourrait produire des images colorées. Mais d'abord les deux faisceaux polarisés à angle
droit, et d'égale intensité, dont l'ensemble peut tenir lieu
de lumière naturelle, ne doivent pas avoir la même phase :
car si cela était, ayant d'ailleurs la même intensité, ils formeraient étant réunis un autre faisceau, d'intensité double,
polarisé suivant un plan qui ferait un même angle de 45°
avec leurs deux plans de polarisation; ce qui ne serait plus
de la lumière naturelle.

En réalité la différence de phase des deux faisceaux dont
il s'agit varie sans cesse. Car si l'impossibilité de produire
aucun phénomène d'interférence, avec des rayons de lumière provenant de deux sources différentes, prouve que
les ondes lumineuses émanées d'une même source sont
soumises à des retards irréguliers (§ 584), il faut admettre,
que les perturbations, qui occasionent ces retards, produisent aussi des changemens brusques dans la direction
des mouvemens vibratoires; or il résulte de ces changemens brusques, que les composantes rectangulaires des
mouvemens imprimés, ramenées ensuite sur une même
direction, doivent passer rapidement de l'état d'accord
à celui de discordance, et produire une lumière uniforme,
pour l'œil inhabile à saisir ces alternatives.

Ainsi les deux groupes I et I' sont dans le même cas
que deux lumières provenant de deux sources différentes,
et la clarté de l'image ordinaire est simplement la somme
de leurs intensités; pareillement l'intensité de l'image ex-

traordinaire est égale à $I_e + I_e'$. Or il résulte des relations trouvées plus haut, que $I_o + I_o' = I_e + I_e' = I_o + I_e = 1$. On doit donc conclure de là que la réunion des deux faisceaux d'égale intensité, polarisés en sens contraire, qui composent un faisceau naturel de couleur homogène, produit toujours deux images également intenses. D'où il suit qu'avec la lumière naturelle blanche ou composée, les couleurs se partagent par moitié entre les deux images, qui restent conséquemment incolores et d'égale clarté, comme l'expérience l'indique.

664. Il importe de remarquer que des images I_o' et I_e', Règle pour la différence de phase des faisceaux interférens. produites par le faisceau polarisé suivant pp', c'est celle ordinaire I_o' qui résulte du concours de deux faisceaux partiels dont la différence de phase, provenant des retards dans la lame, doit être augmentée d'une demi-ondulation; tandis que des images I_o et I_e, que donne le faisceau polarisé suivant PP', c'est celle extraordinaire I_e pour laquelle la différence des phases doit être ainsi modifiée. On reconnaît facilement, d'après les rapports de grandeur des angles a et b, celle des deux images à laquelle correspond la modification dont il s'agit, soit en discutant les formules (1), soit en répétant dans chaque cas les décompositions des mouvemens vibratoires qui conduisent à ces formules. Mais on peut établir la règle suivante qui dispense de faire ces recherches, et dont il est aisé de se rendre compte en réfléchissant à la seconde des causes définies au paragraphe 656.

La question peut se résumer ainsi. Un faisceau de lumière F, polarisé suivant un plan P, est décomposé en deux autres de même direction F' et F'', polarisés à angle droit suivant des plans P' et P''; par une nouvelle décomposition, certaines parties des faisceaux F' et F'' se réunissent en un même groupe I, polarisé suivant un plan P'''; les plans P, P', P'', P''', se coupent tous sur une même droite, axe commun de tous les faisceaux ; le plan P est nécessairement compris entre P' et P'' ; enfin les faisceaux F' et F'' ont éprouvé des retards différens dans leur trajet. Il s'agit de déterminer la différence de phase des deux faisceaux partiels qui composent le groupe I. Voici la règle à suivre. La différence de phase cherchée ne dépend que des retards de F' et F'', si le plan P''' est compris dans le même angle dièdre droit P'AP'' que le plan P ; dans le cas contraire, il faut ajouter une demi-ondulation, à la différence provenant de ces retards. Les figures 347 et 348 représentent les traces des plans de polarisation successifs, sur un plan perpendiculaire à l'axe commun des faisceaux ; la fig. 347 se rapporte au premier cas, et la figure 348 au second.

Lois de l'interférence des rayons polarisés.

665. Toutes les circonstances du phénomène de la coloration des lames minces cristallisées étant complétement d'accord avec la théorie de Fresnel, on peut déduire de cette théorie, ainsi vérifiée, et comme une suite de corollaires, plusieurs lois relatives à l'interférence des rayons polarisés. 1°. Deux faisceaux de lumière, provenant d'une même source, parallèles ou faisant entre eux un très petit angle, polarisés à angle droit ou en sens contraires, et qui échappent conséquemment à toute interférence, peuvent acquérir la propriété de s'interférer lorsqu'ils sont ramenés à un plan commun de polarisation. 2°. Mais il faut pour cela que ces deux faisceaux aient été primitivement polarisés suivant un même plan ; car s'ils résultaient d'un faisceau de lumière naturelle, leur interférence ne pourrait jamais

avoir lieu, alors même qu'on leur donne une polarisation analogue. 3°. Quand cette condition essentielle est remplie, l'effet de l'interférence des deux faisceaux polarisés en sens contraires, et ramenés ensuite à un même plan de polarisation, résulte, tantôt de la différence des retards qu'ils ont éprouvés, depuis la décomposition du faisceau polarisé primitif qui les a produits, tantôt de cette même différence augmentée d'une demi-ondulation de chaque espèce de lumière comprise dans ces faisceaux; et la règle du paragraphe précédent indique lequel de ces deux effets doit avoir lieu. Ces lois ont été déduites, par MM. Arago et Fresnel, d'expériences faites directement, à l'aide des appareils que fournissent les phénomènes de la diffraction.

666. Il résulte de ces lois que les deux faisceaux polarisés diversement, qui sortent d'un cristal bi-réfringent, peuvent donner des phénomènes d'interférence, quand ils sont ramenés à posséder un même plan de polarisation, pourvu qu'ils proviennent tous les deux d'un même faisceau polarisé, et que la différence des retards qu'ils ont éprouvés dans le cristal ne comprenne qu'un petit nombre d'ondulations de chaque espèce de lumière. La première condition sera remplie, si l'on fait tomber sur le cristal un faisceau polarisé par réflexion, ou plus simplement si l'on introduit, dans le trajet du faisceau incident de lumière naturelle, une plaque de tourmaline suffisamment épaisse, dont les faces soient parallèles à son axe optique; par ce dernier procédé la lumière qui atteint le cristal est totalement polarisée, dans un plan perpendiculaire à l'axe de la plaque de tourmaline. On peut encore se servir d'une plaque semblable, pour ramener à un plan commun de polarisation les deux faisceaux émergens; l'œil placé derrière cette

seconde tourmaline n'aperçoit que l'image extraordinaire, présentant des phénomènes d'interférence, si toutefois la seconde condition se trouve satisfaite.

Duplications
parallèle
et croisée.

667. La différence des retards éprouvés par les deux faisceaux, dans la substance bi-réfringente, peut devenir très petite dans un grand nombre de circonstances très différentes. Si l'on se sert d'une seule lame cristallisée suffisamment mince, elle donne toujours des traces de coloration ou des signes d'interférence, quelle que soit la direction de son axe par rapport à ses faces, et son inclinaison sur le faisceau incident, pourvu qu'il y ait pour chaque couleur deux ondes planes réfractées intérieurement, de vitesses différentes. Quand la substance bi-réfringente a des indices de réfraction principaux très différens, il est impossible de la tailler en lames assez minces, pour que le phénomène de sa coloration puisse être observé; c'est ce qui arrive par exemple pour le spath d'Islande. Mais on peut en accouplant avec un cristal épais de cette substance, un cristal d'une autre nature et d'épaisseur convenable, produire la coloration de l'image.

Les deux cristaux ayant leurs faces parallèles entre elles et à l'axe optique, que nous supposerons unique pour chacun de ces cristaux, on les place l'un sur l'autre, de telle manière que leurs sections principa'es soient suivant les cas perpendiculaires ou parallèles. Si pour les deux cristaux, le rayon ordinaire a une plus grande ou une moindre vitesse que le rayon extraordinaire, c'est la position perpendiculaire, ou la *duplication croisée,* qu'il faut prendre. Mais si l'un des cristaux est attractif, et l'autre répulsif (§ 555), il faut que les sections principales soient parallèles, ou se servir de la *duplication parallèle.*

Il est aisé de voir que dans les deux cas, et par cette disposition diverse, celui des deux faisceaux réfractés, qui
aura marché plus vite que l'autre dans le premier cristal,
se propagera au contraire moins vite dans le second ; en
sorte que les deux faisceaux sortant du système bi-réfringent auront une différence de phase qui pourra être très
petite, quelque épaisses que soient les lames accouplées,
pourvu que leurs épaisseurs soient dans un rapport convenable. Par exemple, en accolant une lame de spath d'Islande avec une lame de quartz, par la duplication parallèle,
on peut obtenir une image colorée avec l'appareil des deux
tourmalines.

668. Il est une position particulière d'une lame bi-réfringente, d'épaisseur quelconque, qui remplit toujours
la condition d'offrir des faisceaux émergens ayant une faible différence de phase. Il suffit pour cela que la lame soit
inclinée sur le faisceau incident, de telle manière que les
rayons réfractés intérieurement suivent des directions très
voisines de celle d'un axe optique. Supposons qu'il s'a-
gisse d'un cristal à un axe, présentant deux faces parallèles,
taillées perpendiculairement à cet axe, et qu'ayant placé
cette lame entre les deux tourmalines, on regarde à travers
ce système un point du ciel suffisamment clair. On observe
alors une suite d'anneaux colorés concentriques, dont le
système est coupé, suivant les cas, par des croix blanches
ou obscures, et qui sont d'autant plus dilatés que la lame
est moins épaisse.

669. Il est facile de concevoir la cause de ce phénomène.
La lumière qui, tombant sur le système dans toutes les
directions, peut entrer dans l'œil, forme à l'émergence un
faisceau conique de rayons. Chacun de ces rayons apporte

Anneaux colorés des lames cristallisées.

Explication de ce phénomène.

deux portions de lumières, qui ont subi dans le cristal, l'une la réfraction ordinaire, l'autre la réfraction extraordinaire, avec des vitesses très peu différentes ; car dans le voisinage de l'axe optique du cristal, les deux nappes courbes de la surface des ondes sont très voisines. Ce rayon offrira donc une teinte particulière, dépendant de la différence des retards éprouvés dans le cristal par les deux rayons partiels qui le composent, et de l'ordre dans lequel s'est successivement opéré le mouvement de leur plan de polarisation.

Or cette différence varie d'un rayon à l'autre dans le faisceau conique. Elle augmente avec l'obliquité du rayon, considéré dans un même plan méridien, comme s'il s'agissait d'une lame mince de plus en plus épaisse, puisque les deux portions de lumière qui cheminent sur ce rayon, ont été réfractées suivant des directions de plus en plus éloignées de l'axe optique, et ont conséquemment éprouvé des retards plus dissemblables. Les teintes se succéderont donc, dans un même plan passant par l'axe du faisceau conique, comme celles observées par Newton dans le phénomène des anneaux colorés, et leur vivacité sera d'autant moindre qu'elles seront observées plus obliquement.

Mais la marche successive des plans de polarisation des lumières interférentes, constitue une autre cause, qui rend inégale la vivacité de la teinte, pour une même obliquité ou pour un même anneau, lorsqu'on passe d'un plan méridien à un autre, et qui peut même la transformer en sa teinte complémentaire. En effet, pour rechercher la teinte d'un point déterminé M, sur un anneau pour lequel (E—E') conserve une même valeur, on peut se servir de la valeur générale I, (2) (§ 657), b représentant l'angle des sections principales des deux tourmalines, et a l'angle que fait avec le plan primitif de polarisation, celui normal aux trois lames cristallisées, passant par le centre de l'anneau et par le point M ; car ce dernier plan est la section principale du cristal, dans laquelle se sont réfractées les deux portions de lumière dont l'interférence produit la teinte du point M.

Or cette dernière section principale change de position avec le point M. On obtiendra donc les intensités variables de chaque couleur élémentaire, pour les différentes parties de l'anneau considéré, en faisant varier l'angle a dans l'expression $I_e(2)$, celui b restant constant. Ainsi, comme pour une lame mince, la teinte reste la même sur l'anneau, et change seulement de vivacité, tant que le produit $\sin 2a$ $\sin 2(a-b)$ conserve le même signe ; mais si ce signe vient à changer, la teinte se transforme dans sa complémentaire.

Supposons, par exemple, que b soit nul, ou que les axes des tourmalines soient parallèles ; I_e devient égale à....

$\sin^2 2a \sin^2 \pi\left(\dfrac{E-E'}{l}\right)$; il disparaît pour a égal à un nombre quelconque de quadrans, quels que soient $(E-E')$ et l, c'est-à-dire pour toutes les couleurs et tous les anneaux ; le phénomène devra donc présenter une lumière nulle, sur deux lignes rectangulaires, parallèle et perpendiculaire à la direction du plan de polarisation primitif. Si l'on suppose au contraire que $b = \dfrac{\pi}{2}$, ou que les axes des tourmalines soient perpendiculaires, on a....................

$I_e = 1 - \sin^2 2a \sin^2 \pi\left(\dfrac{E'-E'}{l}\right)$, valeur qui donne l'unité quand on l'ajoute à la précédente ; ce qui indique que l'image observée dans ce nouveau cas doit être, en tous ses points, complémentaire de la première ; de plus, lorsque

Fig. 349.

a égale un nombre entier de quadrans, L devient l'unité pour tous les anneaux et toutes les couleurs; les deux droites rectangulaires, noires dans la première image, seront donc blanches dans celle-ci. L'expérience confirme ces conséquences et toutes celles qu'on déduit d'une discussion plus approfondie.

670. Les cristaux à deux axes produisent un phénomène analogue au précédent, et qui s'explique de la même manière. Dans la plupart de ces cristaux les axes optiques sont très rapprochés, en sorte qu'une lame, taillée perpendiculairement à celui des axes d'élasticité qui partage leur angle aigu en deux parties égales, peut produire à la fois, lorsqu'elle est placée entre deux tourmalines, les deux systèmes d'anneaux correspondans aux deux axes optiques. Mais alors les anneaux ne sont plus circulaires. D'après des mesures prises par M. Herschell, ils paraissent prendre les formes de *la lemniscate,* genre de courbe très connue des géomètres, et qui est telle que le produit de ses rayons vecteurs à deux points fixes est constant. Après avoir comparé les grandeurs et les positions des anneaux produits successivement avec différentes couleurs homogènes, M. Herschell a conclu que les axes optiques varient de position d'une couleur à une autre, pour chaque cristal. Des expériences plus récentes indiquent que les axes d'élasticité eux-mêmes changent de direction. Le phénomène des anneaux colorés, produits par les axes optiques des substances cristallisées, donne un moyen précieux de déterminer leur position, et même de reconnaître si un cristal donné en possède un seul ou deux.

FIN DE LA PREMIÈRE PARTIE DU SECOND VOLUME.

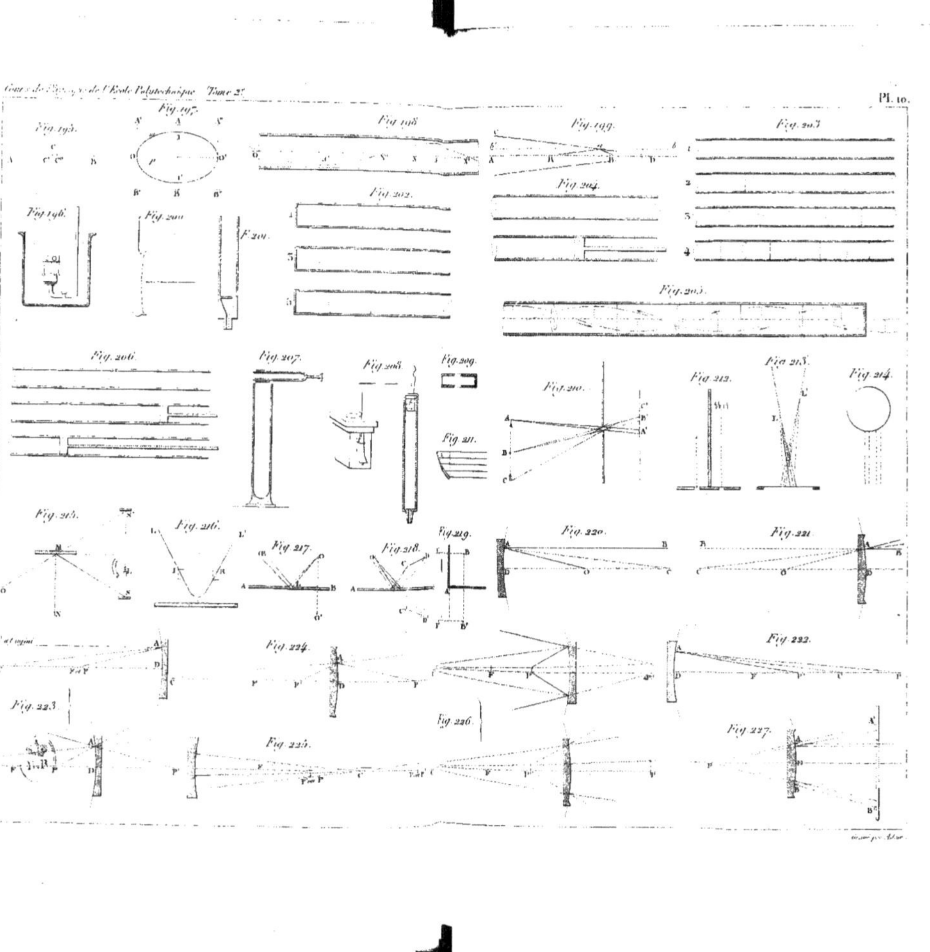
Fig. 195.
Fig. 197.
Fig. 196.
Fig. 198.
Fig. 199.
Fig. 203.
Fig. 200.
Fig. 201.
Fig. 202.
Fig. 204.
Fig. 205.
Fig. 206.
Fig. 207.
Fig. 208.
Fig. 209.
Fig. 210.
Fig. 211.
Fig. 212.
Fig. 213.
Fig. 214.
Fig. 215.
Fig. 216.
Fig. 217.
Fig. 218.
Fig. 219.
Fig. 220.
Fig. 221.
Fig. 222.
Fig. 223.
Fig. 224.
Fig. 225.
Fig. 226.
Fig. 227.

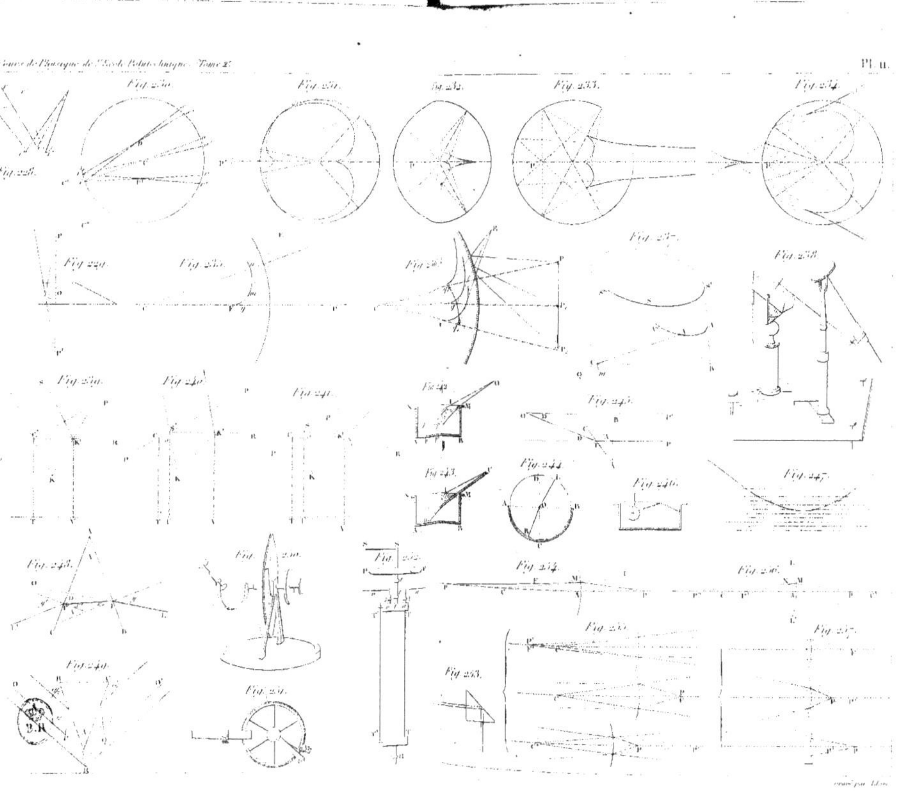

Fig. 228.
Fig. 229.
Fig. 230.
Fig. 231.
Fig. 232.
Fig. 233.
Fig. 234.
Fig. 235.
Fig. 236.
Fig. 237.
Fig. 238.
Fig. 239.
Fig. 240.
Fig. 241.
Fig. 242.
Fig. 243.
Fig. 244.
Fig. 245.
Fig. 246.
Fig. 247.
Fig. 248.
Fig. 249.
Fig. 250.
Fig. 251.
Fig. 252.
Fig. 253.
Fig. 254.
Fig. 255.
Fig. 256.
Fig. 257.

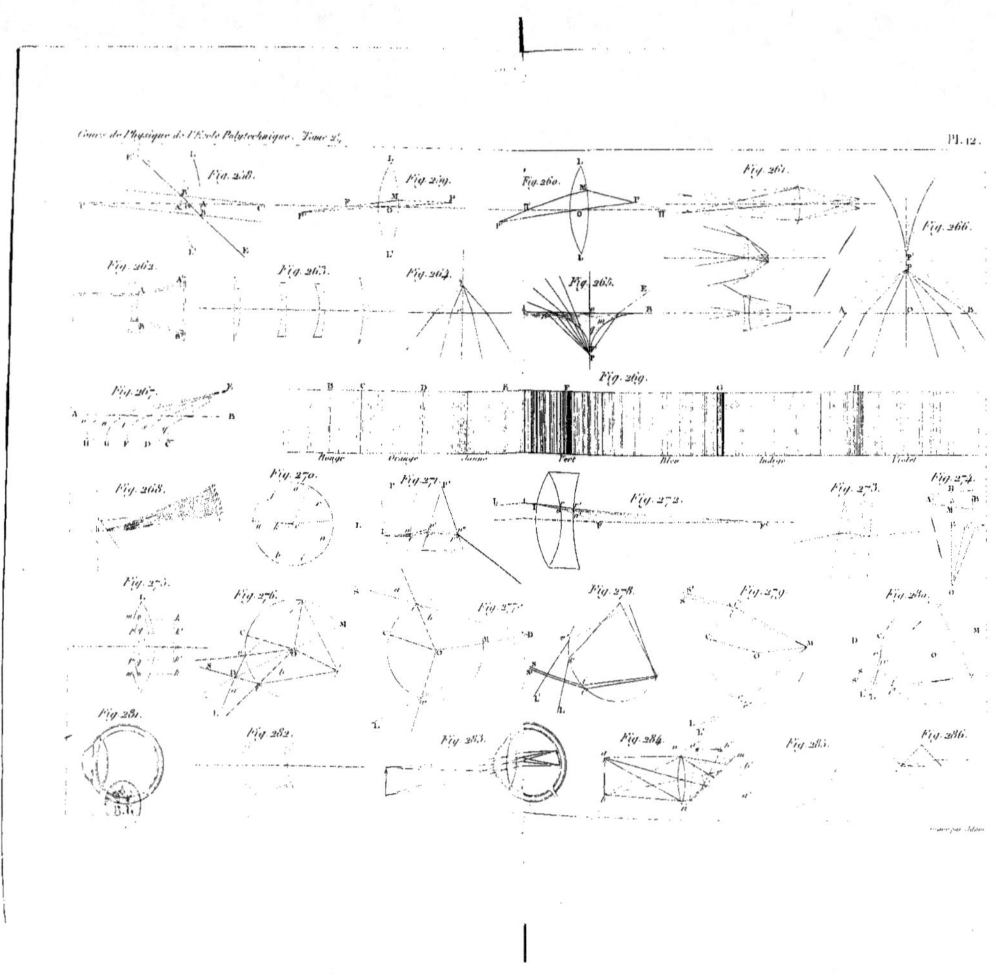

Fig. 258.
Fig. 259.
Fig. 260.
Fig. 261.
Fig. 262.
Fig. 263.
Fig. 264.
Fig. 265.
Fig. 266.
Fig. 267.
Fig. 268.
Fig. 269.
Fig. 270.
Fig. 271.
Fig. 272.
Fig. 273.
Fig. 274.
Fig. 275.
Fig. 276.
Fig. 277.
Fig. 278.
Fig. 279.
Fig. 280.
Fig. 281.
Fig. 282.
Fig. 283.
Fig. 284.
Fig. 285.
Fig. 286.
Rouge
Orangé
Jaune
Vert
Bleu
Indigo
Violet

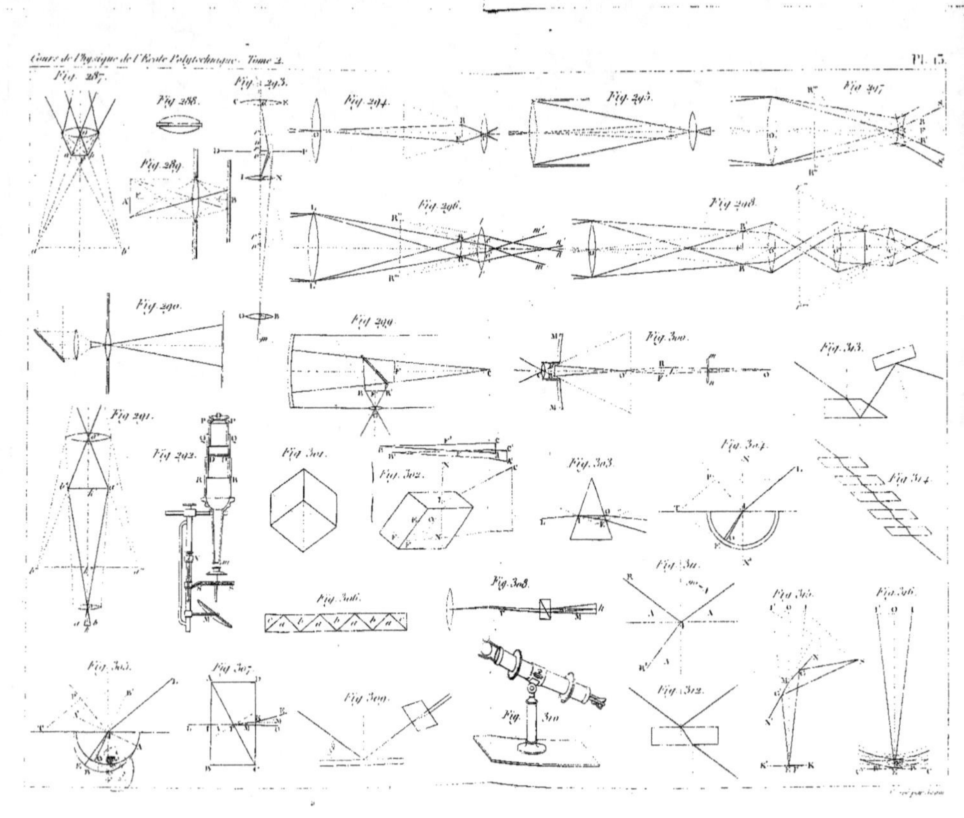
Fig. 287.
Fig. 288.
Fig. 293.
Fig. 294.
Fig. 295.
Fig. 297.
Fig. 289.
Fig. 296.
Fig. 298.
Fig. 290.
Fig. 299.
Fig. 300.
Fig. 303.
Fig. 291.
Fig. 292.
Fig. 301.
Fig. 302.
Fig. 303.
Fig. 304.
Fig. 314.
Fig. 306.
Fig. 308.
Fig. 311.
Fig. 315.
Fig. 316.
Fig. 305.
Fig. 307.
Fig. 309.
Fig. 310.
Fig. 312.

www.ingramcontent.com/pod-product-compliance
Lightning Source LLC
LaVergne TN
LVHW020551180726
843502LV00002B/208